prépabrevet

Cours & entraînement

3e

NOUVEAU BREVET

Maths

Jean-Pierre Bureau
Professeur certifié de Mathématiques

Marie-Caroline Bureau
Professeur certifiée de Mathématiques

Hatier

Maquette de principe : Frédéric Jély
Mise en pages : Nord Compo
Illustrations : Mathieu de Muizon
Édition : Jean-Marc Cheminée

ISBN 978-2-401-04732-7

MODE D'EMPLOI

Votre Prépabrevet

- Conforme au **nouveau programme** de mathématiques entré en vigueur à la rentrée 2016, ce Prépabrevet « Cours et entraînement » vous propose un **outil de travail** très complet et sur mesure, faisant une large place à la préparation du **nouveau brevet**.
- Sur chaque thème du programme, vous sont proposés des fiches de **cours** et de **méthode**, des **exercices**, des **sujets de type brevet** et leurs **corrigés** détaillés.
- Toutes ces ressources, assorties de **commentaires** et de **conseils** des auteurs, vous permettent d'aborder en confiance tous vos contrôles durant l'année et de vous préparer efficacement à la nouvelle épreuve du brevet.

FICHES | **EXERCICES & SUJETS** | **CORRIGÉS**

Votre site de révision

- L'achat de ce Prépabrevet vous permet de bénéficier d'un **ACCÈS GRATUIT*** à toutes les ressources **d'annabac.com** : résumés audio, fiches de cours, quiz interactifs, sujets d'annales corrigés…
- Pour profiter de cette offre, rendez-vous sur **www.annabac.com**, dans la rubrique « Vous avez acheté un ouvrage Hatier ? »

* Selon les conditions précisées sur le site.

SOMMAIRE

Algorithmique

Algorithme et programmation

FICHES

Nombres et calculs

Diviseurs

FICHES

Calculs sur les écritures fractionnaires et les puissances

FICHES

Calcul littéral, équations et inéquations

FICHES

Organisation et gestion de données Fonctions

Notion de fonction, fonctions linéaires

FICHES

Fonctions affines

Statistiques

Probabilités

Géométrie – Grandeurs et mesures

Angles, triangles, trigonométrie

FICHES

Quadrilatères, configuration de Thalès

FICHES

Géométrie dans l'espace

FICHES

Grandeurs composées, unités de mesure

FICHES

L'épreuve du brevet

FICHE

ALGORITHMIQUE

Algorithme et programmation

Réponse : Pascal, elle s'appelle la Pascaline et se trouve au musée des Arts et Métiers à Paris.

FICHES

EXERCICES & SUJETS

CORRIGÉS

1 Écrire et utiliser un algorithme simple

Le mot algorithme vient du nom de l'auteur persan Al-Khuwarizmi (780-850) qui a décrit le premier des procédés de calcul à suivre étape par étape dans le plus ancien traité d'algèbre.

RETENIR L'ESSENTIEL

I Qu'est-ce qu'un algorithme ?

Un algorithme, c'est une suite d'instructions à appliquer sur des variables qui, une fois exécutée correctement, conduit à la résolution d'un problème.

Exemple : Dans un calcul comportant plusieurs opérations, on suit l'algorithme suivant :
- calcul des expressions entre parenthèses ;
- calcul des multiplications et des divisions ;
- calcul des soustractions et additions de gauche à droite.

Mot-clé

Une **variable** est une valeur qui peut être modifiée au cours d'un programme. Elle doit avoir un nom, ainsi qu'un type (nombre entier, mot...).

II Écrire et utiliser un algorithme

D'une façon générale, on peut considérer trois étapes dans un algorithme :

- La première étape concerne le choix des variables et l'entrée des données.
- La deuxième étape regroupe le traitement des données : on détermine toutes les instructions à écrire pour résoudre le problème.
- La troisième étape est la sortie des résultats.

Exemple : Voici un algorithme associé au calcul du périmètre et de l'aire d'un disque, écrit en langage naturel.

Entrée	Saisir R
Traitement des données	Affecter à P la valeur $2 \times 3{,}14 \times R$
	Affecter à A la valeur $3{,}14 \times R^2$
Sortie	Afficher P et A

La variable R enregistre la valeur du rayon du disque. La variable P prend la valeur du périmètre du disque. La variable A prend la valeur de l'aire du disque.

Définition

L'**affectation** consiste à attribuer une valeur à une variable.

APPLIQUER LA MÉTHODE

Écrire un algorithme

Voici une suite de consignes de calcul :
- choisir un nombre ;
- le multiplier par 3 ;
- ajouter 2 au produit obtenu ;
- multiplier le nombre obtenu par celui choisi au départ ;
- écrire le résultat.

Écrire l'algorithme en langage naturel qui correspond à cette suite de consignes de calcul.

Conseils

- Repère dans les consignes les trois parties d'un algorithme : entrée, traitement des données, sortie du résultat.
- Appelle A, par exemple, la variable correspondant au choix du nombre. Dans le traitement, on doit effectuer trois opérations sur la variable. En sortie, on doit afficher le résultat final.

Solution

Entrée	Saisir A
Traitement des données	Affecter à B la valeur $3 \times A$
	Affecter à C la valeur $B + 2$
	Affecter à D la valeur $C \times A$
Sortie	Afficher D

Le nombre choisi est enregistré dans la variable A.

La variable B prend la valeur $3 \times A$.

La variable C prend la valeur $B + 2$, soit $3 \times A + 2$.

La variable D prend la valeur $C \times A$, soit $(3 \times A + 2) \times C$.

Pour vérifier que tu as compris ▸ Exercices 1 à 2

Pour t'entraîner ▸ Exercices 3 à 7

Pour préparer le brevet ▸ Exercices 8 à 12

2 Écrire et utiliser une instruction conditionnelle

La résolution de certains problèmes nécessite la mise en place d'un test pour savoir si l'on doit effectuer une tâche.

RETENIR L'ESSENTIEL

I Utilisation d'une instruction conditionnelle

■ Une **instruction conditionnelle** permet d'effectuer un **test** sur une condition : si la condition est remplie, alors une instruction est effectuée. Ce test peut être la comparaison de deux valeurs, et la condition, l'un des symboles $<$, $=$ et $>$.
En langage naturel, elle peut se présenter sous la forme suivante :

```
Si Condition
   Alors Instruction
```

■ Une variante permet de préciser l'instruction à effectuer si la condition n'est pas remplie :

```
Si Condition
   Alors Instruction 1
Sinon Instruction 2
```

Attention ! La consigne alternative (sinon) n'est pas obligatoire.

Si le test est positif, on effectue l'instruction 1.
Sinon, c'est-à-dire si le test est négatif, on effectue l'instruction 2.

II Exemple dans un algorithme

Exemple : Voici un algorithme en langage naturel comportant une instruction conditionnelle.

Entrée	Saisir A
Traitement des données	Si $A < 0$
	Alors B prend la valeur $3A$
	Sinon B prend la valeur $A + 5$
Sortie	Afficher B

Si on saisit -3 en entrée, A ayant la valeur -3 est inférieur à 0 donc le test $A < 0$ est validé. B prend alors la valeur $3A$ et -9 s'affiche.
Si on saisit 10 en entrée, 10 étant positif, la condition n'est pas remplie. B prend la valeur $A + 5$ et 15 s'affiche.

APPLIQUER LA MÉTHODE

Compléter un algorithme

Un magasin de photos propose l'impression de photos au tarif de :
- 0,15 € l'unité pour une commande de moins de 100 photos ;
- 0,10 € l'unité pour une commande d'au moins 100 photos, auquel s'ajoute un forfait de 2 €.

On veut élaborer un algorithme donnant le montant dépensé pour un nombre N de photos à imprimer.
- Si le nombre de photos N est strictement inférieur à 100, alors le montant P est $N \times 0{,}15$.
- Si le nombre de photos N est supérieur ou égal à 100, alors le montant P est $2 + N \times 0{,}10$.

Compléter l'algorithme en utilisant une instruction conditionnelle.

Entrée	Saisir N
Traitement des données	SI ....
	ALORS ....
	SINON ....
Sortie	Afficher P

Conseils

- Pour les premiers pointillés, cherche par quelle variable est désigné le nombre de photos. On doit écrire un test sur N le comparant à 100.
- Pour les autres pointillés, cherche le calcul donnant le montant à payer selon que le nombre de photos est inférieur ou non à 100.

Solution

Entrée	Saisir N
Traitement des données	SI $N < 100$
	ALORS P prend la valeur $N \times 0{,}15$
	SINON P prend la valeur $2 + N \times 0{,}10$
Sortie	Afficher P

Pour vérifier que tu as compris ▸ Exercices 1 à 2

Pour t'entraîner ▸ Exercices 3 à 7

Pour préparer le brevet ▸ Exercices 8 à 12

3 Écrire et utiliser une boucle dans un algorithme complexe

Dans un algorithme, utiliser une boucle permet de recommencer plusieurs fois un bloc d'instructions. Il y a plusieurs sortes de boucles.

RETENIR L'ESSENTIEL

I Boucles « Pour … »

■ La boucle « Pour... » permet de répéter les mêmes instructions un nombre prédéfini de fois.
Elle se présente sous la forme suivante :

> POUR *variable* **allant de** *valeur début* **à** *valeur fin*
> **Faire** *Instructions*

■ La *variable* utilisée est un **compteur** : elle compte le nombre de répétitions de la boucle.

Exemple : Dans l'algorithme ci-dessous, l'entier i sert de compteur.

Entrée	*Saisir x*
Traitement des données	POUR *i* allant de 1 à 5
	x prend la valeur *x* + 2
	Afficher *x*
	FIN DU POUR

On répète 5 fois de suite les instructions « x prend la valeur $x + 2$ » et « Afficher x ». Si on saisit 10, les nombres 12, 14, 16, 18, 20 s'afficheront, car l'instruction « Afficher x » est à l'intérieur de la boucle.

II Boucles « Tant que … »

La boucle « Tant que... » permet de répéter les mêmes instructions tant qu'une condition est vérifiée. Elle se présente sous la forme suivante :

> TANT QUE *Condition est vraie*
> **Faire** *Instructions*

APPLIQUER LA MÉTHODE

Utiliser une boucle pour un calcul d'intérêt

On place un capital de 1 000 € sur un compte rémunéré à 4 % par an. L'algorithme suivant, écrit en langage naturel, permet de calculer le nombre d'années au bout duquel le capital sera doublé.

Entrée	*C* prend la valeur 1 000
	N prend la valeur 0
Traitement des données	TANT QUE $C < 2\,000$
	C prend la valeur $C + 0{,}04 \times C$
	Augmenter *N* de 1
	FIN DU TANT QUE
Sortie	Afficher *N*

1. Que représente *C* ?

2. Que représente *N* ?

3. Pourquoi « $C < 2000$ » ?

Conseils

1. Observe que le capital et le nombre d'années sont des variables dans cet exercice, alors que l'intérêt est fixe.
2. *N* est le nombre obtenu en sortie.
3. Compare le nombre 2 000 au capital de départ.

Solution

1. En entrée, *C* prend la valeur 1 000, donc *C* représente le capital.

2. En entrée, *N* prend la valeur 0. *N* est ici un compteur, il augmente de 1 pour chaque boucle. *N* compte le nombre d'années pour que *C* soit supérieur à 2 000.

3. Le capital, initialement de 1 000 €, aura doublé quand il atteindra la valeur de 2 000 €.

Pour vérifier que tu as compris ▸ Exercices 1 à 2
Pour t'entraîner ▸ Exercices 3 à 7
Pour préparer le brevet ▸ Exercices 8 à 12

4 Résoudre un problème à l'aide d'un algorithme

Un algorithme est une méthode pour résoudre un problème. Quand les calculs sont très nombreux et répétitifs, on a intérêt à faire appel à un ordinateur.

RETENIR L'ESSENTIEL

I Un exemple de problème à résoudre

Marie choisit un nombre entre 1 et 5, elle le multiplie par 3, puis lui ajoute 8. Paul choisit un nombre entre 6 et 10, il le multiplie par 2, puis lui retranche 10. Marie dit à Paul : « Mon résultat sera toujours plus grand que le tiens ». Marie a-t-elle raison ?
Pour résoudre le problème, il faut tester tous les cas possibles, ici il y en a 25. Pour chaque couple de nombres choisis on compare les résultats.

II Utiliser un algorithme

1. Entrées et variables

On introduit deux compteurs, I et J, qui correspondent aux deux nombres choisis par Marie et Paul. Les variables A et B contiennent les résultats des calculs de Marie et Paul.
La variable N compte le nombre de cas où le résultat de Marie est supérieur à celui de Paul.

```
I et J sont des entiers
A et B sont des nombres
N prend la valeur 0
```

2. Traitement des données

On a deux boucles imbriquées. Le nombre I doit prendre toutes les valeurs entre 1 et 5. Pour chaque valeur de I, le nombre J doit prendre toutes les valeurs entre 6 et 10. On compare les deux variables à l'aide du test $A > B$. Une instruction conditionnelle permet de compter, avec N, le nombre de fois où le test est vérifié.

```
POUR I allant de 1 à 5
    A prend la valeur 3 × I + 8
    POUR J allant de 6 à 10
        B prend la valeur 2 × J − 10
        Si A > B alors N prend la valeur N + 1
    FIN DU POUR
FIN DU POUR
```

3. Sortie

À la fin on affiche la valeur de N. Dans ce cas on trouve que N prend la valeur 25, donc que Marie a raison.

```
Afficher N
```

APPLIQUER LA MÉTHODE

Calculer des intérêts à l'aide d'un algorithme

Camille souhaite placer 1 000 € dans une banque pendant 5 ans.
La banque Dupont lui propose un taux d'intérêt annuel de 6 % avec des frais de tenue de compte de 25 € par an. La banque Dubois lui propose un taux d'intérêt annuel de 4 % sans frais supplémentaire.
Camille voudrait savoir si un placement à la banque Dubois est toujours le plus intéressant, chaque année, pendant la période de 5 ans.
Camille écrit l'algorithme suivant où *N* compte le nombre d'années où le placement à la banque Dubois est le plus intéressant.
Complète l'algorithme à l'aide d'une boucle et d'une instruction conditionnelle.

Entrée	Traitement des données	Sortie
A a pour valeur 1 000 *B* a pour valeur 1 000 *N* prend la valeur 0.	.... *A* prend la valeur $A \times 1{,}06 - 25$ *B* prend la valeur $B \times 1{,}04$ .... *N* prend la valeur $N + 1$ FIN DU POUR	Afficher *N*

Conseils

La somme d'argent est placée pendant 5 ans. On doit introduire une variable, par exemple *I*, qui doit varier de 1 à 5. On doit ensuite tester si $B > A$.

Solution

Entrée	Traitement des données	Sortie
A a pour valeur 1000 *B* a pour valeur 1000 *N* prend la valeur 0	POUR *I* allant de 1 à 5 *A* prend la valeur $A \times 1{,}06 - 25$ *B* prend la valeur $B \times 1{,}04$ SI $B > A$ alors *N* prend la valeur $N + 1$ FIN DU POUR	Afficher *N*

La boucle « Pour *I* allant de 1 à 5 » correspond à la période de 5 ans du placement. Comme Camille peut retirer son argent chaque année sur cette période, on doit comparer les deux offres *A* et *B* durant les cinq années. On augmente le compteur *N* de 1 à chaque fois que le test $B > A$ est vrai.

Pour vérifier que tu as compris ▸ Exercices 1 à 2
Pour t'entraîner ▸ Exercices 3 à 7
Pour préparer le brevet ▸ Exercices 8 à 12

Se tester QUIZ

Vérifie que tu as bien compris les points clés des **fiches 1 à 4.**

Pour chaque question, vérifie tes réponses à l'aide du corrigé et consulte les fiches de cours si nécessaire.

1 Utiliser un algorithme

→ RÉVISE LA FICHE 1

Voici un algorithme qui correspond à un programme de calcul :

Variables	*a, b, c, d, e* sont des nombres
Entrée	*a* prend la valeur 3
	b prend la valeur 4
Traitement des données	*c* prend la valeur $a + b$
	d prend la valeur $a - b$
	e prend la valeur $d + c$
Sortie	Afficher *e*

Quel nombre est stocké dans la variable *e* ?

☐ **a.** 6 ☐ **b.** 8 ☐ **c.** 7

2 Reconstituer la logique algorithmique d'un programme

→ RÉVISE LA FICHE 1

Que fait le programme suivant ?

Variables	*A, D, R*
Entrées	Saisir *D*
Traitement	$D \div 2 \rightarrow R$
	$3{,}14 \times R^2 \rightarrow A$
Sortie	Afficher *A*

☐ **a.** Il affiche la longueur d'un cercle de diamètre *D*.

☐ **b.** Il affiche l'aire d'un disque de diamètre *D*.

☐ **c.** Il affiche le rayon du cercle de diamètre *D*.

S'entraîner

Vérifie que tu sais appliquer les méthodes des **fiches 1 à 4.**

Pour chaque exercice, consulte la méthode indiquée, et compare ta réponse à celle donnée dans le corrigé.

3 Comparer des programmes de calcul

→ APPLIQUE LA MÉTHODE DE LA FICHE 1

On propose les deux programmes de calcul suivants :

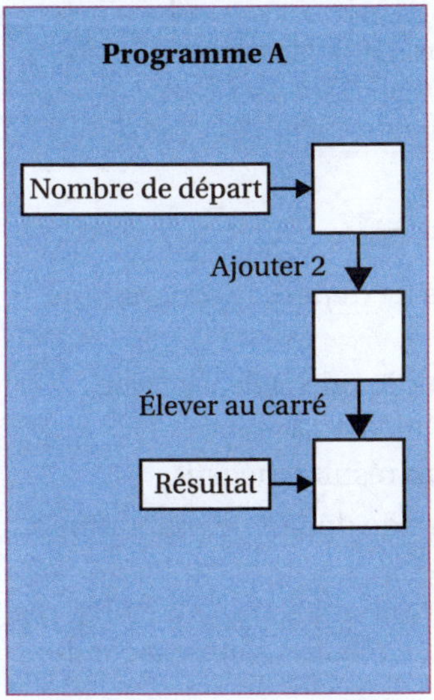

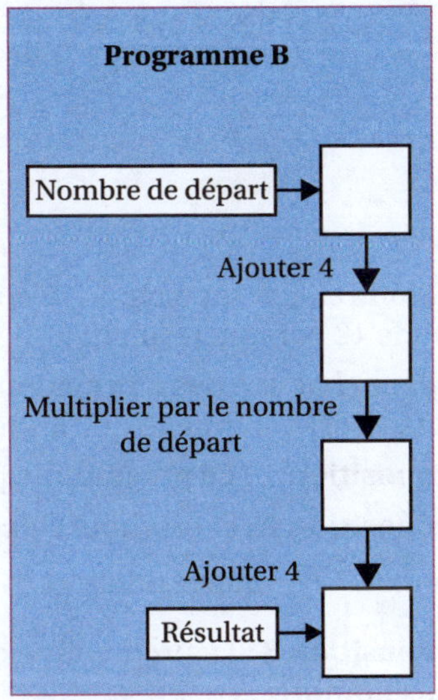

1. Montrer que si on choisit 3 comme nombre de départ, les deux programmes donnent 25 comme résultat.

2. Avec le programme A, quel nombre faut-il choisir au départ pour que le résultat obtenu soit 0 ?

3. Ysah prétend que, pour n'importe quel nombre de départ, ces deux programmes donnent le même résultat. A-t-elle raison ? Justifier votre réponse.

4 Utiliser un algorithme simple

→ APPLIQUE LES MÉTHODES DES FICHES 1 ET 19

Voici un programme de calcul :

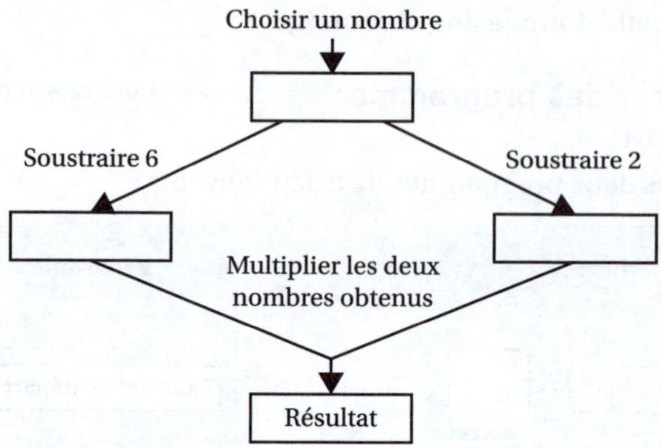

1. Montrer que si on choisit 8 comme nombre de départ, le programme donne 12 comme résultat.

2. Pour chacune des affirmations suivantes, indiquer si elle est vraie ou fausse. On rappelle que les réponses doivent être justifiées.

Proposition 1 : Le programme peut donner un résultat négatif.

Proposition 2 : Si on choisit $\frac{1}{2}$ comme nombre de départ, le programme donne $\frac{33}{4}$ comme résultat.

Proposition 3 : Le programme donne 0 comme résultat pour exactement deux nombres.

Proposition 4 : La fonction qui, au nombre choisi au départ, associe le résultat du programme est une fonction linéaire.

5 Utiliser un algorithme complexe

→ APPLIQUE LA MÉTHODE DE LA FICHE 3

1. Expliquer pourquoi l'algorithme suivant pourrait s'appeler « Compte à rebours ».

Variable	a un entier naturel
Entrée	a prend la valeur 10
Traitement des données et sortie	TANT QUE $a > 0$
	a prend la valeur $a - 1$
	Afficher a
	FIN TANT QUE

2. Que penser de cet algorithme ?

Variable	k un entier naturel
Traitement des données et sortie	Pour k allant de 0 à 10
	afficher $10 - k$
	Fin pour

6 Reconstituer la logique algorithmique d'un programme

→ APPLIQUE LA MÉTHODE DE LA FICHE 2

Une antiquaire vend des statues extrêmement rares. Selon l'exemplaire acheté, elle propose des remises à ses clients les plus fidèles. Elle effectue une remise sur le prix hors taxes (HT), noté P, selon la règle suivante :
- si $P \leqslant 1000$, alors il n'y a pas de remise ;
- si $P > 1\,000$, alors la remise est de 5 %.

La TVA est de 20 %.
L'antiquaire a ébauché l'algorithme ci-dessous, qui selon elle, permet de donner le prix T toutes taxes comprises (TTC) que devra payer un client fidèle, en fonction du prix P de la statue qu'il souhaite acheter.

Variables	P, T
Entrées	Saisir P
Traitement	Si
	Alors
	Sinon
Sortie	Afficher T

1. Calculer le prix d'une statue dans les deux cas. Ne pas oublier que la TVA est une taxe à ajouter.
2. Compléter cet algorithme à l'aide des instructions suivantes :
- T prend la valeur $P \times \frac{95}{100} + \frac{20}{100} \times P \times \frac{95}{100}$
- $P \leqslant 1\,000$
- T prend la valeur $P + \frac{20}{100} \times P$

7 Dessiner avec Scratch

→ APPLIQUE LA MÉTHODE DE LA FICHE 3

Quelle figure géométrique dessine ce script écrit avec le logiciel Scratch ?

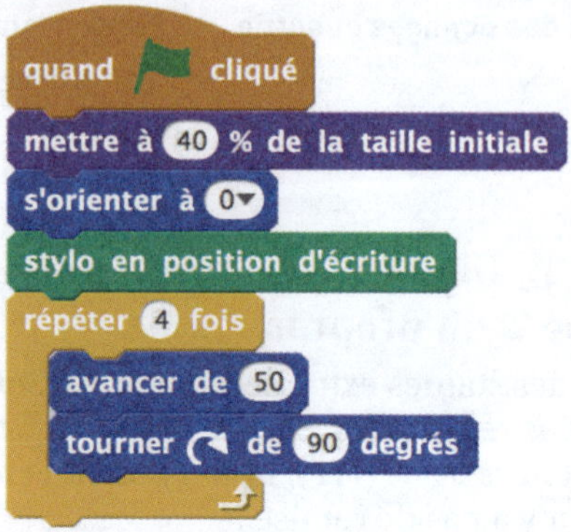

Vers le brevet

Exerce-toi en vue du brevet et révise les **fiches 1 à 4.**

Pour chaque sujet, aide-toi des conseils donnés et compare ta réponse à celle donnée dans le corrigé.

SUJET TYPE — 10 min

8 Algorithme collaboratif

→ APPLIQUE LA MÉTHODE DE LA FICHE 1

Voici ci-contre un programme de calcul sur lequel travaillent quatre élèves.

- Prendre un nombre
- Lui ajouter 8
- Multiplier le résultat par 3
- Enlever 24
- Enlever le nombre de départ

Voici ce qu'ils affirment :
Sophie : « Quand je prends 4 comme nombre de départ, j'obtiens, 8. »
Martin : « En appliquant le programme à 0, je trouve 0. »
Gabriel : « Moi, j'ai pris – 3 au départ et j'ai obtenu – 9. »
Faïza : « Pour n'importe quel nombre choisi, le résultat final est égal au double du nombre de départ. »
Pour chacun de ces quatre élèves, expliquer s'il a raison ou tort.

Démarrons ensemble

- Applique d'abord au nombre 4 chacune des instructions du programme de calcul.
- Recommence avec les autres nombres.
- Faïza parle de n'importe quel nombre. Appelle a ce nombre et applique-lui le programme de calcul.

SUJET TYPE 9 — 10 min

Tester un algorithme avec un tableur

→ APPLIQUE LA MÉTHODE DE LA FICHE 1

Voici un programme de calcul.

- Choisir un nombre
- Ajouter 1
- Calculer le carré de cette somme
- Soustraire 9 au résultat

1. Vérifier qu'en choisissant 7 comme nombre de départ, le résultat obtenu avec ce programme est 55.

2. Lorsque le nombre choisi est – 6, quel résultat obtient-on ?

3. Jim utilise un tableur pour essayer le programme de calcul avec plusieurs nombres. Il a fait apparaître les résultats obtenus à chaque étape. Il obtient la feuille de calcul ci-dessous :

	A	B	C	D
1	Nombre de départ	Résultat de la 1re étape	Résultat de la 2e étape	Résultat final
2	– 0,4	0,6	0,36	– 8,64
3	– 0,2	0,8	0,64	– 8,36
4	0	1	1	– 8
5	0,2	1,2	1,44	– 7,56
6	0,4	1,4	1,96	– 7,04
7	0,6	1,6	2,56	– 6,44
8	0,8	1,8	3,24	– 5,76
9	1	2	4	– 5
10	1,2	2,2	4,84	– 4,16
11	1,4	2,4	5,76	– 3,24
12	1,6	2,6	6,76	– 2,24
13	1,8	2,8	7,84	– 1,16
14	2	3	9	0
15	2,2	3,2	10,24	1,24
16	2,4	3,4	11,56	2,56

La colonne B est obtenue à partir d'une formule écrite en B2, puis recopiée vers le bas. Quelle formule Jim a-t-il saisie dans la cellule B2 ?

4. Le programme donne 0 pour deux nombres.

Déterminer ces deux nombres.

> **Démarrons ensemble**
>
> **1.** Effectue les opérations dans l'ordre des instructions.
> **2.** N'oublie pas qu'un carré est toujours positif.
> **3.** Tu ajoutes 1 au nombre de départ placé dans la colonne A.
> **4.** Pars de 0 et effectue le programme en commençant par la fin.

SUJET TYPE **10** 10 min

Dessiner avec une boucle

→ APPLIQUE LA MÉTHODE DE LA FICHE 3

Voici un script écrit à l'aide du logiciel Scratch. Ce script utilise des instructions du bloc « stylo ». Quelle figure dessine ce programme ?

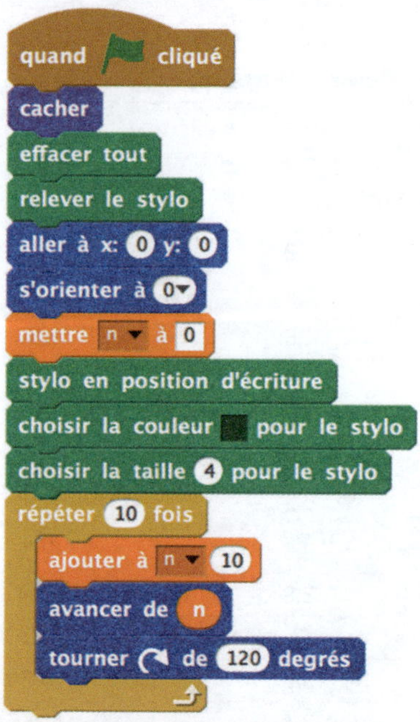

> **Démarrons ensemble**
>
> Observe qu'on répète 10 fois un bloc d'instructions. Ces instructions concernent un déplacement de *n* (où *n* est une variable à laquelle on ajoute 10 à chaque répétition) et une rotation de 120°.

11 Reconstituer la logique algorithmique d'un programme

15 min

→ APPLIQUE LES MÉTHODES DES FICHES 2 ET 3

Voici un script écrit à l'aide du logiciel Scratch. Ce script utilise une boucle et deux instructions conditionnelles. Expliquer ce que fait ce programme.

Démarrons ensemble

- L'instruction en vert « Nombre aléatoire entre 1 et 100 » dit à l'ordinateur de choisir un nombre au hasard entre 1 et 100. Que contient alors la variable « *nombre* » ?
- « *Réponse* » est une variable qui prend comme valeur le nombre choisi par l'utilisateur.
- On teste si le nombre choisi par l'utilisateur est plus grand ou plus petit que celui choisi par le programme.
- Quelle est l'utilité de la variable *compteur* ?

SUJET TYPE 12 — 15 min — Construire un programme à l'aide du logiciel Scratch

→ APPLIQUE LA MÉTHODE DE LA FICHE 4

Le but de cet exercice est de programmer un jeu : « Le jeu du chat qui court après la souris ».
Commencer par supprimer le lutin déjà présent. Sélectionner le chat « Cat2 », puis la souris « Mouse1 » dans « Nouveau lutin » (catégorie Animaux).
Sélectionner l'arrière plan « désert » dans « Nouvel arrière-plan ».
Le but du jeu est que la trajectoire du chat coupe la trajectoire de la souris imposée par le programme.
Le chat, au début du jeu, est positionné à l'aide des instructions :

```
aller à x: 200 y: 140
s'orienter à 0
```

La souris est positionnée à l'aide des instructions :

```
aller à x: -200 y: -140
s'orienter à 0
```

On obtient cette scène :

1. Écrire un script pour le déplacement du chat en utilisant le bloc événement `quand espace est cliqué`, en remplaçant la touche « espace », et tel que :
- si la flèche droite est cliquée, il tourne de 15° vers la droite ;
- si la flèche gauche est cliquée, il tourne de 15° vers la gauche ;
- si la flèche haute est cliquée, il avance de 10 et il rebondit si le bord est atteint.

2. Écrire un script pour le déplacement de la souris.

Pour écrire ce script, utiliser :

- le bloc événements quand [drapeau] cliqué ;
- les blocs contrôles répéter indéfiniment et si ⟨ ⟩ alors ;
- les blocs mouvements avancer de (100) et tourner ↻ de (50) degrés / rebondir si le bord est atteint.
- La souris répète son déplacement indéfiniment tant que la condition « la trajectoire du chat coupe la trajectoire de la souris » n'est pas vérifiée, c'est-à-dire tant que la condition ⟨ Cat2 ▾ touché? ⟩ est fausse.
- Si la condition est vérifiée, on cache la souris avec cacher puis on stoppe le script avec stop ce script ▾.
- Dans son déplacement, la souris avance de 100, tourne de 50° et rebondit si le bord est atteint.

Se tester QUIZ

1 Réponse a. En suivant l'algorithme qui correspond au programme de calcul, on obtient :
$c \leftarrow a + b = 7$
$d \leftarrow a - b = -1$
$e \leftarrow d + c = -1 + 7 = 6$.
La variable e contient la valeur 6.

2 Réponse b. On saisit un nombre D que l'on divise par 2 pour obtenir un nombre R. On calcule A en utilisant la formule $3{,}14 \times R^2$. On reconnaît la formule de l'aire d'un disque de rayon R. Le programme affiche l'aire d'un disque de diamètre D.

S'entraîner

3 1. Programme A : $3 \rightarrow 3 + 2 = 5 \rightarrow 5^2 = 25$.
Programme B : $3 \rightarrow 3 + 4 = 7 \rightarrow 7 \times 3 = 21 \rightarrow 21 + 4 = 25$.
Si on choisit 3 comme nombre de départ, les deux programmes donnent 25 comme résultat.

2. On effectue les opérations inverses pour trouver le nombre de départ.
$0 \rightarrow \sqrt{0} = 0 \rightarrow 0 - 2 = -2$. Avec le programme A, il faut choisir -2 au départ pour que le résultat obtenu soit 0.

3. Appliquons chaque programme à un nombre a.
Programme A : $a \rightarrow a + 2 \rightarrow (a + 2)^2$.
Programme B : $a \rightarrow a + 4 \rightarrow (a + 4) \times a \rightarrow (a + 4) \times a + 4$.
On a $(a + 2)^2 = (a + 2)(a + 2) = a^2 + 2a + 2a + 4 = a^2 + 4a + 4 = (a + 4) \times a + 4$.
Ysah a raison : pour n'importe quel nombre de départ, ces deux programmes donnent le même résultat.

4 1. On a $8 - 6 = 2$ et $8 - 2 = 6$.

On multiplie ces deux résultats. On obtient $2 \times 6 = 12$.

2. Proposition 1 : vraie. Si on choisit 4, on a $4 - 6 = -2$ et $4 - 2 = 2$. Le produit de ces deux nombres est -4. Le programme peut donner un résultat négatif.

Proposition 2 : vraie. On a $\frac{1}{2} - 6 = -\frac{11}{2}$ et $\frac{1}{2} - 2 = -\frac{3}{2}$. Le produit de ces deux nombres est $\frac{33}{4}$.

Proposition 3 : vraie. Appliquons ce programme à un nombre a.
On obtient le résultat final $(a - 6)(a - 2)$.
Or pour qu'un produit de deux nombres soit égal à 0, il faut qu'au moins un des nombres soit égal à 0. Donc l'équation $(a - 6)(a - 2) = 0$ n'est vérifiée que si $a - 6 = 0$ ou $a - 2 = 0$, soit $a = 6$ ou $a = 2$.

Le programme donne 0 comme résultat pour exactement deux nombres.
Proposition 4 : fausse. La fonction : $a \mapsto (a-6)(a-2)$ n'est pas une fonction linéaire.

5 **1.** La variable a prend la valeur 10 et on lui soustrait 1 tant que la différence obtenue est strictement positive. On obtient successivement les résultats suivants :
$9 \to 8 \to 7 \to 6 \to 5 \to 4 \to 3 \to 2 \to 1 \to 0$.
On a donc un « compte à rebours » à partir du nombre 9.

2. k prend d'abord la valeur 0, le programme affiche 10 – 0 soit 10.
k prend ensuite la valeur 1, le programme affiche 10 – 1 soit 9.
On obtient successivement les résultats suivants :
$10 \to 9 \to 8 \to 7 \to 6 \to 5 \to 4 \to 3 \to 2 \to 1 \to 0$.
On a donc à nouveau un « compte à rebours » à partir du nombre 10.

6 **1.** Si le prix HT de la statue est inférieur ou égal à 1 000 €, il augmente juste des 20 % de TVA, soit :
$$T = P + \frac{20}{100} \times P.$$
Si le prix HT de la statue est supérieur à 1 000 €, il a une réduction de 5 %. On doit donc multiplier P par $1 - \frac{5}{100}$ soit 0,95. Puis on calcule la TVA sur ce prix. On obtient :
$$T = P \times \frac{95}{100} + \frac{20}{100} \times P \times \frac{95}{100}.$$

2. On obtient le programme suivant :

Variables	P, T
Entrées	Saisir P
Traitement	SI $P \leqslant 1000$, alors T prend la valeur $P + \frac{20}{100} \times P$
	SINON T prend la valeur $P \times \frac{95}{100} + \frac{20}{100} \times P \times \frac{95}{100}$
Sortie	Afficher T

7 À chacune des 4 répétitions de la boucle, le lutin se déplace de 50 pas, puis tourne de 90° dans le sens des aiguilles d'une montre. On obtient un carré :

Vers le brevet

8 En choisissant 4, on obtient $(4+8) \times 3 - 24 - 4 = 8$. 8 est le double de 4.
En choisissant 0, on obtient $(0+8) \times 3 - 24 - 0 = 0$. 0 est le double de 0.
En choisissant – 3, on obtient $(-3+8) \times 3 - 24 - (-3) = -6$. – 6 est le double de – 3.
Si on appelle a le nombre de départ, le programme de calcul devient alors :
$(a+8) \times 3 - 24 - a = 3a + 24 - 24 - a = 2a$. $2a$ est bien le double de a.
Sophie, Martin et Faïza ont donc raison tandis que Gabriel se trompe.

> **Mot-clé**
> Le **double** d'un nombre est le produit de ce nombre par 2.

9 **1.** En appliquant le programme de calcul, on obtient :
$7 \rightarrow 7+1=8 \rightarrow 8^2=64 \rightarrow 64-9=55$.
En choisissant 7 comme nombre de départ, le résultat obtenu avec ce programme est 55.

2. En appliquant le programme de calcul au nombre – 6, on obtient :
$-6 \rightarrow -6+1=-5 \rightarrow (-5)^2=25 \rightarrow 25-9=16$.
En choisissant – 6 comme nombre de départ, le résultat obtenu avec ce programme est 16.

3. La deuxième étape consiste à ajouter 1 au nombre de départ. Jim a donc saisi la formule « = A2 +1 » dans la cellule B2.

4. Dans le tableau, on voit que le résultat final 0 correspond à un nombre de départ égal à 2.
Cherchons l'autre nombre. Pour cela, prenons le programme de calcul à l'envers en partant du résultat :

- Ajouter 9 au nombre final
- Chercher les nombres ayant pour carré le résultat précédent
- Soustraire 1
- Afficher les nombres de départ possibles

> **Méthode**
> La **racine carrée** d'un nombre positif a est le nombre positif dont le carré est égal à a.

On a $0 \rightarrow 0+9=9 \rightarrow \sqrt{9}=3$ ou $-\sqrt{9}=-3 \rightarrow 3-1=2$ ou $-3-1=-4$.
Le résultat final 0, correspond donc aux deux nombres initiaux – 4 et 2.

10 À chacune des 10 répétitions de la boucle, le lutin avance de 10 pas de plus que la fois précédente. De plus, après avoir avancé, il tourne de 120°.
On obtient la figure ci-contre, une « spirale triangulaire ».

11 ▮ Le programme choisit un nombre aléatoire entre 1 et 100 que l'on doit deviner. Cette variable est nommée « *nombre* » dans le programme.
▮ On entre un nombre entre 1 et 100, cette variable est nommée « *réponse* » dans le programme.
▮ On compare alors les deux variables à l'aide des tests $<$ ou $>$.
Si ce nombre est plus petit que le nombre choisi par le programme, le lutin répond « Non, c'est plus ».
Le compteur prend alors la valeur « compteur plus 1 ».
La boucle s'arrête quand les deux variables sont égales.
À la fin, le programme affiche « Bravo ! Ton score est : *la valeur du compteur* », c'est-à-dire le nombre d'essais.

> **Info**
> Ici, le score est meilleur quand il est plus bas.

12

1. Script pour le déplacement du chat :

```
quand [drapeau] cliqué
aller à x: 200 y: 140
s'orienter à 0

quand flèche droite est cliqué
tourner ↻ de 15 degrés

quand flèche gauche est cliqué
tourner ↺ de 15 degrés

quand flèche haut est cliqué
avancer de 10
rebondir si le bord est atteint
```

2. Script pour le déplacement de la souris :

```
quand [drapeau] cliqué
montrer
aller à x: -200 y: -140
s'orienter à 0
répéter indéfiniment
    avancer de 100
    attendre 1 secondes
    tourner ↻ de 50 degrés
    rebondir si le bord est atteint
    si < Cat2 touché? > alors
        cacher
        stop ce script
```

NOMBRES ET CALCULS

Diviseurs

Réponse : 6 est parfait car ses diviseurs sont 1, 2, 3, 6 et on a 1 + 2 + 3 = 6.

FICHES

EXERCICES & SUJETS

CORRIGÉS

5 Rechercher des diviseurs

Les nombres entiers sont des nombres qui s'écrivent sans virgule.
Parmi eux, les entiers naturels sont ceux qui sont positifs.
Qu'appelle-t-on multiple et diviseur d'un entier naturel ?

RETENIR L'ESSENTIEL

I Qu'est-ce qu'un diviseur ?

On désigne par a et b deux entiers strictement positifs.
On dit que b est un **diviseur** de a s'il existe un entier positif n tel que $a = b \times n$.
a est alors un **multiple** de b.

Exemples : $30 = 5 \times 6$, donc 5 est un diviseur de 30 et 30 est un multiple de 5.
$21 = 3 \times 7$ donc 3 est un diviseur de 21 et 21 est un multiple de 3.

II Les critères de divisibilité

- Un entier est divisible par **2** si le chiffre des unités est 0, 2, 4, 6 ou 8. Cet entier est alors pair.
- Un entier est divisible par **3** si la somme de ses chiffres est divisible par 3.
- Un entier est divisible par **5** si le chiffre des unités est 0 ou 5.
- Un entier est divisible par **10** si le chiffre des unités est 0.

Exemples : 120 est divisible par 2, 3, 5 et 10.
75 est divisible par 3 et 5.

III Trouver les diviseurs d'un nombre entier

Pour trouver les diviseurs d'un nombre, il faut écrire de toutes les façons possibles ce nombre sous la forme d'un produit de deux entiers, en s'aidant des critères de divisibilité. On cherche si l'entier est divisible par 1, 2, 3, 4, ainsi de suite.

Info
Tout nombre entier strictement positif admet ou moins deux diviseurs : 1 et lui-même.

Exemple : On veut trouver les diviseurs de 40.
40 s'écrit 40×1, donc 40 est divisible par 1 et 40.
40 est un nombre pair et $40 = 2 \times 20$, donc 2 et 20 sont des diviseurs de 40.
La somme des chiffres de 40 est 4, donc 40 n'est pas divisible par 3.
40 s'écrit 4×10 ou 5×8.
Il n'y a plus d'entiers entre 5 et 8 qui divisent 40.
Donc les diviseurs de 40 sont : 1, 2, 4, 5, 8, 10, 20 et 40.

APPLIQUER LA MÉTHODE

I Utiliser les critères de divisibilité

3 210 est-il divisible par 2, 3 ou 5 ?

Conseils

- Observe le chiffre des unités de 3 210. Est-il pair ? Est-ce un 0 ou un 5 ?
- Calcule la somme des chiffres de 3 210. Est-elle divisible par 3 ?

Solution

- 0 est le chiffre des unités de 3 210, donc 3 210 est divisible par 2 et par 5.
- La somme des chiffres de 3 210 est $3 + 2 + 1 + 0 = 6$. 6 est divisible par 3, donc 3 210 est divisible par 3.

II Trouver les diviseurs d'un entier

Écrire la liste des diviseurs de 63.

Conseils

- Souviens-toi que 63 est divisible par 1 et par lui-même.
- Explique pourquoi 63 n'est pas divisible par 2.
- Utilise ensuite les critères de divisibilités ou les tables de multiplications pour écrire 63 sous la forme d'un produit de deux facteurs.

Solution

- 63 est divisible par 1 et 63.
- 63 n'est pas un nombre pair, donc il n'est pas divisible par 2.
- La somme des chiffres 6 et 3 est égale à 9. 9 est divisible par 3, donc 63 est divisible par 3. On a $63 = 3 \times 21$.

63 n'est pas divisible pas 4, 5 et 6. Par contre, $63 = 7 \times 9$. 63 est donc divisible par 7 et 9.

Les diviseurs de 63 sont donc 1, 3, 7, 9, 21 et 63.

Pour vérifier que tu as compris ▸ Exercices 1 et 2

Pour t'entraîner ▸ Exercices 3 à 8

Pour préparer le brevet ▸ Exercices 9 à 16

6 Décomposer un nombre en produit de facteurs premiers

L'écriture d'un entier sous la forme d'un produit de facteurs premiers permet de simplifier des fractions.

RETENIR L'ESSENTIEL

I Qu'est-ce qu'un nombre premier ?

■ Un nombre premier est un entier positif qui admet exactement **deux diviseurs.**

Exemples : 2 n'est divisible que par 1 et 2. Donc 2 est un nombre premier.
4 est divisible par 1, 2 et 4. Donc 4 n'est pas un nombre premier.

■ Voici la liste des nombres premiers inférieurs à 50 dans l'ordre croissant :

2	3	5	7	11	13	17	19
23	29	31	37	41	43	47	

Attention !
L'entier 1 n'est divisible que par 1. Donc 1 n'est pas un **nombre premier**.

II Décomposer un nombre en produit de facteurs premiers

Tout entier peut s'écrire sous la forme d'un produit où tous les facteurs sont des nombres premiers. On appelle cette écriture **la décomposition en produit de facteurs premiers** de cet entier.

Exemple : Pour trouver la décomposition en produit de facteurs premiers de 60, on cherche s'il est divisible par chacun des nombres premiers en les prenant dans l'ordre croissant.

- 60 est un nombre pair, donc il est divisible par 2.
On a $60 = 2 \times 30$.
- 30 est un nombre pair, donc il est divisible par 2.
On a $30 = 2 \times 15$ et $60 = 2 \times (2 \times 15) = 2 \times 2 \times 15$.
- 15 n'est pas divisible par 2, il est divisible par 3.
On a $15 = 3 \times 5$ et $60 = 2 \times 2 \times (3 \times 5)$.
- 5 est un nombre premier.
- La décomposition en produit de facteurs premiers de 60 est : $2 \times 2 \times 3 \times 5$.

Mots-clés
Le **produit** est le résultat d'une multiplication. Les nombres qui la composent sont les **facteurs**.

APPLIQUER LA MÉTHODE

I Reconnaître un nombre premier

Pour chaque nombre, indiquer s'il est premier ou non.

1. 12 **2.** 27 **3.** 29

Conseils

Cherche dans la liste les nombres pairs et explique pourquoi ils ne sont pas premiers. Pour les nombres impairs, cherche s'ils sont divisibles par 3, 5 ou 7.

Solution

1. 12 est divisible par 2, donc 12 n'est pas premier.

2. La somme des chiffres de 27 est égale à 9. Donc 27 est divisible par 3. Il n'est pas premier.

3. Le chiffre des unités de 29 est 9, donc 29 n'est pas divisible par 2 et 5.
La somme de ses chiffres est 11, donc 29 n'est pas divisible par 3. Il n'est pas divisible par 7. 29 n'est divisible que par 1 et par 29. Donc 29 est premier.

II Donner la décomposition en facteurs premiers d'un entier

Donner la décomposition en produit de facteurs premiers des nombres suivants :

1. 8 **2.** 15 **3.** 18

Conseils

Pour trouver la décomposition en produit de facteurs premiers d'un nombre, par exemple 8, cherche s'il est divisible par un nombre premier, en les testant dans l'ordre croissant. 8 est un nombre pair, il est donc divisible par 2. Observe alors que $8 = 2 \times 4$. Puis recommence avec le quotient. Écris 4 sous la forme d'un produit de deux nombres premiers.

Solution

1. 8 est divisible par 2 et $8 = 2 \times 4$. 4 est divisible par 2.
On a $8 = 2 \times 2 \times 2$. C'est la décomposition de 8 en produit de facteurs premiers.

2. 15 est divisible par 3. On a $15 = 3 \times 5$. 3 et 5 sont des nombres premiers, 3×5 est la décomposition de 15 en produit de facteurs premiers.

3. 18 est divisible par 2 et $18 = 2 \times 9$. 9 est divisible par 3.
On a $9 = 3 \times 3$ et $18 = 2 \times 3 \times 3$.
Donc $2 \times 3 \times 3$ est la décomposition de 18 en produit de facteurs premiers.

Pour vérifier que tu as compris
▸ Exercices 1 et 2

Pour t'entraîner
▸ Exercices 3 à 8

Pour préparer le brevet
▸ Exercices 9 à 16

7 Simplifier une fraction pour la rendre irréductible

Il peut être compliqué d'effectuer un calcul avec des fractions si ces fractions n'ont pas été simplifiées. Une méthode permet d'obtenir rapidement une fraction irréductible.

RETENIR L'ESSENTIEL

I Qu'est-ce qu'une fraction irréductible ?

- Une fraction est irréductible lorsqu'elle ne peut plus être simplifiée.
- Si les décompositions en produits de facteurs premiers du numérateur et du dénominateur d'une fraction n'ont plus de facteurs identiques, alors la fraction est irréductible.

Exemple : La décomposition en produit de facteurs premiers de 6 est 2×3 et celle de 35 est 5×7. Ces deux décompositions n'ont pas de facteurs identiques. La fraction $\frac{6}{35}$ est irréductible.

II Simplifier une fraction à l'aide de décompositions en produit de facteurs premiers

- Si on divise le numérateur et le dénominateur d'une fraction par un même nombre, on obtient une fraction égale.
- Pour simplifier une fraction, on cherche les décompositions en produit de facteurs premiers du numérateur et du dénominateur.

> **Mots-clés**
> Le **numérateur** est le nombre au-dessus de la barre de fraction. Le nombre en dessous s'appelle le **dénominateur**.

Exemple : Pour simplifier la fraction $\frac{24}{18}$, on décompose 24, puis 18.

On obtient :
$$\frac{24}{18} = \frac{2\times12}{2\times9} = \frac{2\times2\times6}{2\times3\times3} = \frac{2\times2\times2\times3}{2\times3\times3}.$$

On divise le numérateur et le dénominateur par 2, puis par 3.

On obtient $\frac{24}{18} = \frac{2\times2}{3} = \frac{4}{3}$.

APPLIQUER LA MÉTHODE

Rendre une fraction irréductible

On veut rendre la fraction $\frac{30}{36}$ irréductible.

1. Décomposer 30 et 36 en produit de facteurs premiers.
2. On pose $A = \frac{30}{36}$.

Écrire A sous la forme d'une fraction irréductible.

Conseils

1. 30 est un nombre pair et on peut écrire $30 = 2 \times 15$.
Décompose 15 en observant qu'il est divisible par 3.
Explique pourquoi 36 est divisible par 2 et par 3.
2. Remplace 30 et 36 par leurs décompositions.
Divise alors le numérateur et le dénominateur par un même nombre.

Solution

1. 30 est divisible par 2.
On a $30 = 2 \times 15$ et $15 = 3 \times 5$.
La décomposition de 30 en produit de facteurs premiers est :
$30 = 2 \times 3 \times 5$.
36 est divisible par 2.
On a $36 = 2 \times 18$ avec $18 = 2 \times 9$ et $9 = 3 \times 3$.
La décomposition de 36 en produit de facteurs premiers est :
$36 = 2 \times 2 \times 3 \times 3$.

2. On remplace 30 et 36 par leur décomposition.
On a $\frac{30}{36} = \frac{2\times3\times5}{2\times2\times3\times3}$.
Les deux décompositions contiennent les nombres premiers 2 et 3.
On divise le numérateur et le dénominateur par 2, puis par 3.
On a $\frac{30}{36} = \frac{5}{2\times3} = \frac{5}{6}$.

Pour vérifier que tu as compris
▸ Exercices 1 et 2

Pour t'entraîner
▸ Exercices 3 à 8

Pour préparer le brevet
▸ Exercices 9 à 16

Se tester QUIZ

Vérifie que tu as bien compris les points clés des **fiches 5 à 7.**

Pour chaque question, vérifie ta réponse à l'aide du corrigé et consulte les fiches de cours si nécessaire.

1 Rechercher les diviseurs d'entiers

→ RÉVISE LES FICHES 5 ET 6

1. 123 est divisible par :

☐ **a.** 2 ☐ **b.** 3 ☐ **c.** 5

2. La liste complète des diviseurs de 27 est :

☐ **a.** 1, 27
☐ **b.** 1, 3, 27
☐ **c.** 1, 3, 9, 27

3. L'entier 7 est :

☐ **a.** un nombre premier.
☐ **b.** un nombre divisible uniquement par 7.
☐ **c.** n'est pas un nombre premier.

2 Simplifier une fraction pour la rendre irréductible

→ RÉVISE LES FICHES 6 ET 7

1. La décomposition en produit de facteurs premiers de 12 est :

☐ **a.** 2×6 ☐ **b.** 3×4 ☐ **c.** $2 \times 2 \times 3$

2. On a l'égalité $\frac{20}{15} = \frac{2\times2\times5}{3\times5}$. La fraction irréductible de $\frac{20}{15}$ est :

☐ **a.** $\frac{4}{3}$ ☐ **b.** $\frac{10}{15}$ ☐ **c.** $\frac{2}{5}$

S'entraîner

Vérifie que tu sais appliquer les méthodes des **fiches 5 à 7.**

Pour chaque exercice, consulte la méthode indiquée, et compare ta réponse à celle donnée dans le corrigé.

3 Trouver les diviseurs d'un nombre entier

→ APPLIQUE LA MÉTHODE DE LA FICHE 5

Donner la liste de tous les diviseurs des nombres suivants :

1. 7 **2.** 14 **3.** 20 **4.** 22 **5.** 30

4 Déterminer si un nombre est premier

→ APPLIQUE LA MÉTHODE DE LA FICHE 6

Le nombre 5 463 est-il premier ?

5 Donner la décomposition en produit de facteurs premiers

→ APPLIQUE LA MÉTHODE DE LA FICHE 6

Donner la décomposition en produit de facteurs premiers des nombres suivants :

1. 14 **2.** 27 **3.** 55 **4.** 105 **5.** 200

6 Déterminer si une fraction est irréductible

→ APPLIQUE LA MÉTHODE DE LA FICHE 7

1. Reproduire le tableau suivant et compléter chaque case par oui ou par non.

	2	3	5	7
15 est divisible par				
21 est divisible par				
28 est divisible par				
35 est divisible par				

b. D'après le tableau, les fractions $\frac{21}{15}$ et $\frac{35}{28}$ sont-elles irréductibles ? Pourquoi ?

2. Donner la décomposition en produit de facteurs premiers des nombres 15, 21, 28 et 35.

3. Simplifier les fractions $\frac{21}{15}$ et $\frac{35}{28}$.

4. La fraction $\frac{15}{28}$ est-elle irréductible ?

7 Utiliser les critères de divisibilité

→ APPLIQUE LA MÉTHODE DE LA FICHE 5

Simplifier par 3 la fraction $\frac{1\,404}{3\,465}$.

La fraction obtenue est-elle irréductible ? Justifier.

8 Simplifier une fraction

→ APPLIQUE LES MÉTHODES DES FICHES 5 ET 7

1. Montrer que 147 est un diviseur de 1 911 et de 2 499.

2. Écrire sous forme irréductible la fraction $\frac{2\,499}{1911}$ (indiquer le détail des calculs).

Vers le brevet

Exerce-toi en vue du brevet et révise les **fiches 5 à 7.**

Pour chaque sujet, aide-toi des conseils donnés et compare ta réponse à celle donnée dans le corrigé.

9 Une compétition amicale

10 min

→ APPLIQUE LA MÉTHODE DE LA FICHE 7

Marie et Amine font une course à vélo. Amine a parcouru les $\frac{60}{105}$ de la distance totale. Il reste à Marie les $\frac{12}{42}$ de la distance totale à parcourir.

1. Simplifier les fractions $\frac{60}{105}$ et $\frac{12}{42}$.

2. Expliquer pourquoi Marie est plus près de l'arrivée qu'Amine.

Démarrons ensemble

1. Décompose 60 en produit de facteurs premiers : observe que 60 = 2 × 30 et continue en décomposant 30 qui est un nombre pair.
Procède de même avec les nombres 105, 12 et 42 en t'aidant des critères de divisibilité.
2. Commence par calculer la fraction représentant la distance parcourue par Marie. Compare les deux fractions simplifiées représentant chaque trajet.

10 Des nombres amicaux

10 min

→ APPLIQUE LA MÉTHODE DE LA FICHE 5

On appelle diviseurs stricts d'un entier tous ses diviseurs autres que lui-même. Deux nombres entiers sont dits **amicaux** lorsque la somme des diviseurs stricts de l'un est égale à celle de l'autre. Les entiers 220 et 284 sont-ils amicaux ?

Démarrons ensemble

Cherche les diviseurs de 220. Pour cela, écris 220 sous la forme d'un produit de deux entiers : 220 = 1 × 220, 220 = 2 × 110, etc. Continue en observant que 220 est divisible par 4, puis par 5.
Procède de même avec 284.
Calcule les sommes des diviseurs stricts de 220 et 284. Conclus.

SUJET TYPE

11 Un nombre parfait

10 min

→ APPLIQUE LA MÉTHODE DE LA FICHE 5

On appelle nombre parfait un nombre égal à la somme de ses diviseurs (lui non compris, évidemment).

1. Démontrer que 6 est un nombre parfait.
2. 28 est-il un nombre parfait ?

Démarrons ensemble

1. Trouve les quatre diviseurs de 6.
2. Cherche les diviseurs de 28. Tu dois en trouver 6.

12 Un nombre abondant

10 min

→ APPLIQUE LA MÉTHODE DE LA FICHE 5

Un nombre abondant est un entier dont la somme des diviseurs (lui non compris) est supérieure au nombre lui-même.

1. Démontrer que 48 est un nombre abondant.
2. Démontrer que 16 n'est pas un nombre abondant.

Démarrons ensemble

1. Écris 48 sous la forme d'un produit de deux entiers. Tu dois trouver 5 produits différents.
2. Vérifie que tu as trouvé 5 diviseurs pour 16.

SUJET TYPE

13 Un multiple de 10

15 min

→ APPLIQUE LA MÉTHODE DE LA FICHE 5

« Je prends un nombre entier. Je lui ajoute 3 et je multiplie le résultat par 7. J'ajoute le triple du nombre de départ au résultat et j'enlève 21. J'obtiens toujours un multiple de 10. »
Est-ce vrai ? Justifier.

Démarrons ensemble

Appelle x le nombre entier choisi au départ.
Si tu lui ajoutes 3, le nombre devient $x + 3$. Multiplie le résultat précédent par 7 sans oublier les parenthèses indispensables. Continue à effectuer les opérations indiquées et conclus.

14 Fraction et proportion

10 min

→ APPLIQUE LA MÉTHODE DE LA FICHE 7

Lors d'un concours de tir à l'arc, Anne touche la cible 63 fois sur 225 tirs. Kevin, lui, touche la cible 96 fois sur 400 tirs. Quel est le concurrent le plus adroit ?

Démarrons ensemble

Anne a réussi 63 tirs sur 225. L'écriture fractionnaire de cette proportion est $\frac{63}{225}$.
Décompose 63 et 225 en produits de facteurs premiers en t'aidant des critères de divisibilité. Simplifie la fraction $\frac{63}{225}$.
Raisonne de même pour Kevin.

15 Nombres premiers jumeaux

10 min

→ APPLIQUE LA MÉTHODE DE LA FICHE 6

Deux nombres premiers jumeaux sont deux nombres premiers dont la différence est 2, comme par exemple 3 et 5.

1. Quel est le nombre premier jumeau avec 11 ? avec 17 ?
2. 119 est un nombre premier. Admet-il un nombre premier jumeau ?

Démarrons ensemble

1. Ajoute 2 ou retranche 2 au nombre 11. Observe les deux résultats obtenus et conclus. Raisonne de même avec 17.
2. Cherche si les nombres obtenus sont premiers ou non.

SUJET TYPE

16 Fraction et simplification

10 min

→ APPLIQUE LA MÉTHODE DE LA FICHE 7

Dans un collège, tous les élèves de troisième passent un brevet blanc.

Le professeur de mathématiques dit que $\frac{144}{180}$ des élèves ont réussi le brevet blanc.

Le professeur de français dit que $\frac{112}{140}$ des élèves ont réussi.
Sont-ils d'accord ?

Démarrons ensemble

Il s'agit de simplifier chacune des deux fractions données. Pour cela, décompose en produit de facteurs premiers le numérateur et le dénominateur de ces fractions.

Se tester QUIZ

1 **1. Réponse b.** 123 n'est pas un nombre pair, donc il n'est pas divisible par 2. On calcule la somme des chiffres de 123. On a $1 + 2 + 3 = 6$ et 6 est divisible par 3, donc 123 est divisible par 3. Il n'est pas divisible par 5 car son chiffre des unités est 3.

2. Réponse c. 27 est divisible par 1 et par lui-même. De plus, 27 est divisible par 3 et $27 = 3 \times 9$. La liste complète des diviseurs de 27 est 1, 3, 9, 27.

3. Réponse a. L'entier 7 n'est divisible que par 1 et 7, donc 7 est un nombre premier.

2 **1. Réponse c.** On a $12 = 2 \times 6$ et $6 = 2 \times 3$. La décomposition en produit de facteurs premiers de 12 est $2 \times 2 \times 3$.

2. Réponse a. On simplifie par 5. On obtient $\frac{20}{15} = \frac{2\times2}{3} = \frac{4}{3}$. La fraction irréductible égale à $\frac{20}{15}$ est $\frac{4}{3}$.

S'entraîner

3 **1.** Les diviseurs de 7 sont 1 et 7.

2. Les diviseurs de 14 sont 1, 2, 7, 14.

3. Les diviseurs de 20 sont 1, 2, 4, 5, 10, 20.

4. Les diviseurs de 22 sont 1, 2, 11, 22.

5. Les diviseurs de 30 sont 1, 2, 3, 5, 6, 10, 15, 30.

4 5 463 n'est pas divisible par 2 car son chiffre des unités n'est pas pair. On calcule la somme de ses chiffres. On a $5 + 4 + 6 + 3 = 18$ et 18 est divisible par 3. Donc 5 463 est divisible par 3. Il admet au moins trois diviseurs 1, 3 et 5 463.
Le nombre 5 463 n'est pas premier.

5 **1.** La décomposition en produit de facteurs premiers de 14 est 2×7.

2. La décomposition en produit de facteurs premiers de 27 est $3 \times 3 \times 3$.

3. La décomposition en produit de facteurs premiers de 55 est 5×11.

4. La décomposition en produit de facteurs premiers de 105 est $3 \times 5 \times 7$.

5. La décomposition en produit de facteurs premiers de 200 est $2 \times 2 \times 2 \times 5 \times 5$.

6 **1. a.** On complète chaque case par oui ou par non.

	2	3	5	7
15 est divisible par	non	oui	oui	non
21 est divisible par	non	oui	non	oui
28 est divisible par	oui	non	non	oui
35 est divisible par	non	non	oui	oui

b. D'après le tableau, 21 et 15 sont divisibles par 3, donc la fraction $\frac{21}{15}$ n'est pas irréductible.
D'après le tableau, 35 et 28 sont divisibles par 7, donc la fraction $\frac{35}{28}$ n'est pas irréductible.

2. La décomposition en produit de facteurs premiers de 15 est 3×5.
La décomposition en produit de facteurs premiers de 21 est 3×7.
La décomposition en produit de facteurs premiers de 35 est 5×7.
La décomposition en produit de facteurs premiers de 28 est $2 \times 2 \times 7$.

3. Simplifions les fractions $\frac{21}{15}$ et $\frac{35}{28}$.

On a $\frac{21}{15} = \frac{3 \times 7}{3 \times 5} = \frac{7}{5}$ et $\frac{35}{28} = \frac{5 \times 7}{2 \times 2 \times 7} = \frac{5}{4}$.

4. 15 et 28 n'ont pas de diviseur en commun autre que 1, donc la fraction $\frac{15}{28}$ est irréductible.

7 Simplifions par 3 la fraction $\frac{1\,404}{3\,465}$. On a $\frac{1\,404}{3\,465} = \frac{3 \times 468}{3 \times 1\,155} = \frac{468}{1\,155}$.

La somme des chiffres de 468 est égale à 18 et celle de 3 465 est 18. Ces deux nombres sont divisibles par 3, donc la fraction obtenue n'est pas irréductible.

8 **1.** On divise 1 911 et 2 499 par 147. On a $1\,911 \div 147 = 13$ et $2\,499 \div 147 = 17$.
147 est donc un diviseur de 1 911 et de 2 499.

2. Écrivons sous forme irréductible la fraction $\frac{2\,499}{1911}$.

On a $\frac{2\,499}{1911} = \frac{147 \times 13}{147 \times 17} = \frac{13}{17}$.

Vers le brevet

9 **1.** Simplifions les fractions $\frac{60}{105}$ et $\frac{12}{42}$.

On a $\frac{60}{105} = \frac{2\times2\times3\times5}{3\times5\times7} = \frac{2\times2}{7} = \frac{4}{7}$ et $\frac{12}{42} = \frac{2\times2\times3}{2\times3\times7} = \frac{2}{7}$.

2. Amine a parcouru les $\frac{4}{7}$ de la distance totale. Il reste à Marie les $\frac{2}{7}$ de la distance totale à parcourir, donc elle a parcouru $\frac{5}{7}$ de la distance totale. Or $\frac{4}{7} < \frac{5}{7}$.

Marie est plus près de l'arrivée qu'Amine.

10 Les diviseurs de 220 sont : 1, 2, 4, 5, 10, 11, 20, 22, 44, 55, 110, 220.
La somme des diviseurs stricts de 220 est :
$1 + 2 + 4 + 5 + 10 + 11 + 20 + 22 + 44 + 55 + 110 = 284$.
Les diviseurs de 284 sont : 1, 2, 4, 71, 142, 284.
La somme des diviseurs stricts de 284 est :
$1 + 2 + 4 + 71 + 142 = 220$.
(220 ; 284) est un couple de nombres amicaux car 284 est égal à la somme des diviseurs stricts de 220, et réciproquement.

> **Info**
> La somme est le résultat d'une addition.

11 Les diviseurs de 6 sont 1, 2, 3 et 6.
On a $1 + 2 + 3 = 6$, donc 6 est un nombre parfait.
2. Les diviseurs de 28 sont 1, 2, 4, 7, 14 et 28.
On a $1 + 2 + 4 + 7 + 14 = 28$. Donc 28 est un nombre parfait.

> **Attention !**
> N'ajoute pas le nombre dont tu as cherché les diviseurs.

12 **1.** Les diviseurs de 48 sont 1, 2, 3, 4, 6, 8, 12, 16, 24, 48.
On a $1 + 2 + 3 + 4 + 6 + 8 + 12 + 16 + 24 = 76$.
Or $76 > 48$, donc 48 est un nombre abondant.

2. Les diviseurs de 16 sont 1, 2, 4, 8, 16.
On a $1 + 2 + 4 + 8 = 15$.
Or $15 < 16$, donc 16 n'est pas un nombre abondant.

> **Rappel**
> Un nombre entier est toujours divisible par 1 et lui-même.

13 Appelons n le nombre choisi. Appliquons le programme de calcul proposé.
On ajoute 3, on obtient $n + 3$.
On multiplie le résultat par 7, on obtient $(n + 3) \times 7$.
On ajoute le triple du nombre de départ au résultat, on obtient $(n + 3) \times 7 + n \times 3$.
On enlève 21, on obtient $(n + 3) \times 7 + n \times 3 - 21$.
Posons $A = (n + 3) \times 7 + n \times 3 - 21$.

> **Attention !**
> Les parenthèses autour de la somme $n + 3$ sont indispensables.

On simplifie cette expression :
$A = n \times 7 + 3 \times 7 + n \times 3 - 21$
$A = n \times (3 + 7) + 21 - 21$
$A = n \times 10.$
On obtient donc toujours un multiple de 10.

14 On écrit sous forme de fractions les proportions données : $\frac{63}{225}$ et $\frac{96}{400}$.
On simplifie ces deux fractions :
$$\frac{63}{225} = \frac{3\times3\times7}{3\times3\times5\times5} = \frac{7}{5\times5} = \frac{7}{25}$$
$$\frac{96}{400} = \frac{2\times2\times2\times2\times2\times3}{2\times2\times2\times2\times5\times5} = \frac{2\times3}{5\times5} = \frac{6}{25}.$$
En proportion, Anne a réussi plus de tirs que Kevin. Elle est donc plus adroite.

15 **1.** On a 11 - 2 = 9 et 11 + 2 = 13.
Le nombre premier jumeau avec 11 est 13.
On a 17 - 2 = 15 et 17 + 2 = 19.
Le nombre premier jumeau avec 17 est 19.

2. On a 119 - 2 = 117 et 119 + 2 = 121.
117 est divisible par 3, donc il n'est pas premier. Et 121 est divisible par 11, donc il n'est pas premier.
Donc 119 n'admet pas de nombre premier jumeau.

Info
9 et 15 ne sont pas des nombres premiers car ils sont divisibles par 3.

16 **1.** On veut comparer les deux fractions, pour cela on les simplifie. On décompose en produit de facteurs premiers chacun des nombres. On obtient :
$$\frac{144}{180} = \frac{2\times2\times2\times2\times3\times3}{2\times2\times3\times3\times5} = \frac{4}{5}$$
$$\frac{112}{140} = \frac{2\times2\times2\times2\times7}{2\times2\times5\times7} = \frac{4}{5}$$
Les deux fractions simplifiées sont égales, les deux professeurs sont donc d'accord.

NOMBRES ET CALCULS

Calculs sur des écritures fractionnaires, des puissances

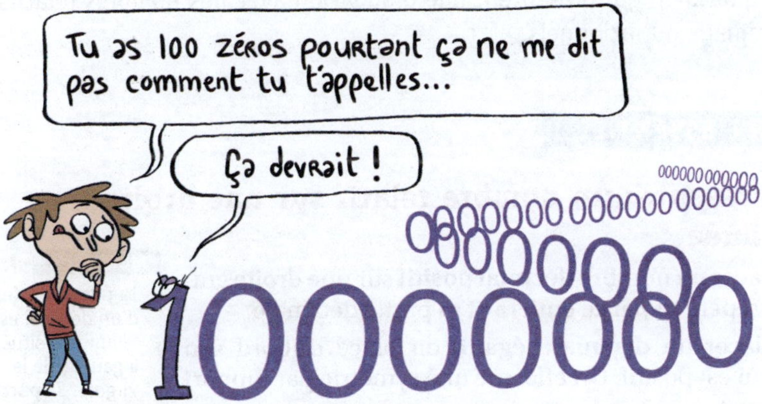

Réponse : Un gogol.

FICHES

EXERCICES & SUJETS

CORRIGÉS

8 Représenter un nombre sur une droite graduée

Un thermomètre, une règle ou un verre doseur sont des instruments du quotidien qui présentent une graduation avec des nombres relatifs, décimaux ou rationnels.

RETENIR L'ESSENTIEL

I Représenter un nombre relatif sur une droite graduée

- Pour placer un nombre **décimal positif** sur une droite graduée, on repère sa partie entière et sa partie décimale.
- Pour placer un **décimal négatif**, on place d'abord son opposé qui est positif. On effectue une symétrie par rapport au nombre 0.

Exemple : Placer +2,6 et –2,6 sur la droite graduée ci-dessous. On écrit +2,6 = +2 + 0,6. On compte alors 6 petites divisions à partir de +2 vers la droite. Par symétrie par rapport à 0, on place –2,6.

> **Mots-clés**
> La **partie entière** d'un décimal est le nombre situé à gauche de la virgule. Sa **partie décimale** est située à droite.

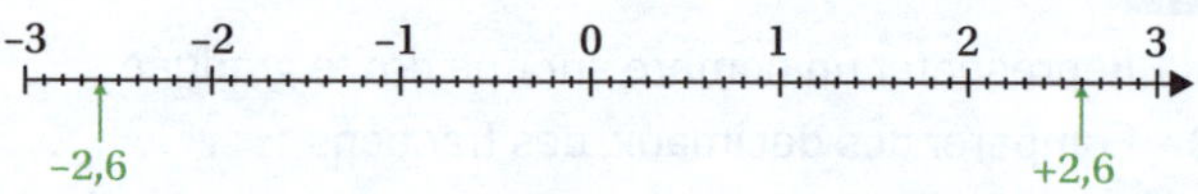

II Représenter un rationnel sur une droite graduée

Pour placer un rationnel sur une droite graduée, on partage chaque unité en autant de divisions que le dénominateur du rationnel.

Le numérateur indique le nombre de divisions qu'il faut compter à partir du nombre 0.

Exemple : Placer $\frac{3}{4}$ sur la droite graduée ci-dessous. On partage chaque unité en quatre divisions et on compte 3 divisions à partir de 0.

> **Mots-clés**
> Un **rationnel** est un nombre qui peut s'écrire sous la forme d'un quotient de deux entiers. Il a une infinité d'écritures, chacune d'entre elles est une fraction.

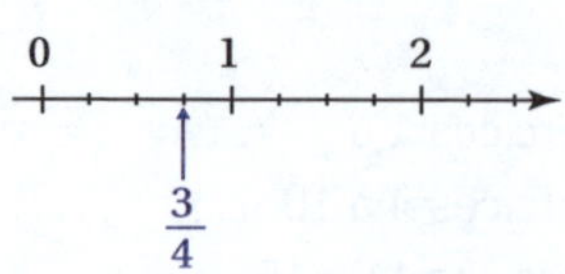

APPLIQUER LA MÉTHODE

I Placer un nombre relatif sur une droite graduée

Placer sur la droite graduée ci-dessous les relatifs suivants : +4,3 ; –4,3 et –1,2.

Conseils

- Compte les unités à partir de 0 puis les petites divisions pour les dixièmes.
- Effectue une symétrie par rapport au nombre 0 pour placer les nombres négatifs.

Solution

+4,3 est situé à 3 petites divisions à droite de 4.
– 4,3 est l'opposé de +4,3, c'est le symétrique de +4,3 par rapport à 0.
Place d'abord +1,2. Pour cela, compte deux petites divisions à droite de +1.
Effectue une symétrie par rapport à 0 pour placer –1,2.

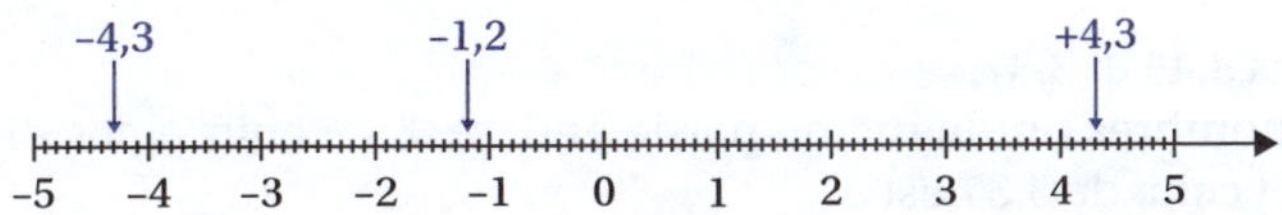

II Placer un rationnel sur une droite graduée

Placer sur la droite graduée ci-dessous les rationnels suivants : $\frac{1}{6}$, $\frac{5}{6}$ et $-\frac{5}{6}$.

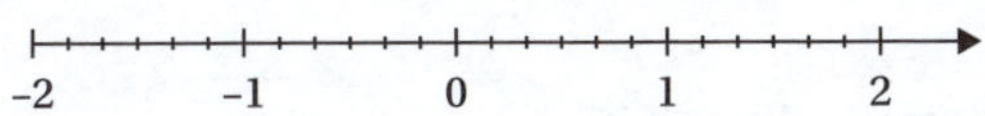

Conseils

L'unité est partagée en six petites divisions égales. Le numérateur du rationnel indique le nombre de petites divisions à compter en partant de 0.

Solution

Le numérateur de $\frac{1}{6}$ est 1, donc $\frac{1}{6}$ se trouve a une petite division à droite de 0.
On fait de même pour $\frac{5}{6}$. Enfin $-\frac{5}{6}$ est le symétrique de $\frac{5}{6}$ par rapport à 0.

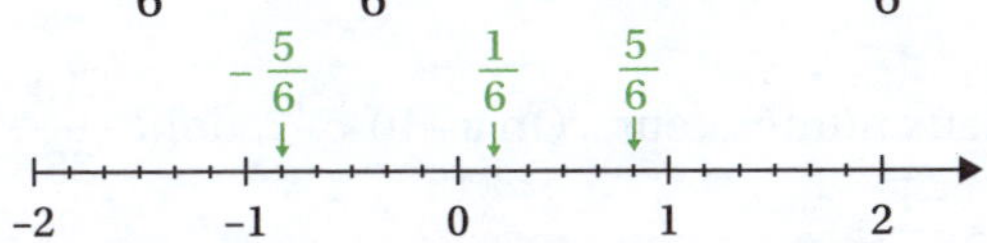

Pour vérifier que tu as compris ▸ Exercices 1 à 3

Pour t'entraîner ▸ Exercices 4 à 10

Pour préparer le brevet ▸ Exercices 11 à 15

9 Comparer des décimaux, des fractions

Comparer deux quantités, c'est chercher quelle est la plus grande ou la plus petite des deux.

RETENIR L'ESSENTIEL

I Comparer deux décimaux

1. Comparer deux décimaux positifs

■ Pour comparer deux décimaux positifs, on regarde d'abord leurs parties entières.
Si les deux parties entières sont différentes, le plus grand est celui qui a la plus grande partie entière.

■ Si les deux parties entières sont égales, on compare de la même manière les deux chiffres des dixièmes. On poursuit le processus si nécessaire en comparant les chiffres des centièmes, des millièmes, etc.

Exemple :
Comparons 3,45 et 3,37.
Ces deux nombres ont la même partie entière 3. Le chiffre des dixièmes de 3,45 est 4 et celui de 3,37 est 3.
$4 > 3$, donc $3{,}45 > 3{,}37$.

2. Comparer deux décimaux négatifs

Deux décimaux négatifs sont rangés dans l'ordre contraire de leurs opposés respectifs.

Exemple :
On a $3{,}45 > 3{,}37$ donc $-3{,}45 < -3{,}37$.

II Comparer deux fractions

Pour comparer deux fractions, on les écrit d'abord avec le même dénominateur. La plus grande est alors celle qui a le plus grand numérateur.

Exemple :
Comparons $\frac{-2}{7}$ et $\frac{-1}{5}$.
Écrivons les deux fractions au même dénominateur. $\frac{-2}{7} = \frac{-2 \times 5}{7 \times 5} = \frac{-10}{35}$ et $\frac{-1}{5} = \frac{-1 \times 7}{5 \times 7} = \frac{-7}{35}$.
Comparons les deux numérateurs. On a $-10 < -7$, donc $\frac{-10}{35} < \frac{-7}{35}$.
Finalement, $\frac{-2}{7} < \frac{-1}{5}$.

APPLIQUER LA MÉTHODE

I Comparer des décimaux

Classer par ordre croissant les profondeurs de ces fosses marines.

Fosse	Océan	Profondeur (km)
Fosse de Porto Rico	Atlantique	8,605
Fosse des Kouriles	Pacifique	10,542
Fosse des Mariannes	Pacifique	11,034
Fosse des Philippines	Pacifique	10,540
Fosse du Pérou-Chili	Pacifique	8,065

Conseils

Lorsque deux profondeurs ont la même partie entière, compare leur chiffre des dixièmes et éventuellement le chiffre des centièmes.

Solution

On compare les parties entières : $8 < 10 < 11$.
Deux profondeurs ont pour partie entière 8. Il s'agit de 8,605 et 8,065.
On compare les chiffres des dixièmes. On a $0 < 6$, donc $8{,}065 < 8{,}605$. Deux profondeurs ont pour partie entière 10, pour chiffre des dixièmes 5, pour chiffre des centièmes 4. On compare les chiffres des millièmes.
On a $0 < 2$, donc $10{,}540 < 10{,}542$.
On obtient finalement : $8{,}065 < 8{,}605 < 10{,}540 < 10{,}542 < 11{,}034$.

II Comparer deux fractions

Comparer les fractions $\frac{2}{3}$ et $\frac{3}{5}$.

Conseils

Réduis les fractions au même dénominateur. Compare les deux numérateurs obtenus. La plus grande fraction est celle qui a le plus grand numérateur.

Solution

On réduit les fractions au même dénominateur : $\frac{2}{3} = \frac{2 \times 5}{3 \times 5} = \frac{10}{15}$ et $\frac{3}{5} = \frac{3 \times 3}{5 \times 3} = \frac{9}{15}$.

On compare les numérateurs : $9 < 10$. Donc $\frac{9}{15} < \frac{10}{15}$, c'est-à-dire $\frac{3}{5} < \frac{2}{3}$.

Pour vérifier que tu as compris ▸ Exercices 1 à 3

Pour t'entraîner ▸ Exercices 4 à 10

Pour préparer le brevet ▸ Exercices 11 à 15

10 Effectuer des opérations sur des nombres relatifs en écriture fractionnaire

Tu connais les nombres en écriture fractionnaire, c'est-à-dire ceux qui s'écrivent sous la forme d'un quotient de deux nombres relatifs. Il s'agit maintenant d'apprendre à effectuer des calculs sur ces nombres.

RETENIR L'ESSENTIEL

I Addition ou soustraction de deux fractions

Pour **additionner** ou **soustraire** des fractions, on les réduit au même dénominateur et on ajoute ou on soustrait les numérateurs.

Exemple : On pose $A = \frac{1}{12} + \frac{(-3)}{8}$.

On a $A = \frac{2}{24} + \frac{(-9)}{24}$, soit $A = \frac{2-9}{24}$ d'où $A = \frac{-7}{24}$.

Remarque : On a $\frac{a}{b} = \frac{-a}{-b}$ et $\frac{-a}{b} = \frac{a}{-b} = -\frac{a}{b}$, b étant non nul.

II Multiplication de deux fractions

Pour **multiplier** deux fractions, on multiplie d'une part les numérateurs et d'autre part, les dénominateurs.

Exemple : $B = \frac{2}{7} \times \frac{21}{8}$ donc $B = \frac{2 \times 21}{7 \times 8}$.

On simplifie : $B = \frac{\cancel{2} \times 3 \times \cancel{7}}{\cancel{7} \times \cancel{2} \times 2 \times 2}$, soit $B = \frac{3}{4}$.

Méthode

Après avoir écrit les deux produits, décompose chaque nombre en produit de facteurs premiers et simplifie avant d'effectuer les produits restants.

III Division de deux fractions

Pour **diviser** deux fractions, on multiplie la première par l'inverse de la deuxième.

Exemple : $C = \frac{5}{6} \div \frac{-10}{9}$ donc $C = \frac{5}{6} \times \frac{9}{-10}$.

On simplifie : $C = \frac{\cancel{5} \times (\cancel{3} \times 3)}{(2 \times \cancel{3}) \times (-2 \times \cancel{5})}$, soit $C = -\frac{3}{4}$.

Mot-clé

L'**inverse** de la fraction $\frac{a}{b}$ est la fraction $\frac{b}{a}$ où a et b sont non nuls.

APPLIQUER LA MÉTHODE

Calculer avec des fractions

On pose $A=\frac{11}{6}+\frac{5}{3}$ et $B=\frac{7}{4}-2$.

1. Calculer A et B.

2. On pose $C=\frac{A}{B}$. Montrer que C est un entier.

Conseils

1. Dans le calcul de A, écris chaque fraction avec le même dénominateur, puis additionne.
Dans le calcul de B, observe que $2=\frac{2}{1}$ afin d'écrire chaque fraction avec le même dénominateur, puis effectue la soustraction.

2. Souviens-toi que pour diviser une fraction par une autre fraction, on multiplie la première par l'inverse de la deuxième.

Solution

1. Calculons A :

$A=\frac{11}{6}+\frac{10}{6}$

$A=\frac{21}{6}$ et $A=\frac{7}{2}$.

Calculons B :

$B=\frac{7}{4}-\frac{2}{1}$

$B=\frac{7}{4}-\frac{8}{4}$ et $B=-\frac{1}{4}$.

2. Calculons $C=\frac{A}{B}$:

$C=\frac{\frac{7}{2}}{-\frac{1}{4}}$; $C=\frac{7}{2}\times\left(-\frac{4}{1}\right)$; $C=\frac{7\times(-2)\times\cancel{2}}{\cancel{2}\times 1}$;

$C=\frac{7\times(-2)}{1}$; $C=\frac{-14}{1}$; $C=-14$.

C est donc un entier.

Pour vérifier que tu as compris ▸ Exercices 1 à 3

Pour t'entraîner ▸ Exercices 4 à 10

Pour préparer le brevet ▸ Exercices 11 à 15

11 Conduire un calcul en respectant les règles de priorité

Quand une expression comporte plusieurs opérations, les calculs doivent être effectués dans un ordre précis. On parle de règles de priorité des opérations.

RETENIR L'ESSENTIEL

I Expression comportant des parenthèses

■ Pour calculer une **expression comportant des parenthèses**, on effectue d'abord les opérations entre parenthèses.

Exemple : Calculer $A=\frac{1}{2}\times\left(2+\frac{1}{2}\right)+\frac{9}{4}$.

On effectue l'expression entre parenthèses :

$A=\frac{1}{2}\times\left(\frac{4}{2}+\frac{1}{2}\right)+\frac{9}{4}$, soit $A=\frac{1}{2}\times\frac{5}{2}+\frac{9}{4}$.

On effectue la multiplication : $A=\frac{5}{4}+\frac{9}{4}$.

On effectue l'addition et on simplifie la fraction : $A=\frac{14}{4}$, soit $A=\frac{7}{2}$.

■ Si l'expression comporte plusieurs séries de parenthèses ou de crochets emboîtés, on commence par calculer les parenthèses les plus intérieures.

Exemple : Calculer $C=2\times[2-4\,(5-1)]$.

On effectue l'expression entre parenthèses :

$C=2\times[2-4\times4]$.

On effectue l'expression entre crochets :

$C=2\times[2-16]$

$C=2\times[-14]$.

On effectue la multiplication : $C=-28$.

II Expression sans parenthèse

Pour calculer une **expression sans parenthèses**, on effectue d'abord les puissances, puis les multiplications et les divisions. On termine le calcul avec les additions et les soustractions.

Exemple : Calculer $B=\frac{1}{2}+\frac{5}{2}\times\frac{3}{4}$.

On effectue la multiplication : $B=\frac{1}{2}+\frac{15}{8}$.

On effectue l'addition : $B=\frac{4}{8}+\frac{15}{8}$, soit $B=\frac{19}{8}$.

APPLIQUER LA MÉTHODE

Calculer une expression en respectant les priorités

Calculer les expressions suivantes :

1. $A=(3+2\times5)\times10-3$.
2. $B=(5-(3-2))\times8$.
3. $C=2-2\times(1-3\times6)$.

Conseils

1. Observe l'expression écrite entre parenthèses. C'est la somme de 3 et du produit 2 × 5. Souviens-toi que la multiplication est prioritaire. Calcule d'abord 2 × 5.
2. Observe les parenthèses les plus intérieures. Elles contiennent l'expression (3 – 2). Calcule d'abord cette différence. Effectue ensuite une autre différence et conclus en multipliant.
3. Calcule d'abord le produit de 3 par 6.

Solution

1. On calcule en premier l'expression entre parenthèses, pour cela on calcule d'abord le produit 2×5 :
$A=(3+10)\times10-3$.
On calcule l'expression entre parenthèses :
$A=13\times10-3$.
On calcule le produit :
$A=130-3$.
On calcule la différence :
$A=127$.

2. On calcule en premier l'expression entre parenthèses intérieures :
$B=(5-1)\times8$.
On calcule l'expression entre parenthèses :
$B=4\times8$
On calcule le produit :
$B=32$.

3. On calcule l'expression entre parenthèses en commençant par le produit 3×6 :
$C=2-2\times(1-18)$
$C=2-2\times(-17)$.
On calcule le produit, puis la somme :
$C=2+34$
$C=36$.

Pour vérifier que tu as compris ▸ Exercices 1 à 3

Pour t'entraîner ▸ Exercices 4 à 10

Pour préparer le brevet ▸ Exercices 11 à 15

12 Conduire un calcul avec des puissances

Le carré d'un nombre x est le produit de x par lui-même. On dit que le carré de x est une puissance de x d'exposant 2. Les règles de calcul avec des puissances ont été introduites par Descartes au XVIIe siècle.

RETENIR L'ESSENTIEL

I Puissance d'exposant positif d'un nombre x

- Le produit de x par x est appelé le **carré** de x. On note $x \times x = x^2$.
- Le produit de trois facteurs égaux à x est appelé le **cube** de x.
On note $x \times x \times x = x^3$.
- D'une façon plus générale, si x est un nombre relatif et n est un entier positif supérieur ou égal à 2, la **puissance d'exposant n** de x est le nombre x^n égal au produit de n facteurs tous égaux à x.

On note $x^n = \underbrace{x \times x \times \ldots \times x}_{n \text{ facteurs égaux à } x}$.

Exemple :
$8 \times 8 = 8^2 = 64$.
$(-2) \times (-2) \times (-2) = (-2)^3 = -8$.

Remarque : $x^0 = 1$ et $x^1 = x$.

II Puissance de 10 d'exposant positif ou négatif

- Si n est un entier positif non nul, on a :

$$10^n = \underbrace{10 \times \ldots \times 10}_{n \text{ facteurs}} = 1\underbrace{00\ldots0}_{n \text{ zéros}} \qquad 10^{-n} = \frac{1}{10^n} = \underbrace{0{,}00\ldots0}_{n \text{ zéros}}1$$

- Voici les différents noms attribués à des puissances de 10 particulières.

Puissance de 10	Préfixe	Symbole
10^{12}	téra	T
10^9	giga	G
10^6	méga	M
10^3	kilo	k
10^2	hecto	h
10^1	déca	da
10^{-1}	déci	d
10^{-2}	centi	c
10^{-3}	milli	m
10^{-6}	micro	μ
10^{-9}	nano	n

APPLIQUER LA MÉTHODE

I Utiliser le vocabulaire des puissances

Compléter les phrases suivantes à l'aide d'un des mots : facteur, carré, produit, exposant.

a. 10^2 est le … de 10.

b. Dans le nombre 10^4, 4 est …

c. Dans l'expression $8 \times 8 \times 8$, 8 est un …

d. 64 est le … de 8 par 8.

Conseils

Chaque mot a été utilisé une seule fois.
Un carré est une puissance d'exposant 2.
L'exposant est un entier qui indique le nombre de fois qu'un nombre est multiplié par lui-même.
Un facteur est l'un des nombres figurant dans un produit.
Le produit est le résultat d'une multiplication.

Solution

a. 10^2 est le **carré** de 10.

b. Dans le nombre 10^4, 4 est **l'exposant.**

c. Dans l'expression $8 \times 8 \times 8$, 8 est un **facteur.**

d. 64 est le **produit** de 8 par 8.

II Utiliser les puissances

Écrire les nombres suivants sous la forme d'une puissance de 10.

a. 0,0001 **b.** 1 000 000 **c.** $\frac{1}{100}$

Conseils

a. Le nombre est strictement inférieur à 1, donc tu cherches un exposant négatif. L'écriture 0,0001 comporte 4 zéros. Conclus.
b. Le nombre est strictement supérieur à 1, donc tu cherches un exposant positif. L'écriture 1 000 000 comporte 6 zéros. Conclus.
c. Cette fraction se lit « un centième », donc son écriture décimal est 0,01.

Solution

a. $0{,}0001 = 10^{-4}$ **b.** $1\,000\,000 = 10^6$ **c.** $\frac{1}{100} = 0{,}01 = 10^{-2}$.

Pour vérifier que tu as compris ▸ Exercices 1 à 3
Pour t'entraîner ▸ Exercices 4 à 10
Pour préparer le brevet ▸ Exercices 11 à 15

13 Donner l'écriture scientifique d'un nombre

La recherche scientifique est souvent confrontée à des nombres très grands ou très petits. L'écriture scientifique permet de simplifier les calculs. Elle est utilisée notamment en physique.

RETENIR L'ESSENTIEL

I Écriture scientifique d'un nombre

- L'**écriture scientifique** d'un nombre **positif** non nul est l'écriture de ce nombre sous la forme $a \times 10^n$ où a est un nombre positif tel que $1 \leqslant a < 10$ et n est un entier relatif.
- L'**écriture scientifique** d'un nombre **négatif** non nul est l'écriture de ce nombre sous la forme :

$$a \times 10^n$$

où a est un nombre négatif tel que $-10 < a \leqslant -1$ et n est un entier relatif.

- L'écriture scientifique d'un nombre est **unique**.

Exemples : L'écriture scientifique de 2 000 est 2×10^3.
L'écriture scientifique de $-0{,}056$ est $-5{,}6 \times 10^{-2}$.

II Effectuer un calcul et donner l'écriture scientifique du résultat

Pour écrire une expression sous forme scientifique, on donne l'écriture décimale de chaque puissance de 10 après les avoir regroupées. Puis on effectue les calculs

Exemple : On donne $A = 6 \times 10^2 \times 5 \times 10^{-4}$.
On cherche l'écriture scientifique de A. On a :
$A = 6 \times 100 \times 5 \times 0{,}0001$
$A = 30 \times (100 \times 0{,}0001)$
$A = 30 \times 0{,}01$
$A = 3 \times 10 \times 0{,}01$
$A = 3 \times 0{,}1$
$A = 3 \times 10^{-1}$.
L'écriture scientifique de A est 3×10^{-1}.

APPLIQUER LA MÉTHODE

Déterminer l'écriture scientifique d'un nombre décimal

1. Une année-lumière est la distance parcourue par la lumière en une année. Elle vaut $9\,461 \times 10^9$ km.

a. Donner l'écriture en mètres de ce nombre, puis à l'aide du préfixe téra.

b. Donner l'écriture scientifique de ce nombre en mètres.

2. La taille d'une cellule végétale est de 150 micromètres ou 150 microns. Donner l'écriture scientifique de ce nombre en mètres.

3. Le corps humain contient environ 5 litres de sang.
Il y a 5 millions de globules rouge dans 1 mm^3 de sang.
Donner l'écriture scientifique du nombre de globules rouges dans le corps humain.

Conseils

1. a. Convertis $9\,461 \times 10^9$ kilomètres en mètres. Observe qu'un téra vaut 10^{12}.
b. Commence par écrire 9 461 sous la forme $9{,}461 \times 10^n$ où n est un entier positif.
2. Souviens-toi que 1 micromètre vaut 10^{-6} m.
3. Souviens-toi que 1 L = 1 000 000 mm^3.

Solution

1. a. On convertit :
$9\,461 \times 10^9$ km $= 9\,461 \times 10^3 \times 10^9$ m.
Donc $9\,461 \times 10^9$ km $= 9\,461 \times 10^{12}$ m $= 9\,461$ téramètres.

b. On a :
$9\,461 \times 10^{12} = 9{,}461 \times 1\,000 \times 1\,000\,000\,000\,000 = 9{,}461 \times 10^{15}$.
L'écriture scientifique du nombre $9\,461 \times 10^{12}$ m est $9{,}461 \times 10^{15}$ m.

2. On a 150 microns $= 150 \times 0{,}000001$ m. De plus $150 = 1{,}5 \times 100$.
L'écriture scientifique de 150 microns est $1{,}5 \times 10^{-4}$ m.

3. Convertissons 5 L en mm^3.
On obtient : 5 L = 5 000 000 mm^3.
Dans 1 mm^3 de sang, il y a 5 000 000 de globules rouges.
Dans le corps humain, on trouve $5\,000\,000 \times 5\,000\,000$
$= 25 \times 10^{12} = 2{,}5 \times 10^{13}$ globules rouges.

Pour vérifier que tu as compris ▸ Exercices 1 à 3
Pour t'entraîner ▸ Exercices 4 à 10
Pour préparer le brevet ▸ Exercices 11 à 15

Se tester QUIZ

Vérifie que tu as bien compris les points clés des **fiches 8 à 13.**

Pour chaque question, vérifie ta réponse à l'aide du corrigé et consulte les fiches de cours si nécessaire.

1 Conduire un calcul en respectant les règles de priorités

→ RÉVISE LA FICHE 10

1. On pose $E = 2 + 3 \times (3 - 1)$. Le nombre E est égal à :

☐ **a.** 10 ☐ **b.** 8 ☐ **c.** 2

2. On pose $F = 2 - 4(2 - 6) \div 3$. On doit commencer par calculer :

☐ **a.** $2 - 6$ ☐ **b.** $2 - 4$ ☐ **c.** $6 \div 3$

2 Conduire un calcul avec des puissances

→ RÉVISE LA FICHE 11

On pose $J = 10^4$. Le nombre J est égal à :

☐ **a.** 100 ☐ **b.** 1 000 ☐ **c.** 10 000

3 Donner l'écriture scientifique d'un nombre

→ RÉVISE LA FICHE 12

L'écriture scientifique $1{,}23 \times 10^3$ correspond au nombre :

☐ **a.** 123 ☐ **b.** 1 230 ☐ **c.** 12 300

S'entraîner

Vérifie que tu sais appliquer les méthodes des **fiches 8 à 13.**

Pour chaque exercice, consulte la méthode indiquée, et compare ta réponse à celle qui est donnée dans le corrigé.

4 Appliquer un programme de calcul

→ APPLIQUE LA MÉTHODE DE LA FICHE 11

On donne le programme de calcul suivant :
- choisir un nombre ;
- multiplier ce nombre par 4 ;
- ajouter 6 ;
- écrire le résultat.

1. Calculer la valeur exacte du résultat obtenu lorsque :

a. le nombre choisi est 1,2 ;

b. le nombre choisi est x.

2. Quel nombre doit-on choisir pour que le résultat obtenu soit égal à 15 ?

5 Appliquer les règles de priorité

→ APPLIQUE LA MÉTHODE DE LA FICHE 11

Donner l'écriture décimale des nombres suivants :

a. $A=5^2+2^2\times 9$ b. $B=\dfrac{3^2}{4+2^2}$ c. $C=5\times 10^3-2\times 10^2$.

6 Effectuer des calculs sur des fractions

→ APPLIQUE LA MÉTHODE DE LA FICHE 10

On pose $A=\dfrac{7}{5}-\dfrac{9}{5}\times\dfrac{2}{21}$, $B=\dfrac{5}{7}-\dfrac{2}{7}\div\dfrac{4}{13}$ et $C=\left(\dfrac{1}{4}-\dfrac{1}{5}\right)\times\left(7+\dfrac{37}{9}\right)$.

Écrire A, B et C sous forme d'une fraction irréductible.

7 Effectuer des calculs sur des fractions

→ APPLIQUE LA MÉTHODE DE LA FICHE 10

On laisse tomber une balle d'une hauteur de 1 mètre.

À chaque rebond, elle rebondit des $\dfrac{3}{4}$ de la hauteur d'où elle est tombée.

Quelle hauteur atteint la balle au cinquième rebond ? Arrondir au cm près.

8 Effectuer des calculs sur des fractions

→ APPLIQUE LA MÉTHODE DE LA FICHE 10

Pour choisir un écran de télévision, d'ordinateur ou une tablette tactile, on peut s'intéresser :
- à son format qui est le rapport longueur de l'écran sur largeur de l'écran ;
- à sa diagonale qui se mesure en pouces. Un pouce est égal à 2,54 cm.

1. Un écran de télévision a une longueur de 80 cm et une largeur de 45 cm.

S'agit-il d'un écran de format $\dfrac{4}{3}$ ou $\dfrac{16}{9}$?

2. Un écran est vendu avec la mention « 15 pouces ». On prend les mesures suivantes : la longueur est 30,5 cm et la largeur est 22,9 cm.
La mention « 15 pouces » est-elle bien adaptée à cet écran ?

9 Conduire un calcul avec des puissances

→ APPLIQUE LA MÉTHODE DE LA FICHE 12

1. Quelle est l'écriture décimale du nombre $\dfrac{10^5+1}{10^5}$?

2. Antoine utilise sa calculatrice pour calculer le nombre $\dfrac{10^{15}+1}{10^{15}}$.

Le résultat affiché est 1.

Antoine pense que ce résultat n'est pas exact. A-t-il raison ?

10 Représenter des nombres sur une droite graduée pour les comparer

→ APPLIQUE LA MÉTHODE DE LA FICHE 8

1. Sur la droite graduée ci-dessous, placer les nombres :

-2 ; $\frac{5}{2}$; $-0{,}1$; $1{,}2$; $-1{,}8$; $-\frac{7}{2}$.

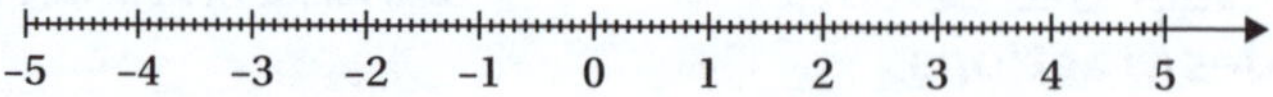

2. Classe par ordre croissant les nombres précédents.

Vers le brevet

Exerce-toi en vue du brevet et révise les **fiches 8 à 13.**

Pour chaque sujet, aide-toi des conseils donnés et compare ta réponse à celle donnée dans le corrigé.

11 Vente d'une propriété et fraction

15 min

→ APPLIQUE LA MÉTHODE DE LA FICHE 10

1. Effectuer le calcul ci-dessous et donner le résultat sous forme d'une fraction irréductible :

$A=1-\frac{1}{4}+\frac{3}{4}\times\frac{4}{5}$.

2. Un propriétaire terrien a vendu le quart de sa propriété au mois de janvier et les quatre cinquièmes du reste au mois de décembre.

a. Quelle fraction de la propriété a été vendue au mois de décembre ?

b. Quelle fraction de la propriété reste invendue après ces deux ventes ?

Conseils

1. Effectue d'abord la multiplication des deux fractions dans les parenthèses.

2. a. Un quart a été vendu au mois de janvier. Cherche la fraction de la propriété restante. Calcule alors les quatre cinquièmes de cette fraction.

b. Utilise le résultat trouvé à la question précédente.

SUJET TYPE

12 Calcul et codage

15 min

→ APPLIQUE LA MÉTHODE DE LA FICHE 12

1. Effectuer les quatre calculs suivants, chaque résultat sera donné sous la forme d'un entier.

a. $\frac{3{,}9\times\left(10^{-2}\right)^{2}}{3\times10^{-5}}$

b. Trouver le plus grand diviseur commun de 35 et 12.

c. $2+\frac{2}{3} \div \frac{4}{5}-\frac{2}{3}$

d. $(-12+9)-(-5-2\times 3)$

2. On construit un codage de la façon suivante :

Nombres entier	1	2	...	...	...	26
Code	A	B	...	...	...	Z

a. Quel est le code de 13 ?

b. Quel est le mot formé en codant les quatre résultats de la première question ? Si les calculs sont exacts, on doit trouver un mot de circonstance.

Conseils

1. Chaque calcul donne un entier positif.

2. Complète le tableau : les pointillés signifient que l'on écrit toutes les lettres de A à Z, et tous les nombres de 1 à 26.

13 Écriture décimale et scientifique d'un nombre

10 min

→ APPLIQUE LA MÉTHODE DE LA FICHE 13

On donne l'expression numérique :
$A = 2\times 10^2 + 10^1 + 10^{-1} + 2\times 10^{-2}$.

1. Donner l'écriture décimale de A.

2. Donner l'écriture scientifique de A.

3. Écrire A sous la forme du produit d'un nombre entier par une puissance de 10.

4. Écrire A sous la forme de la somme d'un entier et d'une fraction irréductible inférieure à 1.

Conseils

1. Écris A sous la forme d'un nombre à virgule.

2. Utilise l'écriture de A trouvée à la question précédente.

3. Un entier est un nombre qui peut s'écrire sans virgule.

4. Décompose le nombre trouvé à la première question sous la forme d'une somme de sa partie entière et de sa partie décimale. Simplifie la fraction représentant la partie décimale.

SUJET TYPE

14 Le cœur humain

10 min

→ APPLIQUE LA MÉTHODE DE LA FICHE 12

Le cœur humain effectue environ 5 000 battements par heure.

1. Écrire 5 000 en notation scientifique.

2. Calculer le nombre de battements effectués par un cœur humain pendant une vie de 80 ans. On rappelle qu'une année correspond à 365 jours. Donner l'écriture scientifique du résultat.

Conseils

1. Observe que 5 000 = 5 × 1 000.

2. Calcule d'abord le nombre d'heures dans une année. Souviens-toi qu'un jour comporte 24 heures.

15 Masse d'un atome de carbone

10 min

→ APPLIQUE LA MÉTHODE DE LA FICHE 12

La masse d'un atome de carbone est égale à $1{,}99 \times 10^{-26}$ kg. Les chimistes considèrent des paquets contenant $6{,}022 \times 10^{23}$ atomes.

1. Calculer la masse en grammes d'un tel paquet d'atomes de carbone.

2. Donner une valeur arrondie de cette masse au gramme près.

Conseils

1. Convertis d'abord la masse d'un atome de carbone en grammes. Pour cela, souviens-toi que 1 g = 0,001 kg.

2. Tu cherches l'arrondi à l'unité du résultat trouvé à la question précédente.

Se tester QUIZ

1 **1. Réponse b.** On effectue en premier l'opération entre parenthèses.
On obtient $E = 2 + 3 \times 2$.
On effectue la multiplication :
$E = 2 + 6$
$E = 8$.
Le nombre E est égal à 8.

2. Réponse a. Pour calculer une **expression comportant des parenthèses**, on effectue d'abord les opérations entre parenthèses.

2 **Réponse c.** L'exposant est 4 donc le nombre commence par 1 et est suivi de quatre zéros : $10^4 = 10\,000$.

3 **Réponse b.** On a $1{,}23 \times 10^3 = 1{,}23 \times 1\,000 = 1\,230$. L'écriture scientifique $1{,}23 \times 10^3$ correspond à 1 230.

S'entraîner

4 **1. a.** On a $1{,}2 \times 4 = 4{,}8$ et $4{,}8 + 6 = 10{,}8$.

b. Avec le nombre x, on obtient $4 \times x + 6 = 4x + 6$.

2. On commence par soustraire 6 à 15. On obtient : $15 - 6 = 9$.
On divise ce résultat par 4. On obtient $9 \div 4 = 2{,}25$.
On doit choisir le nombre 2,25.

> **Méthode**
> L'opération réciproque de l'addition est la soustraction. Celle de la multiplication est la division.

5 **a.** On calcule l'expression A, en commençant par les deux carrés. On obtient :
$A = 25 + 4 \times 9$.
La priorité est ensuite à la multiplication :
$A = 25 + 36$
$A = 61$.

b. On calcule l'expression B, en commençant par les carrés. On obtient :
$B = \dfrac{9}{4+4}$.
La priorité est au calcul du dénominateur :
$B = \dfrac{9}{8}$
$B = 1{,}125$.

c. On calcule l'expression C, en commençant par les puissances. On obtient :
$C = 5 \times 1\,000 - 2 \times 100 = 5\,000 - 200 = 4\,800$.

> **Info**
> Un entier est aussi un nombre décimal.

6 **a.** On calcule A en commençant par la multiplication , c'est-à-dire par le calcul de $\dfrac{9}{5} \times \dfrac{2}{21}$.

On a :

$A=\frac{7}{5}-\frac{9}{5}\times\frac{2}{21}$

$A=\frac{7}{5}-\frac{9\times2}{5\times21}$

$A=\frac{7}{5}-\frac{3\times2}{5\times7}$

$A=\frac{49}{35}-\frac{6}{35}$

$A=\frac{43}{35}$.

On calcule B en commençant par la division. On a :

$B=\frac{5}{7}-\frac{2}{7}\div\frac{4}{13}$

$B=\frac{5}{7}-\frac{2}{7}\times\frac{13}{4}$

$B=\frac{5}{7}-\frac{1\times13}{7\times2}$

$B=\frac{10}{14}-\frac{13}{14}$

$B=-\frac{3}{14}$.

On calcule C en commençant par les parenthèses. On a :

$C=\left(\frac{1}{4}-\frac{1}{5}\right)\times\left(7+\frac{37}{9}\right)$

$C=\left(\frac{5}{20}-\frac{4}{20}\right)\times\left(\frac{63}{9}+\frac{37}{9}\right)$

$C=\frac{1}{20}\times\frac{100}{9}$

$C=\frac{5}{9}$.

Attention ! Vérifie que les fractions obtenues ne peuvent pas être simplifiées.

7 Au premier rebond, la balle rebondit aux $\frac{3}{4}$ de 1 mètre, soit 0,75 m.

Au deuxième rebond, la hauteur est $\frac{3}{4}$ de 0,75 m, soit $0{,}75^2$ m.

Au troisième rebond, la hauteur est $\frac{3}{4}$ de $0{,}75^2$ m, soit $0{,}75^3$ m. Ainsi de suite.
Au cinquième rebond, la hauteur est $0{,}75^5$ m.
L'arrondi au cm de la hauteur est 0,24 m ou 24 cm.

Info $\frac{3}{4}$ est égal à 0,75.

8 **1.** Le format de l'écran de télévision est $\frac{80}{45}$.

On simplifie cette fraction. On obtient $\frac{80}{45} = \frac{2\times2\times2\times2\times5}{3\times3\times5} = \frac{16}{9}$.

Il s'agit d'un écran de format $\frac{16}{9}$.

2. On calcule d'abord la longueur de la diagonale d de l'écran en cm. Pour cela, on utilise le théorème de Pythagore, on a $30{,}5^2 + 22{,}9^2 = d^2$.
On obtient $d^2 = 1\ 454{,}66$.
La diagonale de l'écran mesure environ 38,14 cm.
Pour convertir cette longueur en pouces, on divise 38,14 par 2,54. Une valeur approchée de ce quotient est 15 pouces.
La mention « 15 pouces » est bien adaptée à cet écran.

9 **1.** On cherche l'écriture décimale du nombre $\frac{10^5+1}{10^5}$.

On a $\frac{10^5+1}{10^5} = \frac{100\,000+1}{100\,000} = \frac{100\,001}{100\,000} = 1{,}000\,01$.

À noter
Vérifie, quand c'est possible, le résultat obtenu à l'aide d'une calculatrice

2. On remarque que $10^{15}+1$ n'est pas égal à 10^{15}. Le résultat affiché par la calculatrice n'est pas exact. En effet, pour des nombres très grand, la calculatrice arrondit les résultats ce qui explique l'affichage du résultat 1.

10 **1.** Dans la liste des nombres, il y a deux nombres positifs $+\frac{5}{2}$ et +1,2. On observe que $+\frac{5}{2}$ s'écrit +2,5. On compte deux divisions à droite du zéro pour placer 2 et 5 petites divisions à droite de 2 pour placer 2,5.
Pour placer +1,2, on compte une division, puis deux petites divisions à droite du zéro.
Pour placer les quatre nombres négatifs, on place leurs opposés +2 ; + 0,1 ; +1,8 et $\frac{7}{2} = 3{,}5$, puis on effectue une symétrie par rapport à 0.
On obtient la figure ci-dessous.

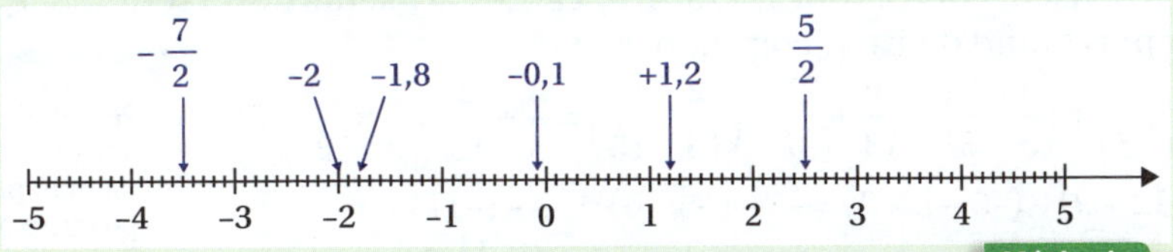

2. On classe par ordre croissant les nombres précédents en lisant de gauche à droite les nombres écrits sur la droite graduée. On obtient :
$-\frac{7}{2} < -2 < -1{,}8 < -0{,}1 < -1{,}2 < +\frac{5}{2}$.

Méthode
Classer des nombres en ordre croissant revient à les classer du plus petit au plus grand.

Vers le brevet

11 **1.** On calcule A :

$$A=1-\left(\frac{1}{4}+\frac{3}{\cancel{4}}\times\frac{\cancel{4}}{5}\right)$$

$$A=1-\left(\frac{1}{4}+\frac{3}{5}\right)$$

$$A=1-\left(\frac{5}{20}+\frac{12}{20}\right)$$

$$A=\frac{20}{20}-\frac{17}{20}$$

$$A=\frac{3}{20}.$$

2. a. Le propriétaire a vendu un quart de sa propriété, donc il lui reste les trois quarts. Il vend les quatre cinquièmes du reste au mois de décembre, c'est-à-dire les quatre cinquièmes des trois quarts de sa propriété, soit :

$\frac{4}{5}\times\frac{3}{4}=\frac{3}{5}.$

Le propriétaire vend donc les trois cinquièmes de sa propriété en décembre.

b. Le propriétaire a vendu le quart, puis les trois cinquièmes de sa propriété, donc il lui reste : $1-\left(\frac{1}{4}+\frac{3}{5}\right).$

On retrouve le calcul effectué à la question précédente. La fraction de la propriété restée invendue après ces deux ventes est donc $\frac{3}{20}$.

12 **1. a.** $\frac{3,9\times\left(10^{-2}\right)^2}{3\times10^{-5}}=\frac{3,9\times10^{-2}\times10^{-2}}{3\times0,00001}=\frac{3,9\times0,01\times0,01}{3\times0,00001}$

$=1,3\div0,1=1,3\times10=13$

b. Les diviseurs de 12 sont 1, 2, 3, 4, 6, 12. Les diviseurs de 35 sont 1, 5, 7, 35. Leur plus grand diviseur commun est 1.

c. $\left(2+\frac{2}{3}\right)\div\left(\frac{4}{5}-\frac{2}{3}\right)=\left(\frac{6}{3}+\frac{2}{3}\right)\div\left(\frac{12}{15}-\frac{10}{15}\right)=\frac{8}{3}\div\frac{2}{15}=\frac{8}{3}\times\frac{15}{2}=20.$

Méthode

Pour diviser deux fractions, on multiplie la première par l'inverse de la seconde.

d. $(-12+9)-(-5-2\times3)=-3-(-5-6)=-3-(-11)$

$=-3+11=8.$

2. a. La treizième lettre de l'alphabet est M. Le code de 13 est M.

b. Le code de 13 est M, celui de 1 est A, celui de 20 est T et celui de 8 est H. On obtient le mot MATH.

13 **1.** On a $A = 2 \times 10^2 + 10^1 + 10^{-1} + 2 \times 10^{-2}$
$A = 2 \times 100 + 10 + 0{,}1 + 2 \times 0{,}01$
$A = 200 + 10 + 0{,}1 + 0{,}02$
$A = 210{,}12$.
L'écriture décimale de A est 210,12.

2. On a $A = 210{,}12 = 2{,}1012 \times 100 = 2{,}1012 \times 10^2$.
L'écriture scientifique de A est $2{,}101 \times 2 \times 10^2$.

3. On a $A = 210{,}12 = 21\,012 \times 0{,}01 = 21\,012 \times 10^{-2}$.
L'écriture de A sous la forme du produit d'un nombre entier par une puissance de 10 est $21\,012 \times 10^{-2}$.

4. On a $A = 210{,}12 = 210 + 0{,}12$

$$A = 210 + \frac{12}{100}$$

$$A = 210 + \frac{2\times2\times3}{2\times2\times5\times5}$$

$$A = 210 + \frac{3}{25}.$$

L'écriture de A sous la forme de la somme d'un entier et d'une fraction irréductible inférieure à 1 est $210 + \dfrac{3}{25}$.

> **Méthode**
> Décompose en produit de facteurs premiers le numérateur et le dénominateur pour rendre irréductible une fraction.

14 **1.** On a $5\,000 = 5 \times 1\,000 = 5 \times 10^3$.
La notation scientifique de 5 000 est 5×10^3.

2. On cherche d'abord le nombre d'heures dans une année :
$24 \times 365 = 8\,760$. Il y a 8 760 heures dans une année.
Puis le nombre de battements en une année :
$5 \times 10^3 \times 8\,760 = 43\,800 \times 10^3 = 4{,}38 \times 10\,000 \times 10^3$
$= 4{,}38 \times 10^7$.
On cherche le nombre de battements en 80 ans :
$4{,}38 \times 10^7 \times 80 = 350{,}4 \times 10^7 = 3{,}504 \times 100 \times 10^7 = 3{,}504 \times 10^9$.
Le nombre de battements effectués par un cœur humain pendant une vie de 80 ans est de 3,5 milliards. L'écriture scientifique de ce nombre est $3{,}5 \times 10^9$.

> **Rappel**
> Souviens-toi que 10^9 est égal à 1 000 000 000, soit un milliard.

15 **1.** Calculons la masse m en grammes d'un tel paquet d'atomes de carbone. On a :
$m = 1{,}99 \times 10^{-26} \times 6{,}022 \times 10^{23}$
$m = 11{,}98378 \times 10^{-3}$ kg.
La masse en grammes d'un tel paquet d'atomes de carbone est 11,98378 g.

> **Rappel**
> Souviens-toi que 1 kg = 1 000 g
> = 10^3 g.

2. Une valeur arrondie de cette masse au gramme près est 12 g.

NOMBRES ET CALCULS

Calcul littéral
Équations et inéquations

Réponse : Il doit lui en donner 3.

FICHES

EXERCICES & SUJETS

CORRIGÉS

14 Connaître la distributivité

Pour résoudre des problèmes, on est amené à factoriser, c'est-à-dire transformer une somme en produit, ou bien à développer, c'est-à-dire transformer un produit en somme.

RETENIR L'ESSENTIEL

I Distributivité simple

La multiplication est distributive par rapport à l'addition et la soustraction. Soit a, b, c trois nombres quelconques. La règle de **distributivité simple** donne :

Factoriser

$$a \times (b + c) = a \times b + a \times c.$$

Développer

Mots-clés

Cette égalité traduit la **distributivité** de la multiplication sur l'addition.

Exemples :

- On veut développer $A = 2(4x + 3)$.

On obtient $A = 2 \times 4x + 2 \times 3$, soit $A = 8x + 6$.

- On veut factoriser $B = 5x - 7x$.

On obtient $B = x \times (5 - 7)$; $B = x \times (-2)$, soit $B = -2x$.

II Distributivité double

Soit a, b, c et d des nombres quelconques. La règle de **distributivité double** donne :

$$(a + b)(c + d) = a(c + d) + b(c + d) = ac + ad + bc + bd.$$

Exemple : On veut développer $A = (2x - 3)(3x + 5)$.

On obtient :

$A = 2x(3x + 5) + (-3)(3x + 5)$

$A = 2x \times 3x + 2x \times 5 - 3 \times 3x - 3 \times 5$

$A = 6x^2 + 10x - 9x - 15$

$A = 6x^2 + x - 15.$

APPLIQUER LA MÉTHODE

I Utiliser la distributivité simple pour simplifier une expression

On considère l'expression $A = 2x - 3x + 7x - 10$.
Factoriser cette expression pour la simplifier.

Conseils

Regroupe tous les termes qui contiennent l'inconnue x et mets x en facteur.

Solution

Les termes $2x$, $-3x$ et $7x$ contiennent tous le terme x. On a :
$A = 2 \times x - 3 \times x + 7 \times x - 10$
$A = (2 - 3 + 7) \times x - 10$
$A = 6 \times x - 10$
$A = 6x - 10$.

II Utiliser la distributivité double pour calculer

On veut calculer de tête 101×11.

1. Développe $(100 + 1)(10 + 1)$.
2. Explique comment tu peux calculer de tête 101×11.

Conseils

1. Utilise l'égalité $(a + b)(c + d) = ac + ad + bc + bd$ pour développer. Observe que $(100 + 1)(10 + 1) = 100(10 + 1) + 1(10 + 1)$.
2. Observe que $101 = 100 + 1$. Écris de même 11 sous la forme d'une somme de deux entiers. Utilise le résultat de la question **1.** pour conclure.

Solution

1. On développe $(100 + 1)(10 + 1)$.
$(100 + 1)(10 + 1) = 100 \times 10 + 100 \times 1 + 1 \times 10 + 1 \times 1$
$(100 + 1)(10 + 1) = 1\,000 + 100 + 10 + 1$
$(100 + 1)(10 + 1) = 1\,111$.
2. On veut calculer 101×11.
On a $100 + 1 = 101$ et $10 + 1 = 11$, donc $101 \times 11 = (100 + 1)(10 + 1) = 1\,111$.

Pour vérifier que tu as compris ▸ Exercices 1 à 3

Pour t'entraîner ▸ Exercices 4 à 9

Pour préparer le brevet ▸ Exercices 10 à 14

15 Résoudre une équation du premier degré

Une équation est une égalité dans laquelle l'inconnue est désignée par une lettre. Résoudre une équation, c'est trouver toutes les valeurs de l'inconnue qui vérifient l'égalité proposée.

RETENIR L'ESSENTIEL

I Résoudre une équation du type $x + a = b$

Soit a et b deux nombres donnés. Pour résoudre une équation du type $x + a = b$, **on ajoute** à chaque membre de l'équation **l'opposé de a.**

Exemple : Résoudre $x + 4 = 6$.
On ajoute –4 aux deux membres de l'équation.
On obtient $x + 4 - 4 = 6 - 4$. Soit $x = 2$.
On vérifie : $2 + 4 = 6$.
L'équation a donc pour solution le nombre 2.

> **Attention !**
> L'opposé de a est $-a$.

II Résoudre une équation du type $ax = b$

Soit a et b deux nombres donnés, a étant non nul. Pour résoudre une équation du type $ax = b$, **on multiplie** chaque membre de l'équation **par l'inverse de a.**

Exemple : Résoudre $\frac{5}{2}x = 7$.

On multiplie par $\frac{2}{5}$ les deux membres de l'équation.

On obtient $\frac{5}{2}x \times \frac{2}{5} = 7 \times \frac{2}{5}$. Soit $x = \frac{14}{5}$.

On vérifie : $\frac{5}{2} \times \frac{14}{5} = \frac{5 \times 14}{2 \times 5} = \frac{5 \times 2 \times 7}{2 \times 5} = 7$.

L'équation a donc pour solution $\frac{14}{5}$.

> **Rappel**
> Pour tous nombres c et d non nuls, l'inverse de $\frac{c}{d}$ est $\frac{d}{c}$.

Exemple : Résoudre $-2x + 7 = 5$.
On soustrait $7x$ aux deux membres de l'équation.
On obtient $-2x + 7 - 7 = 5 - 7$, soit $-2x = -2$.
On multiplie par $-\frac{1}{2}$ les deux membres de l'équation.
On obtient $-\frac{1}{2}(-2x) = -2\left(-\frac{1}{2}\right)$, soit $x = +1$.
On vérifie : $-2(+1) + 7 = -2 + 7 = 5$.
L'équation a pour solution 1.

APPLIQUER LA MÉTHODE

Résoudre une équation

1. Résoudre l'équation : $2x+5=7-4x$.

2. Résoudre l'équation : $\frac{1}{4}x+5=-\frac{1}{2}x-2$.

Conseils

- On veut obtenir une équation de la forme $ax = b$. Pour cela, regroupe les termes contenant l'inconnue x dans le membre de gauche et les termes constants dans le membre de droite.
- Réduis chacun des deux membres. Conclus en multipliant chaque membre par l'inverse de a.

Solution

1. On ajoute $4x$, puis -5 aux deux membres de l'équation. On obtient :
$2x+4x+5=7-4x+4x$; $6x+5=7$; $6x+5-5=7-5$; soit $6x=2$.

On multiplie par $\frac{1}{6}$ les deux membres de l'équation. On obtient :

$6x\times\frac{1}{6}=2\times\frac{1}{6}$.

Soit $x=\frac{2}{6}$ ou encore $x=\frac{1}{3}$.

On vérifie : $2\times\frac{1}{3}+5=\frac{2}{3}+\frac{15}{3}=\frac{17}{3}$ et $7-4\times\frac{1}{3}=\frac{21}{3}-\frac{4}{3}=\frac{17}{3}$.

L'équation a donc pour solution $\frac{1}{3}$.

2. On ajoute $\frac{1}{2}x$, puis -5 aux deux membres de l'équation. On obtient :

$\frac{1}{4}x+\frac{1}{2}x+5=-\frac{1}{2}x+\frac{1}{2}x-2$; $\frac{3}{4}x+5-5=-2-5$; $\frac{3}{4}x=-7$.

On multiplie par $\frac{4}{3}$ les deux membres de l'équation. On obtient :

$\frac{3}{4}x\times\frac{4}{3}=-7\times\frac{4}{3}$. Soit $x=-\frac{28}{3}$.

On vérifie : $\frac{1}{4}\left(\frac{-28}{3}\right)+5=-\frac{7}{3}+\frac{15}{3}=\frac{8}{3}$ et $-\frac{1}{2}\left(\frac{-28}{3}\right)-2=\frac{14}{3}-\frac{6}{3}=\frac{8}{3}$.

L'équation a donc pour solution $-\frac{28}{3}$.

Pour vérifier que tu as compris ▸ Exercices 1 à 3

Pour t'entraîner ▸ Exercices 4 à 9

Pour préparer le brevet ▸ Exercices 10 à 14

16 Résoudre une inéquation

Une inéquation est une inégalité dans laquelle l'inconnue est désignée par une lettre. Résoudre une inéquation, c'est trouver toutes les valeurs de l'inconnue qui vérifient l'inégalité proposée.

RETENIR L'ESSENTIEL

I Résoudre une inéquation du type $x + a < b$ ou du type $x + a > b$

Soit a et b deux nombres donnés. Pour résoudre une inéquation du type $x + a < b$ ou $x + a > b$, **on ajoute** à chaque membre de l'inéquation **l'opposé de a.**

Exemple : Résoudre $x - 2 < 11$.
On ajoute 2 aux deux membres de l'inéquation. On obtient :
$x - 2 + 2 < 11 + 2$, soit $x < 13$.
Les solutions de l'inéquation sont tous les nombres strictement inférieurs à 13.
On peut aussi représenter l'ensemble des solutions graphiquement :

Attention !
Une inéquation a une infinité de solutions.

II Résoudre une inéquation du type $ax < b$ ou du type $ax > b$

- Soit a et b deux nombres donnés, a étant non nul. Pour résoudre une inéquation du type $ax < b$ ou $ax > b$, **on multiplie** chaque membre de l'inéquation **par l'inverse de a.**
- Si $\frac{1}{a} > 0$, on conserve le sens de l'inégalité.
- Si $\frac{1}{a} < 0$, on change le sens de l'inégalité.

Exemple : Résoudre $-6x < 13$.

On multiplie par $-\frac{1}{6}$ les deux membres de l'inéquation.
$-\frac{1}{6}$ est négatif, donc on change le sens de l'inégalité.
On obtient $-6x \times \left(-\frac{1}{6}\right) > 13 \times \left(-\frac{1}{6}\right)$, soit $x > -\frac{13}{6}$.
Les solutions de l'inéquation sont tous les nombres strictement supérieurs à $-\frac{13}{6}$.

Attention !
Il ne faut pas oublier de changer le sens de l'inéquation quand a est négatif.

APPLIQUER LA MÉTHODE

Résoudre une inéquation

1. Résoudre l'inéquation : $4x + 2 > 11 - 3x$.
2. Résoudre l'inéquation : $-2x+5>8x-6$.

Conseils

- On veut obtenir une inéquation de la forme $ax > b$ ou $ax < b$. Pour cela, regroupe les termes contenant l'inconnue x dans le membre de gauche et les termes constants dans le membre de droite. Réduis chaque membre.
- Multiplie ensuite par l'inverse de a en tenant compte de son signe.

Solution

1. On ajoute $3x$ et -2 aux deux membres de l'inéquation. On obtient :
$4x + 2 + 3x - 2 > 11 - 3x + 3x - 2$, soit $7x > 9$.
On multiplie par $\frac{1}{7}$ les deux membres de l'inéquation. $\frac{1}{7}$ est positif, donc on ne change pas le sens de l'inéquation.
On obtient :
$7x \times \frac{1}{7} > 9 \times \frac{1}{7}$, soit $x > \frac{9}{7}$.
Les solutions de l'inéquation sont les nombres strictement supérieurs à $\frac{9}{7}$.

2. On ajoute $-8x$ et -5 aux deux membres de l'inéquation. On obtient :
$-2x+5-8x-5>8x-6-8x-5$. Soit $-10x>-11$.
On multiplie par $-\frac{1}{10}$ les deux membres de l'inéquation. $-\frac{1}{10}$ est négatif, donc on change le sens de l'inégalité.
On obtient :
$-\frac{1}{10}(-10x)<-\frac{1}{10}(-11)$. Soit $x<\frac{11}{10}$.
Les solutions de l'inéquation sont les nombres strictement inférieurs à $\frac{11}{10}$.

Pour vérifier que tu as compris ▸ Exercices 1 à 3

Pour t'entraîner ▸ Exercices 4 à 9

Pour préparer le brevet ▸ Exercices 10 à 14

17 Résoudre un problème à l'aide d'une équation ou d'une inéquation

Beaucoup de situations de la vie courante trouvent leur solution à l'aide de la résolution d'équations ou d'inéquations. Au brevet aussi tu devras sûrement mettre en équation ou en inéquation ce type de situation puis en effectuer la résolution.

RETENIR L'ESSENTIEL

I Cinq étapes clés

Pour résoudre un problème nécessitant la résolution d'une équation ou d'une inéquation, on procède en cinq étapes :

- **Choix de l'inconnue :** on désigne par une lettre l'inconnue que l'on cherche.
- **Mise en équation du problème :** on traduit les données par une équation ou par une inéquation.
- **Résolution de l'équation ou de l'inéquation :** on résout l'équation ou l'inéquation pour trouver la valeur (ou les valeurs) de l'inconnue.
- **Vérification :** on remplace l'inconnue par la valeur trouvée dans l'égalité ou l'inégalité de départ.
- **Conclusion :** on interprète le résultat par rapport au problème posé.

II Exemple

On cherche s'il existe des nombres qui sont égaux à leur double augmenté de 1.

- Choix de l'inconnue : soit x le nombre cherché.
- Mise en équation : $x = 2x + 1$.
- Résolution de l'équation :

$x = 2x + 1$
$x - 2x = 1$
$-x = 1$
$x = -1$.

- Vérification : $-1 = 2(-1) + 1$.
- Conclusion : le nombre qui est égal à son double augmenté de 1 est -1.

Attention !
Il ne faut pas oublier de conclure en répondant à la question posée.

APPLIQUER LA MÉTHODE

I Résoudre un problème avec une équation

Aujourd'hui, Marc a 11 ans et Pierre a 26 ans. Dans combien d'années l'âge de Pierre sera-t-il le double de celui de Marc ?

Méthode

- Appelle x le nombre d'années écoulées.
- Pose une équation liant l'âge de Pierre et l'âge de Marc dans x années.

Solution

- **Choix de l'inconnue** : soit x le nombre d'années écoulées.
- **Mise en équation** : dans x années, Marc aura $11 + x$ ans et Pierre aura $26 + x$ ans. À ce moment-là, l'âge de Pierre sera le double de celui de Marc. On obtient l'équation : $26 + x = 2(11 + x)$.
- **Résolution de l'équation** :

$26 + x = 2(11 + x)$; $26 + x = 22 + 2x$; $26 - 22 = 2x - x$, soit $4 = x$.

- **Vérification :** $26 + 4 = 30$ et $2(11 + 4) = 30$. Dans 4 ans, Marc aura 15 ans et Pierre, 30 ans.
- **Conclusion** : dans 4 ans, l'âge de Pierre sera le double de celui de Marc.

II Mettre en inéquation un problème

Pour préparer les soldes, on sélectionne toutes les marchandises dont le triple du prix est strictement supérieur au double du prix augmenté de 3 €. Quelle condition doit vérifier le prix des marchandises sélectionnées ?

Méthode

- Appelle x le prix d'un objet.
- Observe que le triple de x est $3 \times x$.

Solution

- **Choix de l'inconnue** : soit x le nombre cherché.
- **Mise en équation** : le triple de x est $3 \times x$ et son double est $2 \times x$. On obtient l'inéquation : $3x > 2x + 3$.
- **Résolution de l'inéquation** :
$3x > 2x + 3$; $3x - 2x > 3$, soit $x > 3$.
- **Vérification :** prenons comme prix 3,01 €.

$3 \times 3{,}01 = 9{,}03$ et $2 \times 3{,}01 + 3 = 9{,}02$, on a bien $3 \times 3{,}01 > 2 \times 3{,}01 + 3$.

- **Conclusion** : toutes les marchandises dont le prix est strictement supérieur à 3 € sont sélectionnées.

Se tester QUIZ

Vérifie que tu as bien compris les points clés des **fiches 14 à 17.**

Pour chaque question, vérifie ta réponse à l'aide du corrigé et consulte les fiches de cours si nécessaire.

1 Développer ou factoriser

→ RÉVISE LA FICHE 14

1. Dans l'expression $12x$, x est :

☐ **a.** un facteur ☐ **b.** un produit ☐ **c.** une somme

2. L'expression factorisée de $B = 2x + 5x$ est :

☐ **a.** $7x^2$ ☐ **b.** $5x^2 + 2x$ ☐ **c.** $7x$

2 Résoudre une équation du premier degré

→ RÉVISE LA FICHE 15

1. 10 est solution de l'équation :

☐ **a.** $x + 5 = 2$ ☐ **b.** $2x - 1 = 19$ ☐ **c.** $2 - x = 0$

2. Une solution de l'équation $2x - 5 = 5$ est :

☐ **a.** $x = 1$ ☐ **b.** $x = 2$ ☐ **c.** $x = 5$

3 Résoudre une inéquation du premier degré

→ RÉVISE LA FICHE 16

1. –3 est solution de l'inéquation :

☐ **a.** $x + 5 < 0$ ☐ **b.** $x - 3 < 0$ ☐ **c.** $x + 10 < 0$

2. Les solutions de l'inéquation $4x > 8$ sont :

☐ **a.** les nombres strictement inférieurs à 2.
☐ **b.** les nombres supérieurs ou égaux à 2.
☐ **c.** les nombres strictement supérieurs à 2.

S'entraîner

Vérifie que tu sais appliquer les méthodes des **fiches 14 à 17.**

Pour chaque exercice, consulte la méthode indiquée, et compare ta réponse à celle qui est donnée dans le corrigé.

4 Utiliser la distributivité pour calculer

→ APPLIQUE LA MÉTHODE DE LA FICHE 14

On veut calculer de tête 99×99.

1. Développer $(100 - 1)(100 - 1)$.

2. Expliquer comment calculer de tête 99×99.

5 Résoudre une équation

→ APPLIQUE LA MÉTHODE DE LA FICHE 15

Résoudre l'équation $x + 2(3x - 5) = 0$.

6 Résoudre une inéquation

→ APPLIQUE LA MÉTHODE DE LA FICHE 16

Soit $D = \dfrac{4x+2}{5}$.

1. Calculer D pour $x = \dfrac{3}{4}$. Le nombre est-il solution de l'inéquation $\dfrac{4x+2}{5} < 3$?

2. Résoudre l'inéquation $\dfrac{4x+2}{5} < 3$ et représenter les solutions sur une droite graduée.

7 Utiliser la double distributivité

→ APPLIQUE LA MÉTHODE DE LA FICHE 14

1. Développer et réduire l'expression $(2n + 5)(2n - 5)$ où n est un nombre quelconque.

2. En utilisant la question **1.**, calculer 205×195.

8 Utiliser la double distributivité

→ APPLIQUE LA MÉTHODE DE LA FICHE 14

Léa pense qu'en multipliant deux nombres impairs consécutifs (c'est-à-dire qui se suivent) et en ajoutant 1, le résultat obtenu est toujours un multiple de 4.

1. Étude d'un exemple : 5 et 7 sont deux nombres impairs consécutifs.

a. Calculer $5 \times 7 + 1$.

b. Léa a-t-elle raison pour cet exemple ?

2. Le tableau ci-dessous montre le travail qu'elle a réalisé dans une feuille de calcul.

	A	B	C	D	E
1		Nombre impair	Nombre impair suivant	Produit de ces nombres impairs consécutifs	Résultat obtenu
2	x	$2x + 1$	$2x + 3$	$(2x + 1)(2x + 3)$	$(2x + 1)(2x + 3) + 1$
3	0	1	3	3	4
4	1	3	5	15	16
5	2	5	7	35	36
6	3	7	9	63	64
7	4	9	11	99	100
8	5	11	13	143	144
9	6	13	15	195	196
10	7	15	17	255	256
11	8	17	19	323	324
12	9	19	21	399	400

a. D'après ce tableau, quel résultat obtient-on en prenant comme premier nombre impair 17 ?
b. Montrer que cet entier est un multiple de 4.
c. Parmi les quatre formules de calcul suivantes, deux formules ont pu être saisies dans la cellule D3. Lesquelles ? Aucune justification n'est attendue.
Formule 1 : = (2*A3 + 1)*(2*A3 + 3)
Formule 2 : = (2*B3 + 1)*(2*C3 + 3)
Formule 3 : = B3*C3
Formule 4 : = (2*D3 + 1)*(2*D3 + 3)

3. Étude algébrique.
a. Développer et réduire l'expression $(2x + 1)(2x + 3) + 1$.
b. Montrer que Léa avait raison : le résultat obtenu est toujours un multiple de 4.

9 Fréquence cardiaque maximale

→ APPLIQUE LA MÉTHODE DE LA FICHE 14

Lors d'une activité sportive, il est recommandé de surveiller son rythme cardiaque.
Les médecins calculaient, autrefois, la fréquence cardiaque maximale recommandée f, exprimée en battements par minute, en soustrayant à 220 l'âge a de la personne exprimé en années.

1. Traduire cette dernière phrase par une relation mathématique.

2. Des recherches récentes ont montré que cette relation devait être légèrement modifiée. La nouvelle relation utilisée par les médecins est :
Fréquence cardiaque maximale recommandée = $208 - (0{,}75 \times a)$.
a. Calculer la fréquence cardiaque maximale à 60 ans recommandée aujourd'hui par les médecins.
b. Déterminer l'âge pour lequel la fréquence cardiaque maximale est de 184 battements par minute.

Vers le brevet

Exerce-toi en vue du brevet et révise les **fiches 14 à 17.**

Pour chaque sujet, aide-toi des conseils donnés et compare ta réponse à celle qui est donnée dans le corrigé.

10 Résoudre un problème à l'aide d'une inéquation

10 min

→ APPLIQUE LA MÉTHODE DE LA FICHE 17

1. a. 60 est-il solution de l'inéquation $2{,}5x - 75 > 76$?
b. Résoudre l'inéquation et représenter les solutions sur une droite graduée. Hachurer la partie de l'axe qui ne correspond pas aux solutions.

2. Pendant la période estivale, un marchand de glaces a remarqué qu'il dépensait 75 € par semaine pour faire ses glaces.
Sachant qu'une glace est vendue 2,50 €, combien doit-il vendre de glaces, au minimum, dans la semaine pour avoir un bénéfice supérieur à 76 € ? Expliquer la démarche.

Conseils

1. a. Remplace x par 60 dans l'expression $2,5x - 75$. Compare ce résultat avec 76.
b. Commence par ajouter 75 aux deux membres de l'inéquation.
2. Appelle x le nombre de glaces vendues. Exprime en fonction de x le prix de ces x glaces.

SUJET TYPE

11 Interpréter la solution d'une inéquation

15 min

→ APPLIQUE LA MÉTHODE DE LA FICHE 17

Une crèche propose deux tarifs pour la garde d'un enfant.
Tarif A : pour une fréquentation occasionnelle, 15 € par jour de garde.
Tarif B : un forfait mensuel de 80 € plus 5 € par jour de garde.

1. En janvier, Grégoire a fréquenté la crèche 4 jours et Aurélien 15 jours. Calculer la dépense pour chacun des deux enfants avec le tarif A, puis avec le tarif B.

2. On appelle x le nombre de jours de fréquentation en un mois.
a. Exprimer, en fonction de x, la somme $A(x)$ payée avec le tarif A.
b. Exprimer, en fonction de x, la somme $B(x)$ payée avec le tarif B.

3. Résoudre l'inéquation : $5x + 80 < 15x$. Interpréter le résultat.

Conseils

1. Pour le tarif A, multiplie le prix d'un jour par le nombre de jours.
Pour le tarif B, fais de même sans oublier d'ajouter 80 €.
2. a. Multiplie x par le prix d'un jour.
b. Pense à ajouter le forfait mensuel.
3. Commence par soustraire $5x$ aux deux membres de l'inéquation.

12 Embauche de spécialistes

10 min

→ APPLIQUE LA MÉTHODE DE LA FICHE 14

1. Résoudre l'inéquation $x + 15 \geqslant \frac{2}{3}(x + 27)$.

2. Un bureau de recherche emploie 27 informaticiens et 15 mathématiciens. On envisage d'embaucher le même nombre x d'informaticiens et de mathématiciens.

Combien faut-il embaucher de spécialistes de chaque sorte pour que le nombre de mathématiciens soit au moins égal aux deux tiers du nombre d'informaticiens ?

Conseils

1. Développe d'abord $\frac{2}{3}(x + 27)$.

2. Le nombre de mathématiciens après embauche est $x + 15$. Aide-toi de l'inéquation obtenue à la question précédente.

13 Locations de films

10 min

→ APPLIQUE LA MÉTHODE DE LA FICHE 17

FilmLoc est un site internet qui propose deux formules de téléchargement de films.
Formule 1 : chaque film est téléchargé pour 3,50 €.
Formule 2 : on paye un abonnement annuel de 12 €, puis 2 € par film téléchargé.
Déterminer le nombre de films à partir duquel la formule 2 est plus avantageuse.
Si le travail n'est pas terminé, laisser tout de même une trace de la recherche. Elle sera prise en compte dans la notation.

Conseils

Attention ! Ici, tu n'es pas guidé : tu dois trouver par toi-même les étapes de la solution.

- Appelle x le nombre de films téléchargés.
- Exprime en fonction de x le prix en euros à payer pour chacune des deux formules.
- Résous alors une inéquation.

SUJET TYPE

14 Calcul mental

15 min

→ APPLIQUE LA MÉTHODE DE LA FICHE 14

Tom doit calculer $3{,}5^2$.
« Pas la peine de prendre la calculatrice, lui dit Julie, tu n'as qu'à effectuer le produit de 3 par 4 et rajouter 0,25. »

1. Effectuer le calcul proposé par Julie et vérifier que le résultat obtenu est bien le carré de 3,5.

2. Proposer une façon simple de calculer $7{,}5^2$ et donner le résultat.

3. Julie propose la conjecture suivante : $(n + 0{,}5)^2 = n(n + 1) + 0{,}25$, où n est un nombre entier positif.
Prouver que la conjecture de Julie est vraie (quel que soit le nombre n).

Conseils

1. Le produit de 3 par 4 s'écrit 3×4.
2. Observe que $7 < 7{,}5 < 8$, et inspire-toi de la méthode proposée par Julie.
3. Observe que $(n + 0{,}5)^2 = (n + 0{,}5)(n + 0{,}5)$. Développe cette expression ainsi que l'expression $n(n + 1) + 0{,}25$. Puis compare les formes développées obtenues.

Se tester QUIZ

1 **1. Réponse a.** Souviens-toi que $12x$ est un produit, dont 12 et x sont les facteurs.

2. Réponse c. On factorise B en remarquant que x est un facteur commun aux deux produits. On a :
$B = 2x + 5x$
$B = (2 + 5)x$
$B = 7x$.
L'expression factorisée de B est $7x$.

2 **1. Réponse b.** On teste chacune des équations en remplaçant x par 10 dans chaque membre.
Pour l'équation $x + 5 = 2$, on a $10 + 5 = 15$, donc 10 n'est pas solution de cette équation.
Pour l'équation $2x - 1 = 19$, on $2 \times 10 - 1 = 19$, donc 10 est solution de cette équation.
Pour l'équation $2 - x = 0$, on a $2 - 10 = -8$, donc 10 n'est pas solution de cette équation.

2. Réponse c. On teste chaque valeur, en remplaçant x par cette valeur dans chaque membre de l'équation. On a :
$2 \times 1 - 5 = -3$, donc 1 n'est pas solution de l'équation.
$2 \times 2 - 5 = -1$, donc 2 n'est pas solution de l'équation.
$2 \times 5 - 5 = 5$, donc 5 est solution de l'équation.

3 **1. Réponse b.** On teste chacune des inéquations en remplaçant x par -3 dans chaque membre.
Pour l'inéquation $x + 5 < 0$, on a $-3 + 5 = 2$. Donc -3 n'est pas une solution.
Pour l'inéquation $x - 3 < 0$, on a $-3 - 3 = -6$. Donc -3 est une solution.
Pour l'inéquation $x + 10 < 0$, on a $-3 + 10 = 7$. Donc -3 n'est pas une solution.

2. Réponse c. On résout l'inéquation $4x > 8$.

On a $\frac{1}{4} \times 4x > \frac{1}{4} \times 8$. Soit $x > 2$.

S'entraîner

4 **1.** Développons $A = (100 - 1)(100 - 1)$. On utilise la propriété de distributivité double. On a :
$A = 100 \times 100 + 100 \times (-1) - 1 \times 100 - 1 \times (-1)$
$A = 10\,000 - 100 - 100 + 1$
$A = 9\,801$.

2. On a $(100 - 1)(100 - 1) = 9\,801$. Or $100 - 1 = 99$, donc $99 \times 99 = 9\,801$.

5 On résout l'équation $x + 2(3x - 5) = 0$. On développe et on obtient :
$x + 6x - 10 = 0$
$7x - 10 + 10 = 0 + 10$
$x = \frac{10}{7}$.
Cette équation a pour solution $\frac{10}{7}$.

6 **1.** On remplace x par $\frac{3}{4}$ dans D :
$$D = \frac{4 \times \frac{3}{4} + 2}{5} = \frac{3+2}{5} = 1.$$
Et $1 < 3$. Donc $\frac{3}{4}$ est solution de l'inéquation.

2. On résout l'inéquation $\frac{4x+2}{5} < 3$:
$5 \times \frac{4x+2}{5} < 3 \times 5$
$4x + 2 < 15$
$4x < 13$
$x < \frac{13}{4}$.
Les solutions de l'inéquation sont les nombres strictement inférieurs à $\frac{13}{4}$.
On obtient la représentation graphique ci-dessous :

Attention !
Pense à mettre correctement le crochet sur la représentation.

7 **1.** Posons $A = (2n + 5)(2n - 5)$. Développons et réduisons l'expression A :
$A = 2n \times 2n + 2n \times (-5) + 5 \times 2n + 5 \times (-5)$
$A = 2 \times 2 \times n \times n - 10n + 10n - 25$
$A = 4n^2 - 25$.

2. Calculons 205×195.
On a $205 = 2 \times 100 + 5$ et $195 = 2 \times 100 - 5$,
donc $205 \times 195 = (2 \times 100 + 5)(2 \times 100 - 5)$.
En utilisant le résultat de la question **1.**, on écrit :
$(2 \times 100 + 5)(2 \times 100 - 5) = 4 \times 100^2 - 25$
$205 \times 195 = 40\,000 - 25$
$205 \times 195 = 39\,975$.

8 **1. a.** $5 \times 7 + 1 = 36$.

b. $36 = 4 \times 9$. Donc Léa a raison pour cet exemple.

2. a. À la ligne 11, le nombre impair écrit dans la colonne B est 17 et dans la suivante, c'est 19. Le résultat obtenu se lit dans la colonne E et sur la même ligne. On obtient 324.

b. On a $81 \times 4 = 324$, donc cet entier est un multiple de 4.

c. Il s'agit des formules :
« = (2*A3 +1)*(2*A3 +3) » (formule 1) ;
« = B3*C3 » (formule 3).

3. a. Pour développer l'expression, on utilise la distributivité double. On a :
$A = (2x + 1)(2x + 3) + 1$
$A = 2x \times 2x + 2x \times 3 + 1 \times 2x + 1 \times 3 + 1$
$A = 4x^2 + 6x + 2x + 3 + 1$
$A = 4x^2 + 8x + 4.$
On a donc $(2x + 1)(2x + 3) + 1 = 4x^2 + 8x + 4$.

b. Dans l'expression développée trouvée à la question précédente, on peut mettre 4 en facteur.
On obtient alors $(2x + 1)(2x + 3) + 1 = 4x^2 + 8x + 4 = 4(x^2 + 2x + 1)$.
Léa avait raison : le résultat obtenu est toujours un multiple de 4.

9 **1.** Fréquence cardiaque maximale recommandée $f = 220 - a$.

2. a. On remplace a par 60 et on obtient $208 - (0{,}75 \times 60) = 163$. La fréquence cardiaque maximale à 60 ans recommandée aujourd'hui par les médecins est 163 battements par minute.

b. On cherche le nombre a tel que $208 - (0{,}75 \times a) = 184$.
On résout l'équation :
$208 - (0{,}75 \times a) = 184$
$208 - 208 - (0{,}75 \times a) = 184 - 208$
$-(0{,}75 \times a) = -24$
$a = -24 \div (-0{,}75) = 32.$
L'âge pour lequel la fréquence cardiaque maximale est de 184 battements par minute est 32 ans.

Vers le brevet

10 **1. a.** On a $2{,}5 \times 60 - 75 = 75$. Or $75 < 76$, donc 60 n'est pas solution de l'inéquation.

b. On résout l'équation :
$2{,}5x - 75 > 76$
$2{,}5x - 75 + 75 > 76 + 75$
$2{,}5x > 151$
$x > \dfrac{151}{2{,}5}$
$x > 60{,}4.$
Les solutions de l'inéquation sont les nombres strictement supérieurs à 60,4.

On obtient la représentation graphique ci-dessous :

2. On appelle x le nombre de glaces vendues. Le prix de ces x glaces est $2{,}5x$. Pour calculer le bénéfice, il faut soustraire la dépense de 75 €, soit un bénéfice de $2{,}5x - 75$ €. Le bénéfice est supérieur à 76 € si le nombre de glaces x vendues vérifie l'inéquation $2{,}5x - 75 > 76$.
On retrouve l'inéquation résolue à la question précédente. Le nombre de glaces à vendre doit être strictement supérieur à 60,4. Il faut donc vendre 61 glaces.

Attention !
Le nombre de glaces vendues est un nombre entier.

11 **1.** La dépense pour chacun des deux enfants avec le tarif A est :

- $4 \times 15 = 60$ € pour Grégoire ;
- $15 \times 15 = 225$ € pour Aurélien.

La dépense pour chacun des deux enfants avec le tarif B est :

- $80 + 4 \times 5 = 100$ € pour Grégoire ;
- $80 + 15 \times 5 = 155$ € pour Aurélien.

2. a. Si on exprime, en fonction de x, la somme $A(x)$ payée avec le tarif A, alors on a $A(x) = 15x$.

b. Si on exprime, en fonction de x, la somme $B(x)$ payée avec le tarif B, alors on a $B(x) = 80 + 5x$.

3. On résout l'inéquation :
$5x + 80 < 15x$
$5x + 80 - 5x < 15x - 5x$
$80 < 10x$
$10x > 80$
$x > 8$.

Méthode
La résolution d'une inéquation permet, par exemple, de comparer deux tarifs.

Les solutions de l'inéquation sont les nombres strictement supérieurs à 8.
Interprétation du résultat : on a résolu l'inéquation $B(x) < A(x)$. Pour un nombre de jours strictement supérieurs à 8, le tarif B est plus avantageux que le tarif A.

12 **1.** On résout l'inéquation :

$$x + 15 \geqslant \frac{2}{3}(x + 27)$$

$$x + 15 \geqslant \frac{2}{3}x + \frac{2}{3} \times 27$$

$$x + 15 \geqslant \frac{2}{3}x + 18$$

$$x - \frac{2}{3}x \geqslant 18 - 15$$

$\frac{1}{3}x \geqslant 3$

$x \geqslant 3 \times 3$

$x \geqslant 9$.

Les solutions de l'inéquation sont donc les nombres supérieurs ou égaux à 9.

2. Si on embauche x informaticiens, il y aura $x + 27$ informaticiens. Si on embauche x mathématiciens, il y aura $15 + x$ mathématiciens.

Les données de l'exercice se traduisent par l'inéquation :

$x + 15 \geqslant \frac{2}{3}(x + 27)$.

On retrouve l'inéquation résolue à la question précédente.

Il faut donc engager au moins 9 spécialistes de chaque sorte pour que le nombre de mathématiciens soit au moins égal aux deux tiers du nombre d'informaticiens.

> **Attention !**
> Si on demande de résoudre une inéquation dans une première question, on la retrouve souvent dans la deuxième question.

13 Soit x le nombre de films téléchargés.

Le prix à payer avec la formule 1 est égal à $3{,}50 \times x$.

Le prix à payer avec la formule 2 est égal à $2 \times x + 12$.

La formule 2 est plus avantageuse dès que son prix est inférieur à celui de la formule 1. On résout donc l'inéquation $2x + 12 < 3{,}50x$. Soit :

$12 < 3{,}50x - 2x$

$12 < 1{,}5x$

$12 \div 1{,}5 < x$.

D'où $x > 8$.

La formule 2 est plus avantageuse dès que l'on télécharge 9 films.

> **Méthode**
> Dans les exercices portant sur la comparaison de deux quantités, pense à poser une inéquation.

14 **1.** On a $3 \times 4 + 0{,}25 = 12{,}25$ et $3{,}5^2 = 3{,}5 \times 3{,}5 = 12{,}25$.

Le résultat obtenu est bien le carré de 3,5.

2. Dans le calcul précédent, 3 et 4 sont les deux entiers qui encadrent 3,5.

Les deux entiers qui encadrent 7,5 sont 7 et 8.

On a alors $7 \times 8 + 0{,}25 = 56 + 0{,}25 = 56{,}25$.

Le résultat obtenu est bien le carré de 7,5.

3. Prouvons que la conjecture de Julie est vraie (quel que soit le nombre n).

$(n + 0{,}5)^2 = (n + 0{,}5)(n + 0{,}5)$.

On utilise la propriété de la distributivité double :

$(n + 0{,}5)^2 = n \times n + 0{,}5 \times n + 0{,}5 \times n + 0{,}5 \times 0{,}5$

$(n + 0{,}5)^2 = n \times n + n \times (0{,}5 + 0{,}5) + 0{,}25$

$(n + 0{,}5)^2 = n \times n + n \times 1 + 0{,}25$

$(n + 0{,}5)^2 = n \times (n + 1) + 0{,}25$.

Pour calculer le carré d'un nombre de la forme $n + 0{,}5$, on multiplie les deux entiers qui l'encadrent n et $n + 1$, et on ajoute 0,25 au résultat.

> **Rappel**
> Un carré est le produit d'un nombre par lui-même.

Notion de fonction, fonctions linéaires

Réponse : Une personne ramasse un panier en 40 min, 4 personnes en ramassent quatre en 40 min. Donc 4 personnes ramassent 2 paniers en 20 min.

FICHES

EXERCICES & SUJETS

CORRIGÉS

18 Comprendre les notions de fonction, d'image et d'antécédent

Dans beaucoup de situations, on peut définir une relation entre deux nombres. Par exemple, la vitesse est liée au temps ou encore l'aire d'un carré est liée à la longueur du côté de ce carré. On va s'intéresser à ce type de relation, les fonctions.

RETENIR L'ESSENTIEL

I Notion de fonction

- Une **fonction** est un procédé de calcul qui permet d'associer au plus un nombre à un autre nombre.
- Pour définir une fonction, on peut utiliser :

• une **phrase** ;

Exemple : On définit la fonction f qui à tout nombre x, associe le double de x.

• une **notation symbolique** ;

Exemple : On définit la fonction $f : x \mapsto 2x$.

• une **égalité**.

Exemple : On définit la fonction f telle que $f(x) = 2x$.

II Antécédents et image d'un nombre par une fonction

1. Comment trouver l'image d'un nombre ?

Pour trouver l'image d'un nombre par une fonction, on remplace x par ce nombre dans l'expression de $f(x)$.

Graphiquement, les images se lisent sur l'axe vertical, c'est-à-dire sur l'axe des ordonnées.

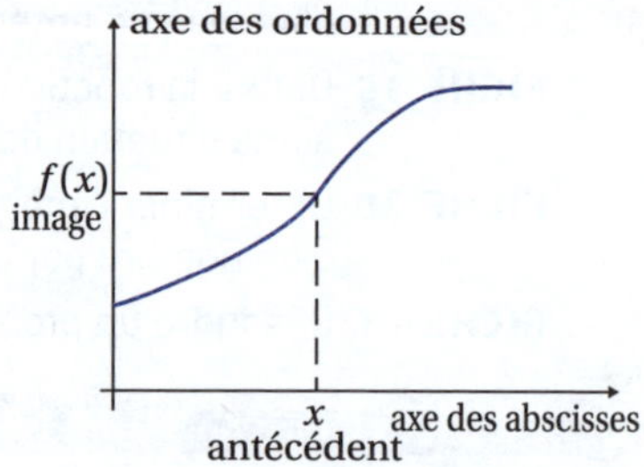

2. Comment trouver l'antécédent d'un nombre ?

Pour trouver un antécédent d'un nombre k par une fonction, on cherche la ou les valeurs de x solution de l'équation $f(x) = k$.

Graphiquement, les antécédents se lisent sur l'axe horizontal, c'est-à-dire sur l'axe des abscisses.

Attention !
Un nombre peut avoir plusieurs antécédents.

APPLIQUER LA MÉTHODE

Calculer des images ou des antécédents

Soit f la fonction définie par $f(x) = 3x^2 - 5$.

1. Quelle est l'image de 0, de $\frac{2}{3}$ et de -1 par f ?

2. -5 admet-il un antécédent par f ?

Conseils

1. Pour calculer l'image de $\frac{2}{3}$, remplace x par $\frac{2}{3}$ dans l'expression $3x^2 - 5$. Utilise alors la propriété $\left(\frac{a}{b}\right)^2 = \frac{a}{b} \times \frac{a}{b} = \frac{a \times a}{b \times b}$ pour calculer $\left(\frac{2}{3}\right)^2$.

2. Pour trouver les éventuels antécédents de -5 par f, résous l'équation $f(x) = -5$.

Solution

1. Pour calculer l'image de 0, on remplace x par 0 dans l'égalité $f(x) = 3x^2 - 5$.
On obtient $f(0) = 3 \times 0^2 - 5 = -5$. L'image de 0 est -5.
De même, on a :

$$f\left(\frac{2}{3}\right) = 3\left(\frac{2}{3}\right)^2 - 5$$
$$f\left(\frac{2}{3}\right) = 3\left(\frac{2}{3} \times \frac{2}{3}\right) - 5$$
$$f\left(\frac{2}{3}\right) = 3 \times \frac{4}{9} - 5$$
$$f\left(\frac{2}{3}\right) = \frac{4}{3} - \frac{15}{3}$$
$$f\left(\frac{2}{3}\right) = \frac{-11}{3}.$$

L'image de $\frac{2}{3}$ est $-\frac{11}{3}$.

Enfin $f(-1) = 3(-1)^2 - 5$, soit $f(-1) = 3 \times 1 - 5 = -2$. Donc l'image de -1 est -2.

2. Pour déterminer les éventuels antécédents de -5, on résout l'équation $f(x) = -5$. On a :

$$3x^2 - 5 = -5$$
$$3x^2 = -5 + 5$$
$$x^2 = 0$$
$$x = 0.$$

L'antécédent de -5 par f est 0. Autrement dit, $f(0) = -5$.

Attention ! Pour la fonction f choisie, le nombre -5 a un unique antécédent.

Pour vérifier que tu as compris ▸ Exercices 1 à 4

Pour t'entraîner ▸ Exercices 5 à 10

Pour préparer le brevet ▸ Exercices 11 à 18

19 Définir la fonction linéaire correspondant à une situation de proportionnalité

Une fonction linéaire peut être directement liée à une situation de proportionnalité, telle qu'on la rencontre souvent dans la vie courante.

RETENIR L'ESSENTIEL

I La quatrième proportionnelle

- a, b, c et d sont quatre nombres non nuls.
On considère le tableau de proportionnalité ci-dessous :

a	b
c	d

Mot-clé
Un **tableau de proportionnalité** contient deux lignes de valeurs. On obtient les valeurs de l'une en multipliant les valeurs de l'autre par un même nombre.

- Pour calculer la **quatrième proportionnelle** de ce tableau, ici d, on utilise la propriété suivante : le tableau de proportionnalité est équivalent à $\frac{a}{c} = \frac{b}{d}$ ou encore $ad = bc$ (appelé « produit en croix »).

Exemple : On considère le tableau de proportionnalité ci-contre :

0,5	2,1
12	d

À l'aide d'un produit en croix, on obtient $0{,}5 \times d = 12 \times 2{,}1$.
On en déduit que $d = \frac{12 \times 2{,}1}{0{,}5}$, soit $d = 50{,}4$.

II Notion de fonction linéaire

1. Qu'est-ce qu'une fonction linéaire ?

Soit a un nombre donné non nul. La fonction qui à un nombre x associe le nombre ax est appelée **fonction linéaire**. On note :

$$f : x \mapsto ax \text{ ou } f(x) = ax$$

2. Que traduit une fonction linéaire ?

Une fonction linéaire traduit une **situation de proportionnalité** dont le coefficient est le nombre a.

APPLIQUER LA MÉTHODE

Associer un tableau de proportionnalité à une fonction linéaire

On considère le tableau de proportionnalité ci-dessous.

20	30
70	b

($\times a$)

1. a. Calculer b.

b. On appelle a le coefficient de proportionnalité. Calculer a.

2. Donner l'expression de la fonction linéaire f associée à ce tableau.

3. La fonction linéaire f trouvée à la question précédente est-elle aussi associée au tableau de proportionnalité ci-contre ?

12,5	35
43,75	122,5

Conseil

1. a. Utilise l'égalité des produits en croix pour calculer b.
b. Divise l'un des nombres de la deuxième ligne par celui qui lui correspond sur la première ligne pour calculer a.
2. La fonction linéaire associée à ce tableau de proportionnalité est notée $f(x) = ax$.

Solution

1. a. À l'aide de l'égalité des produits en croix, on obtient :
$20 \times b = 70 \times 30$
$20b = 2\,100$
$b = 2\,100 \div 20.$
Donc $b = 105$.

b. On a l'égalité :
$20 \times a = 70$
$a = 70 \div 20.$
D'où $a = 3{,}5$.

2. La fonction linéaire f a pour coefficient 3,5.
Donc $f(x) = 3{,}5x$.

3. On regarde si 3,5 est le coefficient de proportionnalité de ce nouveau tableau.
On a $43{,}75 \div 12{,}5 = 3{,}5$ et $122{,}5 \div 35 = 3{,}5$.
La fonction linéaire f est bien associée à ce tableau.

Pour vérifier que tu as compris ▸ Exercices 1 à 4
Pour t'entraîner ▸ Exercices 5 à 10
Pour préparer le brevet ▸ Exercices 11 à 18

20 Déterminer l'image ou l'antécédent d'un nombre par une fonction linéaire

La recherche d'image ou d'antécédent par une fonction linéaire permet de résoudre des problèmes concrets. On va s'intéresser aux différentes méthodes permettant de trouver ces nombres.

RETENIR L'ESSENTIEL

I Déterminer l'expression d'une fonction linéaire

Une fonction linéaire a pour expression $f(x) = ax$. Pour déterminer la valeur du coefficient a, on divise l'image par son antécédent.

Exemple : On cherche la fonction linéaire f telle que $f(4) = 20$. Le coefficient a est égal à $20 \div 4 = 5$. Le coefficient a est égal à 5, donc $f(x) = 5x$.

Méthode
Si la division de l'image par l'antécédent ne donne pas un quotient exact, on gardera le coefficient a sous la forme d'une fraction.

II Déterminer une image ou un antécédent

1. À l'aide de l'expression de la fonction

- Pour trouver l'**image** d'un nombre, on remplace x par ce nombre dans l'expression $f(x) = ax$.

Exemple : On considère la fonction f définie par $f(x) = -1{,}3x$.
On a $f(-5) = -1{,}3 \times (-5) = 6{,}5$.
L'image par f de -5 est 6,5.

- Pour trouver l'**antécédent** d'un nombre k, on résout l'équation $f(x) = k$.

Exemple : On considère la fonction f définie par $f(x) = 3x$. On résout $f(x) = -4{,}5$.
On obtient :
$3x = -4{,}5$
$x = -4{,}5 \div 3$
$x = -1{,}5$.
L'antécédent par f de $-4{,}5$ est $-1{,}5$.

2. À l'aide de la représentation graphique de la fonction

Les images se lisent sur l'axe des ordonnées et les antécédents sur l'axe des abscisses.

Exemple :
On lit $f(2) = 3$ et $f(-1) = 2$.

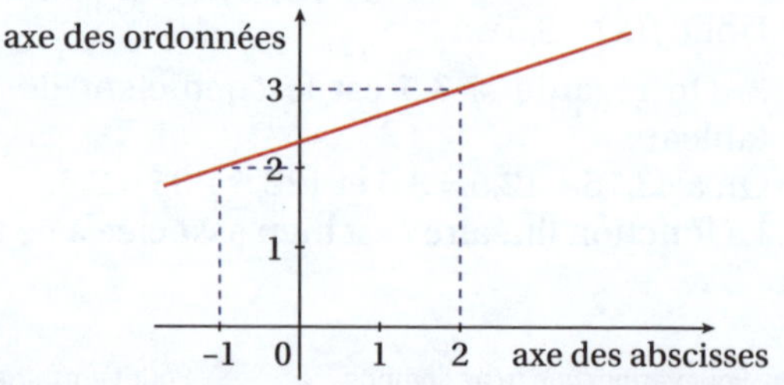

APPLIQUER LA MÉTHODE

Exploiter la représentation graphique d'une fonction linéaire

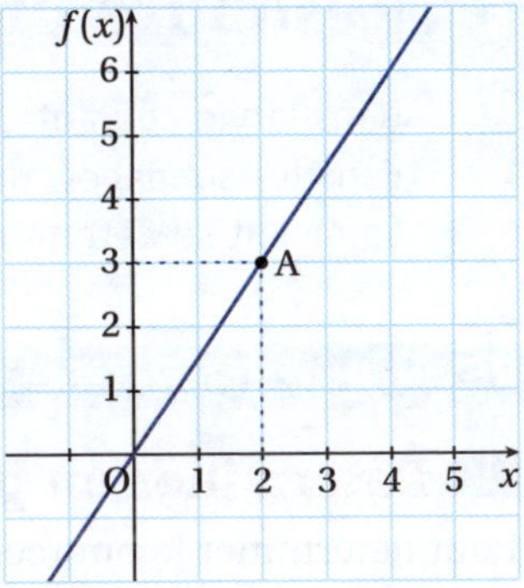

Dans le repère ci-contre, on a tracé la représentation graphique d'une fonction f.

1. En utilisant le point A, montrer que $f(x) = \frac{3}{2}x$.

2. a. En laissant des traces graphiques, déterminer l'image de 4 par f.

b. Lire graphiquement l'antécédent de 9 par f.

Conseils

1. Divise l'ordonnée du point A par son abscisse pour trouver le coefficient a.
2. a. Repère le nombre 4 sur l'axe des abscisses et trace la droite verticale. Cette droite coupe la représentation graphique de la fonction f en un point. Trace la droite horizontale passant par ce point. Elle coupe l'axe des ordonnées. Conclus.
b. Repère le nombre 9 sur l'axe des ordonnées. Trace la droite horizontale. Cette droite coupe la représentation graphique de la fonction f en un point. Conclus en traçant la droite verticale passant par ce point.

Solution

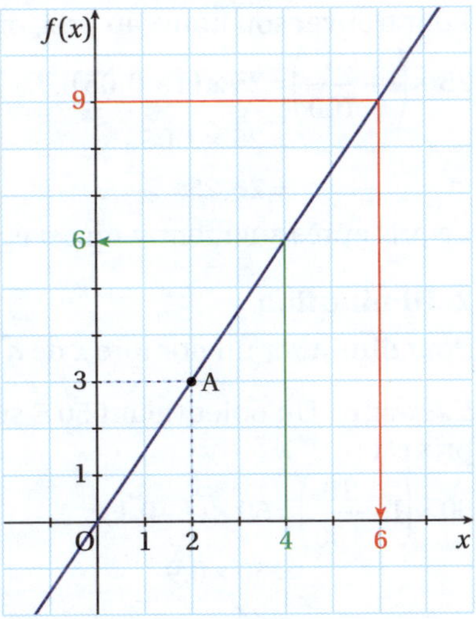

1. L'image de 2 est 3. On obtient $a = \frac{3}{2}$.

2. a. Le tracé vert montre que l'image de 4 est 6.

b. Le tracé rouge montre que l'antécédent de 9 est 6.

Pour vérifier que tu as compris ▸ **Exercices 1 à 4**

Pour t'entraîner ▸ **Exercices 5 à 10**

Pour préparer le brevet ▸ **Exercices 11 à 18**

21 Résoudre un problème de pourcentage

Dans la vie courante, on rencontre souvent la notion de pourcentage : dans les sondages, dans les résultats d'élections, durant les soldes. Comment se détermine un pourcentage ?

RETENIR L'ESSENTIEL

I Déterminer un pourcentage

Pour déterminer le pourcentage que représente une quantité x par rapport à une quantité y, on divise x par y et on multiplie par 100.

Méthode
Si tu n'obtiens pas un quotient exact quand tu divises x par y, donne une valeur approchée.

Exemple : Sur 25 élèves d'une classe de 3e, 10 sont demi-pensionnaires. Pour trouver le pourcentage que représentent les demi-pensionnaires dans cette classe, on calcule :
$(10 \div 25) \times 100 = 0,4 \times 100 = 40$.
Le pourcentage de demi-pensionnaires dans cette classe est donc de 40 %.

II Calculer une augmentation ou une diminution

1. Augmentation

Pour **augmenter** un nombre x de a %, on multiplie x par $1+\dfrac{a}{100}$.

Exemple : Un objet valant 25 € subit une augmentation de 5 %. Pour trouver son nouveau prix, on calcule :

$$\begin{aligned}25\times\left(1+\frac{5}{100}\right)&=25\times(1+0,05)\\&=25\times1,05\\&=26,25.\end{aligned}$$

Le prix après augmentation est égal à 26,25 €.

2. Diminution

Pour **diminuer** un nombre x de a %, on multiplie x par $1-\dfrac{a}{100}$.

Exemple : Un objet valant 50 € subit une diminution de 10 %. Son nouveau prix est :

$$\begin{aligned}50\times\left(1-\frac{10}{100}\right)&=50\times(1-0,1)\\&=50\times0,9\\&=45.\end{aligned}$$

Le prix diminué est égal à 45 €.

APPLIQUER LA MÉTHODE

I Calculer une quantité après diminution

Un confiseur reçoit une commande de caramels d'un montant de 120,40 €. Pour fidéliser son client, il décide d'accorder une remise de 20 %.
Calculer le montant de la facture après remise.

Conseil

Une remise de 20 % entraîne une diminution de 20 % du montant de la facture.

Solution

Pour diminuer 120,40 € de 20 %, on multiplie 120,40 par $1-\frac{20}{100}$. On obtient :
$120,40\times\left(1-\frac{20}{100}\right)=120,40\times(1-0,20)=120,40\times0,80=96,32.$

Le montant de la facture après remise est 96,32 euros.

II Appliquer deux pourcentages successifs

Une entreprise a augmenté ses ventes de 20 % sur une année. L'année suivante, les ventes ont encore augmenté de 20 %.
Calculer l'augmentation globale en pourcentage sur ces deux années.

Conseils

Appelle x le montant des ventes de la première année. Observe qu'après une augmentation de 20 %, le montant devient $x + x\times\frac{20}{100}$ ou encore $x + 0,2x$. Applique une augmentation de 20 % à cette nouvelle somme.

Solution

On appelle x le montant initial des ventes.
La première année, on multiplie x par $1+\frac{20}{100}$. On obtient :
$x\times\left(1+\frac{20}{100}\right)=x\times(1+0,20)=1,2x.$

La deuxième année, l'augmentation porte sur le montant des ventes de l'année précédente, soit $1,2x$. On multiplie donc cette quantité par $1+\frac{20}{100}$.

On obtient $1,2x\times\left(1+\frac{20}{100}\right)=1,2x\times1,2=1,44x.$

On a $1,44 = 1 + 0,44 = 1+\frac{44}{100}$. L'augmentation sur deux ans est donc de 44 %.

Pour vérifier que tu as compris ▶ Exercices 1 à 4

Pour t'entraîner ▶ Exercices 5 à 10

Pour préparer le brevet ▶ Exercices 11 à 18

Se tester QUIZ

Vérifie que tu as bien compris les points clés des **fiches 18 à 21.**

Pour chaque question, vérifie tes réponses à l'aide du corrigé et consulte les fiches de cours si nécessaire.

1 Comprendre les notions de fonction, d'image et d'antécédent

→ RÉVISE LA FICHE 18

1. Soit f la fonction définie par $f(x) = x^2 + 3$. L'image de 3 par f est :

☐ **a.** 6 ☐ **b.** 9 ☐ **c.** 12

2. Soit f la fonction définie par $f(x) = x + 6$. L'antécédent de 6 est :

☐ **a.** 0 ☐ **b.** –6 ☐ **c.** 12

2 Utiliser le produit en croix

→ RÉVISE LA FICHE 19

On considère l'égalité $\frac{5}{2} = \frac{a}{6}$. Le nombre a est égal à :

☐ **a.** $\frac{5}{12}$ ☐ **b.** $\frac{12}{5}$ ☐ **c.** 15

3 Déterminer l'image ou l'antécédent d'un nombre par une fonction linéaire

→ RÉVISE LA FICHE 20

1. Soit f la fonction linéaire définie par $f(x) = \frac{3}{2}x$. L'image de 4 par cette fonction est :

☐ **a.** 6 ☐ **b.** 12 ☐ **c.** $\frac{3}{8}$

2. Soit f la fonction linéaire définie par $f(x) = 5x$. L'antécédent de 10 est :

☐ **a.** 50 ☐ **b.** 5 ☐ **c.** 2

4 Résoudre un problème de pourcentage

→ RÉVISE LA FICHE 21

Sur 20 élèves d'une classe, 8 sont des filles. Le pourcentage de garçons est :

☐ **a.** 40 % ☐ **b.** 60 % ☐ **c.** 80 %

S'entraîner

Vérifie que tu sais appliquer les méthodes des **fiches 18 à 21.**

Pour chaque exercice, consulte la méthode indiquée, et compare ta réponse à celle donnée dans le corrigé.

5 Exploiter le graphique d'une fonction dans une situation concrète

→ APPLIQUE LA MÉTHODE DE LA FICHE 18

Le départ de la croisière choisie par Julien a lieu le 10 juillet (entre 0 h et 12 h). Le graphique ci-dessous décrit les variations de la hauteur de la mer dans le port de Fort de France selon l'heure de la matinée (entre 0 h et 12 h) du 10 juillet.

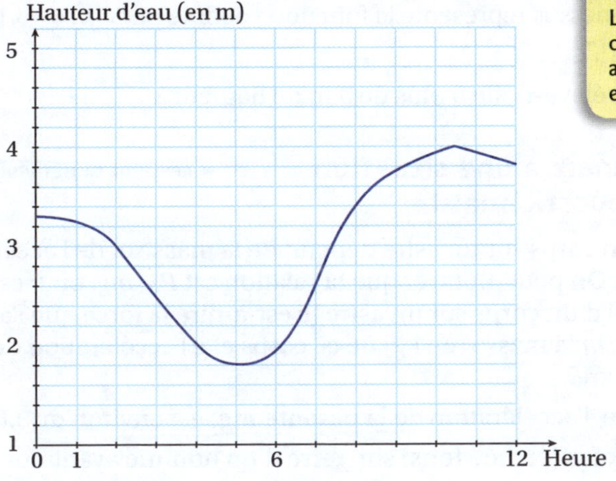

Info
Les images correspondent aux hauteurs d'eau en mètres.

1. Quelle est la hauteur d'eau à 4 h du matin ?

2. Le voilier ne peut sortir que si la hauteur d'eau dépasse 3,4 mètres. Quelles sont les tranches horaires des départs possibles pour ce voilier ?

3. Finalement, le skipper du voilier décide de partir lorsque la hauteur de l'eau est égale à 4 mètres. À quelle heure va-t-il partir ?

6 Antécédent et image

→ APPLIQUE LA MÉTHODE DE LA FICHE 18

Pour son anniversaire, Julien a reçu un coffret de tir à l'arc.
Il tire une flèche. La trajectoire de la pointe de cette flèche est représentée ci-dessous.
La courbe donne la hauteur en mètres (m) en fonction de la distance horizontale en mètres (m) parcourue par la flèche.

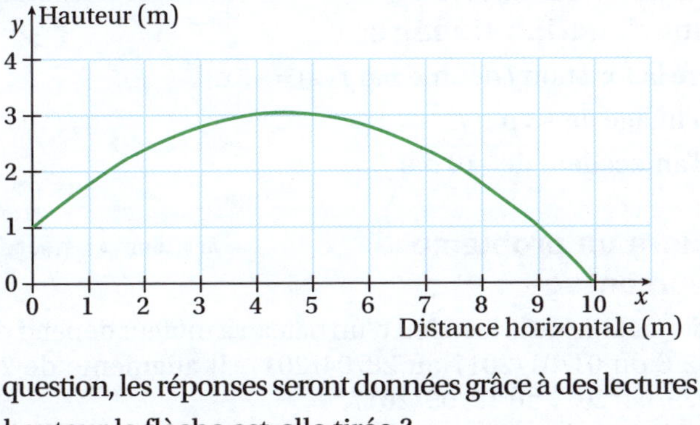

1. Dans cette question, les réponses seront données grâce à des lectures graphiques.

a. De quelle hauteur la flèche est-elle tirée ?

b. À quelle distance de Julien la flèche retombe-t-elle au sol ?

c. Quelle est la hauteur maximale atteinte par la flèche ?

2. Dans cette question, les réponses seront justifiées par des calculs.

La courbe ci-dessus représente la fonction f définie par $f(x) = -0,1x^2 + 0,9x + 1$.

a. Calculer $f(5)$.

b. La flèche s'élève-t-elle à plus de 3 m de hauteur ?

7 Reconnaître une situation de proportionnalité

→ APPLIQUE LA MÉTHODE DE LA FICHE 19

Le poids d'un corps sur un astre dépend de la masse et de l'accélération de la pesanteur. On peut montrer que la relation est $P = mg$, où P est le poids (en newtons) d'un corps sur un astre (c'est-à-dire la force que l'astre exerce sur le corps), m la masse (en kg) de ce corps et g l'accélération de la pesanteur de cet astre.

1. Sur la Terre, l'accélération de la pesanteur g_T est environ de 9,8.

Calculer le poids (en newtons) sur Terre d'un homme ayant une masse de 70 kg.

2. Sur la Lune, la relation $P = mg$ est toujours valable.

On donne le tableau ci-dessous de correspondance poids-masse sur la Lune :

Masse (kg)	3	10	25	40	55
Poids (N)	5,1	17	42,5	68	93,5

a. Est-ce que le tableau ci-dessus est un tableau de proportionnalité ?

b. Calculer l'accélération de la pesanteur sur la lune notée g_L.

c. Est-il vrai que l'on pèse environ 6 fois moins lourd sur la Lune que sur la Terre ?

8 Image et antécédent par une fonction linéaire

→ APPLIQUE LA MÉTHODE DE LA FICHE 20

On considère la fonction f définie par $f(x) = -5x$.

1. Calculer l'image de –3 par f.

2. Calculer l'antécédent de –10 par f.

9 Résoudre un problème de pourcentage

→ APPLIQUE LA MÉTHODE DE LA FICHE 21

Le prix hebdomadaire de la location d'un bateau à moteur dépend de la période. Il est de 882 € du 01/01/2017 au 28/04/2017. Il augmente de 27 % pour la période du 29/04/2017 au 12/05/2017.
Calculer le prix de la location pour la deuxième période.

10 Appliquer deux pourcentages successifs

→ APPLIQUE LA MÉTHODE DE LA FICHE 21

Léa a besoin de nouveaux cahiers. Pour les acheter au meilleur prix, elle étudie les offres promotionnelles de trois magasins. Ces trois magasins vendent le modèle de cahier dont elle a besoin au même prix avant promotion. Voici les promotions présentes dans les trois magasins :
- magasin A : le lot de 3 cahiers au prix de 2 cahiers ;
- magasin B : pour un cahier acheté, le deuxième est à moitié prix ;
- magasin C : 30 % de réduction sur chaque cahier acheté.

1. Expliquer pourquoi le magasin C est plus intéressant si elle n'achète qu'un cahier.

2. Quel magasin doit-elle choisir si elle veut acheter :

a. deux cahiers ?

b. trois cahiers ?

3. La carte de fidélité du magasin C permet d'obtenir 10 % de réduction sur le ticket de caisse, y compris sur les articles ayant déjà bénéficié d'une première réduction. Léa possède cette carte de fidélité, elle l'utilise pour acheter un cahier. Quel pourcentage de réduction totale va-t-elle obtenir ?

Vers le brevet

Exerce-toi en vue du brevet et révise les **fiches 18 à 21.**

Pour chaque sujet, aide-toi des conseils donnés et compare ta réponse à celle donnée dans le corrigé.

11 Achat sur Internet

10 min

→ APPLIQUE LA MÉTHODE DE LA FICHE 21

Voici un article trouvé sur Internet.
« D'après l'Observatoire des usages Internet de Médiamétrie, au dernier trimestre 2011, 28 millions d'internautes ont acheté en ligne. Au premier trimestre de 2012, on constate une augmentation de 11 % du nombre d'internautes ayant acheté en ligne. »

1. En utilisant les données de cet article, calculer le nombre de cyberacheteurs au premier trimestre 2012. Arrondir le résultat à 0,1 million près.

2. Si la progression sur le deuxième trimestre 2012 est, elle aussi, de 11 %, quelle serait la progression en pourcentage sur les deux trimestres ? Justifier la réponse.

Démarrons ensemble

1. Applique un pourcentage pour calculer le nombre de cyberacheteurs au premier trimestre 2012.
2. Applique deux augmentations successives de 11 %.

12 Déchets plastiques

15 min

→ APPLIQUE LA MÉTHODE DE LA FICHE 21

Dans l'océan Pacifique nord, des déchets plastiques qui flottent se sont accumulés pour constituer une poubelle géante qui est, aujourd'hui, grande comme 6 fois la France.

1. Sachant que la superficie de la France métropolitaine est environ 550 000 km², quelle est la superficie actuelle de cette poubelle géante ?

2. Sachant que la superficie de cette poubelle géante augmente chaque année de 10 %, quelle sera sa superficie dans un an ?

3. Que penser de l'affirmation : « dans 4 ans, la superficie de cette poubelle aura doublé » ? Justifier la réponse.

Démarrons ensemble

1. Une augmentation de 10 % revient à multiplier par $1+\frac{10}{100}$.
2. Applique 4 augmentations successives de 10 %.

13 Résoudre un problème de proportionnalité

SUJET TYPE — 20 min

→ APPLIQUE LA MÉTHODE DE LA FICHE 18

Une entreprise fabrique des saladiers en faïence qui sont vendus 5,50 € pièce.

1. Quel est le prix de vente de 800 saladiers ?

2. Soit x le nombre de saladiers achetés par un supermarché. Déterminer le prix $f(x)$ qu'il paiera à l'entreprise.

3. Déterminer le nombre dont l'image par f est 6 600. Interpréter le résultat.

4. Représenter graphiquement la fonction f dans un repère orthogonal. On prendra l'origine du repère en bas à gauche sur la feuille, en abscisses, 1 cm pour 100 saladiers et, en ordonnées, 1 cm pour 400 €.

5. En utilisant le graphique, retrouver le résultat de la question **3.** (faire apparaître les tracés nécessaires).

Démarrons ensemble

1. Multiplie 800 par le prix d'un saladier.
2. Cette fois-ci, le nombre de saladiers est x.
3. Résous l'équation $f(x) = 6\ 600$.
4. La représentation d'une fonction linéaire est une droite qui passe par l'origine du repère.

SUJET TYPE 14 15 min

Définir la fonction linéaire liée à un pourcentage

→ APPLIQUE LA MÉTHODE DE LA FICHE 19

Un commerçant augmente les prix de tous ses articles de 8 %.

1. Un lecteur DVD coûte, avant augmentation, 329 €.
Combien coûtera-t-il après ?

2. Un téléviseur coûte, après augmentation, 540 €.
Combien coûtait-il avant ?

3. À un objet coûtant x euros, on associe $f(x)$ son prix après augmentation.

a. Exprimer $f(x)$ en fonction de x. Cette fonction est-elle une fonction linéaire ?

b. Calculer l'image de 110 par f. Interpréter ce résultat.

c. Déterminer l'antécédent de 168,48 par f. Interpréter ce résultat.

Conseils

1. Augmenter un prix de a %, revient à le multiplier par le coefficient $1+\frac{a}{100}$.
2. Cherche le coefficient par lequel tu dois diviser 540.
3. b. Remplace x par 110 dans l'expression de $f(x)$ trouvée à la question précédente.
c. Résous l'équation $f(x) = 168{,}48$.

SUJET TYPE 15 20 min

Résoudre un problème de pourcentage dans une enquête

→ APPLIQUE LA MÉTHODE DE LA FICHE 21

Une enquête a été réalisée auprès de 170 élèves d'un collège sur l'utilisation du téléphone portable. Voici deux des questions posées :
Q1 : Possédez-vous un téléphone portable ?
Q2 : Quel abonnement avez-vous ?

1. Voici les résultats obtenus à la question Q1 : « Possédez-vous un téléphone portable ? ».

Réponse	oui	non
Nombre d'élèves	125	45

a. Donner la valeur arrondie à l'unité du pourcentage d'élèves possédant un téléphone portable.

b. Peut-on dire que près des trois quarts des élèves de ce collège possèdent un téléphone portable ?

2. Voici les résultats obtenus à la question Q2 : « Quel abonnement avez-vous ? ».
Les réponses des 125 élèves ayant un téléphone portable sont représentées dans le diagramme ci-après.

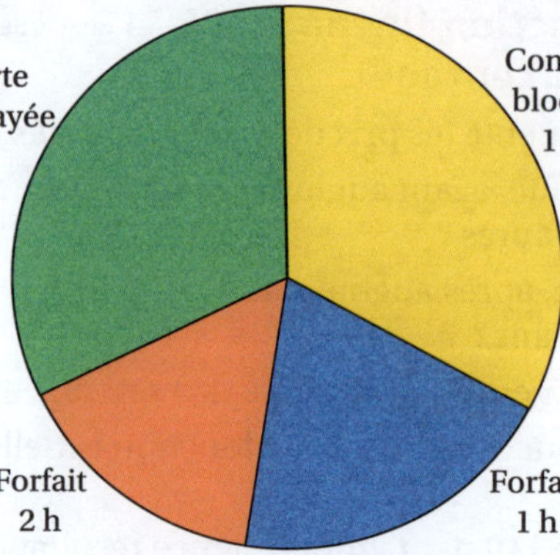

a. 32 % des 125 élèves ayant un téléphone portable ont une carte prépayée. Quel est le nombre d'élèves concernés ?

b. Déterminer à l'aide du diagramme une valeur approchée du nombre d'élèves ayant un « compte bloqué 1 heure ». Expliquer la démarche utilisée.

Démarrons ensemble

1. a. Divise le nombre d'élèves possédant un téléphone portable par le nombre total d'élèves.

b. Souviens-toi que $\frac{3}{4} = \frac{3 \times 25}{4 \times 25}$. Compare ce rapport avec le pourcentage trouvé à la question précédente.

2. b. À l'aide d'un rapporteur, mesure l'angle au centre correspondant au secteur représentant le « compte bloqué 1 heure ». Tu sais que l'angle au centre correspondant au disque complet a pour mesure 360° et correspond à 100 %. Utilise un tableau de proportionnalité pour conclure.

SUJET TYPE 16 — 15 min

Exploiter le graphique d'une fonction et résoudre un problème de pourcentage

→ APPLIQUE LA MÉTHODE DE LA FICHE 21

L'eau en gelant augmente de volume. Le segment de droite ci-dessous représente le volume de glace (en litres) obtenu à partir d'un volume d'eau liquide (en litres).

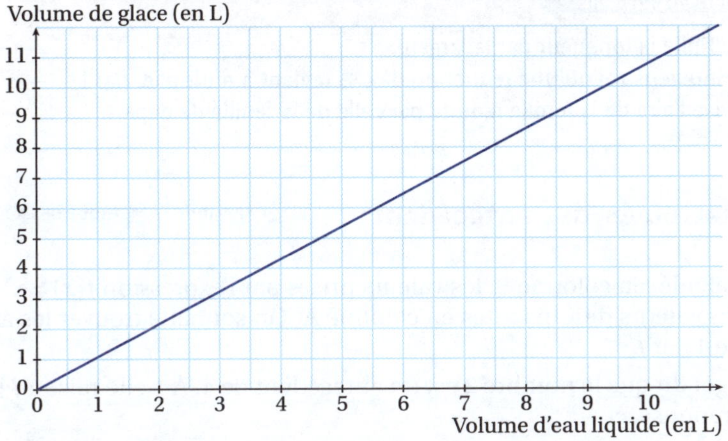

1. En utilisant le graphique, répondre aux questions suivantes.

a. Quel est le volume de glace obtenu à partir de 6 litres d'eau liquide ?

b. Quel volume d'eau liquide faut-il mettre à geler pour obtenir 10 litres de glace ?

2. Le volume de glace est-il proportionnel au volume d'eau liquide ? Justifier.

3. On admet que 10 litres d'eau donnent 10,8 litres de glace. De quel pourcentage ce volume d'eau augmente-t-il en gelant ?

Démarrons ensemble

1. a. Le nombre de litres d'eau liquide se lit sur l'axe horizontal et le volume de glace se lit sur l'axe vertical.
b. 10 litres de glace est un volume de glace. Cherche l'antécédent de 10.
2. Le graphique représente une droite passant par l'origine du repère.
3. Calcule d'abord l'augmentation du volume.

17 Calculer des pourcentages d'aires

10 min

→ APPLIQUE LA MÉTHODE DE LA FICHE 21

Une feuille de papier a pour longueur 29,7 cm et pour largeur 21 cm.

1. Calculer l'aire de cette feuille.

2. On réduit les dimensions de cette feuille de 10 %.

a. Quelles sont les dimensions de la feuille réduite ?

b. Quelle est l'aire de la feuille réduite ?

3. Calculer le pourcentage que représente l'aire de la feuille réduite par rapport à la feuille de départ.

Démarrons ensemble

1. Multiplie la longueur par la largeur.
2. a. Souviens-toi qu'une réduction de t % revient à multiplier par $1 - \frac{t}{100}$.
3. Divise l'aire de la feuille réduite par celle de la feuille de départ.

18 Retrouver des antécédents

10 min

→ APPLIQUE LA MÉTHODE DE LA FICHE 18

On a calculé, en colonne B, les valeurs prises par l'expression $f(x) = x^2 + x - 2$ pour les valeurs de x inscrites en colonne A. On souhaite trouver les antécédent de 4 par f.

1. Margot dit que le nombre 2 est un antécédent de 4. A-t-elle raison ? Justifier la réponse.
2. Léo pense que 18 est un antécédent de 4. A-t-il raison ? Justifier la réponse.
3. Peut-on trouver une autre solution ? Justifier la réponse.

Info
Un antécédent est une valeur de x, donc une valeur de la colonne A.

	A	B
1	x	$x^2 + x - 2$
2	− 5	18
3	− 4,5	13,75
4	− 4	10
5	− 3,5	6,75
6	− 3	4
7	− 2,5	1,75
8	− 2	0
9	− 1,5	− 1,25
10	− 1	− 2
11	− 0,5	− 2,25
12	0	− 2
13	0,5	− 1,25
14	1	0
15	1,5	1,75
16	2	4
17	2,5	6,75
18	3	10
19	3,5	13,75
20	4	18
21	4,5	22,75
22	5	28

Se tester QUIZ

1 **1. Réponse c.** On a :
$f(3) = 3^2 + 3$
$f(3) = 9 + 3$
$f(3) = 12$. L'image de 3 par f est 12.

2. Réponse a. On cherche le nombre x tel que $f(x) = 6$.
On a $x + 6 = 6$ ou encore $x = 0$. L'antécédent de 6 est 0.

2 **Réponse c.** On écrit l'égalité des produits en croix. On obtient :
$5 \times 6 = 2 \times a$
$a = 30 \div 2$
$a = 15$.
Le nombre a est égal à 15.

3 **1. Réponse a.** On a $f(4) = \frac{3}{2} \times 4 = 6$. L'image de 4 par cette fonction est 6.

2. Réponse c. On cherche le nombre x tel que $f(x) = 10$.
On a $5x = 10$ soit $x = 2$.

4 **Réponse b.** Il y a 12 garçons dans cette classe.
On a $\frac{12}{20} \times 100 = 60$. Le pourcentage de garçons est 60 %.

S'entraîner

5

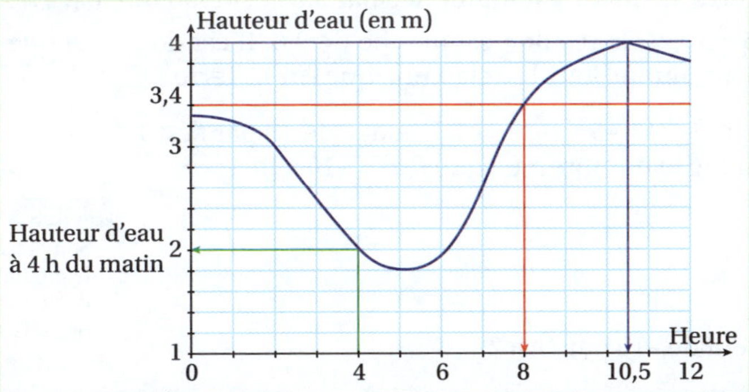

a. Le tracé vert montre que l'image de 4 est 2, donc la hauteur de l'eau est de 2 m à 4 h du matin.

b. Le tracé rouge montre que les images sont supérieures à 3,4 pour toutes abscisses comprises entre 8 et 12. Le départ est possible entre 8 h et 12 h.

c. Le tracé bleu montre que l'antécédent de 4 est 10,5. Il va partir à 10 h 30.

> **Info**
> Souviens-toi que 0,5 h représente une demi-heure, donc 30 minutes.

6 **1. a.** La courbe part du point d'ordonnée 1, donc la flèche est tirée d'une hauteur de 1 m.

b. La courbe coupe l'axe des abscisses au point d'abscisse 10. La flèche retombe au sol à 10 m de Julien.

c. Le point le plus haut de la courbe a pour ordonnée 3. La hauteur maximale atteinte par la flèche est 3 m.

2. a. On a $f(5) = -0{,}1 \times 5^2 + 0{,}9 \times 5 + 1$, soit $f(5) = 3$.

b. Sur la figure, il semble que le point de la courbe d'abscisse 4,5 ait une ordonnée supérieure à 3.
Vérifions par le calcul :
$f(4{,}5) = -0{,}1 \times 4{,}5^2 + 0{,}9 \times 4{,}5 + 1$
$f(4{,}5) = 3{,}025$.
La flèche s'élève à plus de 3 m de hauteur.

> **Info**
> Un calcul est parfois nécessaire pour vérifier l'exactitude ou non d'une réponse trouvée graphiquement.

7 **1.** On a $P = 70 \times 9{,}8 = 686$ N.
Le poids sur Terre d'un homme ayant une masse de 70 kg est 686 newtons.

2. a. On divise dans chaque colonne le nombre du bas par celui du haut et on regarde si tous les quotients obtenus sont égaux.
On a :
$5{,}1 \div 3 = 1{,}7$; $17 \div 10 = 1{,}7$; $42{,}5 \div 25 = 1{,}7$; $68 \div 40 = 1{,}7$; $93{,}5 \div 55 = 1{,}7$.
Le tableau est un tableau de proportionnalité et le coefficient de proportionnalité est 1,7.

b. L'accélération de la pesanteur sur la Lune notée g_L est le coefficient de proportionnalité 1,7.

c. Sur la Terre, la masse est multipliée par 9,8 et sur la Lune par 1,7.

Or $1{,}7 \times 6 = 10{,}2$. Ce résultat est proche de 9,8. Il est donc vrai que l'on pèse environ 6 fois moins lourd sur la Lune que sur la Terre.

8 **1.** On a $f(-3) = -5 \times (-3) = 15$. L'image de -3 par f est 15.
2. On cherche le nombre x tel que $f(x) = -10$. On a :
$-5x = -10$
$x = \dfrac{-10}{-5}$
$x = 2$.
L'antécédent de -10 par f est 2.

> **Rappel**
> Souviens-toi que le produit et le quotient de deux nombres négatifs sont positifs.

9 On calcule le prix de la location pour la période du 29/04/2017 au 12/05/2017. Une augmentation de 27 % revient à multiplier 882 par le coefficient $1 + \dfrac{27}{100} = 1{,}27$. On obtient :
$882 \times 1{,}27 = 1120{,}14$.
Le prix hebdomadaire de la location d'un bateau à moteur pour la période du 29/04/2017 au 12/05/2017 est de 1 120,14 €.

10 **1.** Les magasins A et B ne proposent pas de réduction pour l'achat d'un seul cahier. Le magasin C propose 30 % de réduction sur chaque cahier acheté, donc le magasin C est plus intéressant si Léa n'achète qu'un cahier.

2. a. Soit x le prix d'un cahier.

Dans le magasin A, Léa payerait $2 \times x$ soit $2x$ (même si le troisième cahier est gratuit).

Dans le magasin B, Léa payerait $x + x \times \left(\frac{50}{100}\right) = x + 0{,}5x = 1{,}5x$.

Dans le magasin C, Léa payerait $2 \times x \times \left(1 - \frac{30}{100}\right) = 2 \times x \times 0{,}7 = 1{,}4x$.

Donc le magasin C est plus intéressant si Léa achète deux cahiers.

b. Soit x le prix d'un cahier.

Dans le magasin A, Léa payerait $2 \times x$ soit $2x$ (car le troisième cahier est gratuit).

Dans le magasin B, Léa payerait $x + x \times \left(\frac{50}{100}\right) + x = x + 0{,}5x + x = 2{,}5x$.

Dans le magasin C, Léa payerait $3 \times x \times \left(1 - \frac{30}{100}\right) = 3 \times x \times 0{,}7 = 2{,}1x$.

Donc le magasin A est plus intéressant si Léa achète trois cahiers.

3. Soit x le prix d'un cahier avant réduction.

Le prix du cahier après réduction est $x \times \left(1 - \frac{30}{100}\right) = x \times 0{,}7 = 0{,}7x$.

Puis avec la carte de fidélité : $0{,}7x \times \left(1 - \frac{10}{100}\right) = 0{,}7x \times 0{,}9 = 0{,}63x$.

On a $0{,}63 = 1 - 0{,}37 = 1 - \frac{37}{100}$. Soit une réduction de 37 %.

Vers le brevet

11 **1.** On calcule l'augmentation de 11 % : $28 \times \left(1 + \frac{11}{100}\right) = 28 \times 1{,}11 = 31{,}08$.

Le nombre de cyberacheteurs au premier trimestre 2012 est donc de 31,08 millions, soit 31,1 millions (arrondi à 0,1 million).

2. Appliquer successivement deux augmentations de 11 % revient à multiplier la quantité initiale par $1{,}11^2$. Or $1{,}11^2 = 1{,}2321$. La progression en pourcentage sur les deux trimestres est donc de 23,21 %.

Méthode

$\left(1 + \frac{11}{100}\right) \times \left(1 + \frac{11}{100}\right) = 1{,}11 \times 1{,}11 = 1{,}11^2$.

12 **1.** La poubelle géante est, aujourd'hui, grande comme 6 fois la France. Or la superficie de la France est d'environ 550 000 km². On a $550\,000 \times 6 = 3\,300\,000$. La superficie actuelle de cette poubelle géante est de 3 300 000 km².

2. On calcule une augmentation de 10 % : 3 300 000 × 1,10 = 3 630 000. La superficie dans un an sera de 3 630 000 km².

3. On multiplie la superficie de l'année précédente par 1,10. Au bout de deux ans, la superficie sera de 3 630 000 × 1,10 = 3 993 000 km².
Au bout de trois ans, elle sera de :
3 993 000 × 1,10 = 4 392 300 km².
Enfin, au bout de quatre ans, elle sera de 4 392 300 × 1,10 = 4 831 530 km².
Dans 4 ans, la superficie de cette poubelle n'aura donc pas doublé.

Méthode
Une augmentation de 10 % d'une quantité revient à la multiplier par 1,10.

13 **1.** On a 5,50 × 800 = 4 400. Le prix de vente de 800 saladiers est 4 400 €.

2. On multiplie 5,50, le prix d'un saladier, par x, le nombre de saladiers. On obtient $f(x) = 5{,}50 \times x = 5{,}50x$.

3. Pour calculer l'antécédent de 6 600 par f, on résout l'équation $f(x) = 6\,600$.
On obtient :
$5{,}5x = 6\,600$
$x = 6\,600 \div 5{,}5$
$x = 1\,200$.
Pour 6 600 €, on peut acheter 1 200 saladiers.

4. La courbe représentative de la fonction f est une droite qui passe par l'origine du repère. À l'aide du résultat de la question **1.**, la droite passe par le point d'abscisse 800 et d'ordonnées 4 400.

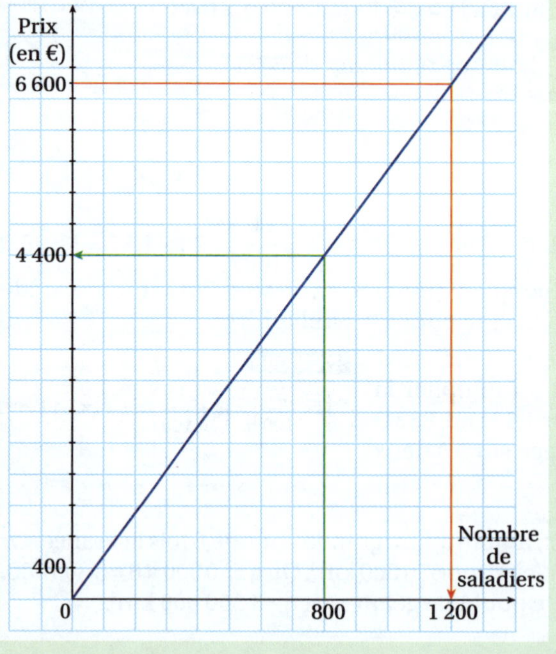

Attention !
Avec les unités choisies, 800 correspond à 8 cm et 4 400 à 11 cm. Ici le graphique n'est pas à l'échelle.

5. Le point d'abscisse 1 200 a pour ordonnée 6 600. On retrouve ainsi les résultats de la question **3.**.

14 **1.** Une augmentation de 8 % revient à multiplier le prix par $1+\frac{8}{100}$ ou encore par 1,08. On a $329 \times 1{,}08 = 355{,}32$. Le lecteur DVD coûte 355,32 euros après augmentation.

2. Pour obtenir le prix initial à partir du prix final, on divise celui-ci par le coefficient 1,08. On a $540 \div 1{,}08 = 500$. Le téléviseur valait 500 euros avant augmentation.

3. a. En s'inspirant du résultat de la question **1.**, on obtient $f(x) = 1{,}08 \times x$, soit $f(x) = 1{,}08x$. Cette fonction est une fonction linéaire de coefficient 1,08.

b. On obtient l'image de 110 par f en remplaçant x par 110 dans l'égalité $f(x) = 1{,}08x$.
On obtient $f(110) = 1{,}08 \times 110 = 118{,}8$. Un objet valant 110 euros sera vendu 118,80 euros après augmentation.

c. On obtient l'antécédent de 168,48 par f en résolvant l'équation $f(x) = 168{,}48$.
On a :
$1{,}08 \times x = 168{,}48$
$x = 168{,}48 \div 1{,}08$
$x = 156$.
Un objet valant 168,48 euros valait 156 euros avant augmentation.

> **Attention !**
> Vérifie que pour une augmentation, le résultat obtenu est supérieur au nombre initial.

15 **1. a.** Il y a 125 élèves sur 170 qui possèdent un téléphone portable. Une valeur approchée à l'unité du quotient $\frac{125}{170}$ est 0,74. Or $0{,}74 = \frac{74}{100}$. Le pourcentage d'élèves possédant un portable est 74 %.

b. On a $\frac{3}{4} = \frac{3 \times 25}{4 \times 25} = \frac{75}{100}$. On peut dire que près des trois quarts des élèves de ce collège possèdent un téléphone portable.

2. a. Pour calculer le nombre d'élèves concernés, on effectue le calcul suivant : $125 \times \frac{32}{100} = 40$. Il y a donc 40 élèves ayant un téléphone portable avec une carte prépayée.

b. L'angle correspondant au secteur représentant le forfait « compte bloqué 1 heure » mesure 120°. On obtient le tableau de proportionnalité suivant :

Angle (°)	360	120
Pourcentage	100	x

À l'aide d'un produit en croix, on a :
$360 \times x = 120 \times 100$
$x = 12\,000 \div 360$.

Une valeur approchée à l'unité de ce quotient est 33. Il y a 33 % d'élèves ayant un « compte bloqué 1 heure ». Pour calculer le nombre d'élèves concernés, on effectue le calcul suivant : $125 \times \frac{33}{100} \approx 41$. Il y a donc 41 élèves ayant un téléphone portable avec un « compte bloqué 1 heure ».

Méthode
On cherche un nombre d'élèves, donc la réponse est un nombre entier.

16 **1.**

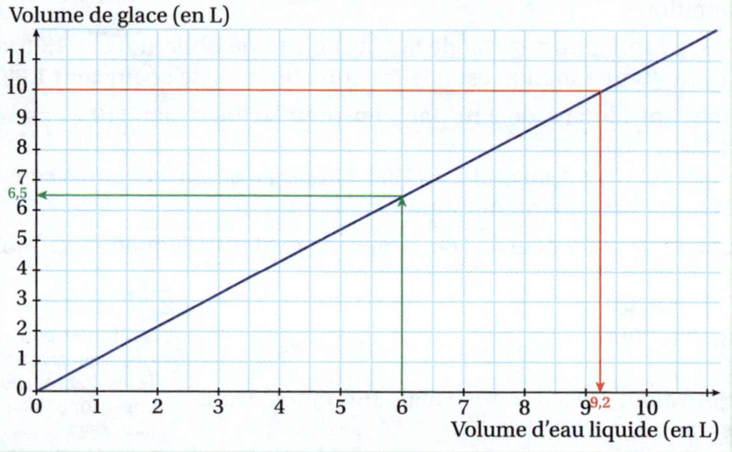

a. L'image de 6 est 6,5, donc le volume de glace obtenu à partir de 6 litres d'eau liquide est égal à 6,5 L.

b. L'antécédent de 10 est environ 9,2, donc il faut geler un volume d'eau liquide égale à 9,2 L pour obtenir 10 litres de glace.

2. Le graphique représente une droite passant par l'origine du repère. Cela représente une situation de proportionnalité, donc le volume de glace est proportionnel au volume d'eau liquide.

3. Calculons l'augmentation du volume : 10,8 – 10 = 0,8 L. On constate une augmentation de 0,8 L pour 10 L ou encore 8 L pour 100 L. Ce volume d'eau augmente donc de 8 % en gelant.

17 **1.** On multiplie la longueur par la largeur, l'aire est : $29{,}7 \times 21 = 623{,}7$ cm^2.

2. a. Calculons la longueur de la feuille réduite :

$$29{,}7 \times \left(1 - \frac{10}{100}\right) = 29{,}7 \times (1 - 0{,}1) = 29{,}7 \times 0{,}9 = 26{,}73 \text{ cm}.$$

Calculons sa largeur :

$$21 \times \left(1 - \frac{10}{100}\right) = 21 \times (1 - 0{,}1) = 21 \times 0{,}9 = 18{,}9 \text{ cm}.$$

b. Calculons l'aire de la feuille réduite :
$26{,}73 \times 18{,}9 = 505{,}197$ cm².

3. On divise l'aire de la feuille réduite par celui de la feuille de départ. On obtient : $\frac{505{,}197}{623{,}7} = 0{,}81 = \frac{81}{100}$.

Le pourcentage que représente l'aire de la feuille réduite par rapport à l'aire de la feuille de départ est 81 %.

> **Méthode**
> Deux réductions successives de 10 % reviennent à multiplier par $0{,}9 \times 0{,}9 = 0{,}81$.
> On retrouve le pourcentage de 81 %.

18 **1.** La colonne A est la colonne des valeurs de x, donc des antécédents. Pour $x = 2$ dans la colonne A, on lit le nombre 4 dans la colonne B. Margot a raison de dire que le nombre 2 est un antécédent de 4.

2. Le nombre 18 ne se trouve pas dans la colonne A des antécédents. Léo se trompe. 18 est l'image de 4.

3. Cherchons le nombre 4 dans la colonne B des images. On voit que –3 est aussi un antécédent de 4.

> **Info**
> Un nombre peut avoir plusieurs antécédents.

ORGANISATION ET GESTION DE DONNÉES
FONCTIONS

Fonctions affines

Réponse : Le philosophe et mathématicien français René Descartes (1596-1650).

FICHES

EXERCICES & SUJETS

CORRIGÉS

22 Définir la fonction affine correspondant à une situation problème

Les problèmes abordent souvent des situations de la vie courante. Ils commencent par l'étude d'un cas pratique, ils se poursuivent par l'étude du cas général et demandent l'étude d'une ou plusieurs fonctions affines.

RETENIR L'ESSENTIEL

I Fonction affine

Soit a et b deux nombres donnés. La fonction qui à un nombre x associe le nombre $ax + b$ est appelée **fonction affine**.
On note cette fonction :

$$f : x \mapsto ax + b \text{ ou } f(x) = ax + b$$

Exemple : La fonction qui à un nombre x associe son double augmenté de 3 est une fonction affine. On la note $f : x \mapsto 2x + 3$ ou $f(x) = 2x + 3$.

II Fonctions affines particulières

- Une **fonction linéaire** f définie par $f(x) = ax$ est une fonction affine particulière pour laquelle $b = 0$.
- Une **fonction constante** f définie par $f(x) = b$ est une fonction affine particulière pour laquelle $a = 0$. Cette fonction associe au nombre x le nombre b.

Exemple : La fonction f définie par $f(x) = 5$ est la fonction constante qui, au nombre x, associe le nombre 5.

III Fonctions affines et situation problème

Dans de nombreuses situations concrètes, on est amené à définir une ou plusieurs fonctions affines pour résoudre le problème posé.

Exemple : Une location de voiture coûte 43 € par jour. Le loueur demande une caution de 120 €.
Le prix payé pour x jours de location est associée à la fonction affine f définie par $f(x) = 43x + 120$.

APPLIQUER LA MÉTHODE

Définir une fonction affine

Un site en ligne permet de télécharger légalement des films. Il propose deux offres, l'offre A et l'offre B.

- Offre A : 5 € par film téléchargé avec un accès gratuit au site.
- Offre B : 3 € par film téléchargé moyennant un abonnement annuel de 50 €.

1. Pour chaque offre, calculer le prix de 30 films téléchargés par an en tenant compte, selon l'offre, de l'abonnement annuel.

2. a. Exprimer le prix $f(x)$ avec l'offre A, en fonction du nombre x de films téléchargés.

b. Exprimer le prix $g(x)$ avec l'offre B, en fonction du nombre x de films téléchargés.

3. Déterminer le nombre de films pour lequel les prix avec l'offre A et l'offre B sont égaux.

Conseils

1. Pour l'offre A, le prix d'un film téléchargé est 5 €. Pour l'offre B, le prix d'un film téléchargé est 3 € ; pense dans cette offre à ajouter l'abonnement annuel de 50 €.
2. Dans cette question, le nombre de films téléchargé est désigné par la lettre x.
3. Il s'agit de déterminer la valeur de x telle que le prix $f(x)$ avec l'offre A est égal au prix $g(x)$ avec l'offre B. Résous une équation.

Solution

1. Avec l'offre A, pour 30 films, on paye $5 \times 30 = 150$ €.
Avec l'offre B, on paye 3 € par film, soit pour 30 films, $3 \times 30 = 90$ €.
À ces 90 €, il faut ajouter l'abonnement annuel de 50 €. Soit $90 + 50 = 140$ €.

2. On désigne par x le nombre de films téléchargés.

a. Pour l'offre A, on multiplie le nombre x de films téléchargés par le prix d'un film, 5 €. On obtient un prix égal à $f(x) = 5 \times x$ ou $f(x) = 5x$.

b. Pour l'offre B, on multiplie le nombre x de films téléchargés par le prix d'un film, 3 €, et on ajoute l'abonnement annuel de 50 €. On obtient un prix $g(x) = 3 \times x + 50$ ou $g(x) = 3x + 50$.

3. Afin de déterminer le nombre de films pour lequel les prix sont les mêmes, on résout l'équation $f(x) = g(x)$. Soit :
$5x = 3x + 50$
$5x - 3x = 50$
$2x = 50$
$x = 50 \div 2$
$x = 25$.
Les prix sont les mêmes si on télécharge 25 films avec l'offre A ou l'offre B.

Pour vérifier que tu as compris ▸ Exercices 1 à 3

Pour t'entraîner ▸ Exercices 4 à 7

Pour préparer le brevet ▸ Exercices 8 à 11

23 Représenter une fonction affine

La représentation graphique d'une fonction affine est une droite.
Tu vas découvrir ici les propriétés de cette droite.

RETENIR L'ESSENTIEL

I Représentation graphique d'une fonction affine

- f désigne la fonction affine définie par $f(x) = ax + b$ où a et b sont deux nombres donnés.
Un repère orthogonal étant choisi, la représentation graphique d'une fonction affine est une droite.
- Dans le cas de la fonction constante, la droite est parallèle à l'axe des abscisses.
- Dans le cas de la fonction linéaire, la droite passe par l'origine.

II Droite représentant une fonction affine

- La droite $\mathscr{D}$ représentant la fonction affine f telle que $f(x) = ax + b$ coupe l'axe des ordonnées au point de **coordonnées (0 ; b)**.
- Pour trouver un autre point, on cherche l'image par f d'un nombre donné.
- Le nombre a est le **coefficient directeur** de la droite $\mathscr{D}$.
- Le nombre b est l'**ordonnée à l'origine** de la droite $\mathscr{D}$.

Exemple : On considère la fonction affine définie par $f(x) = 2x + 1$.

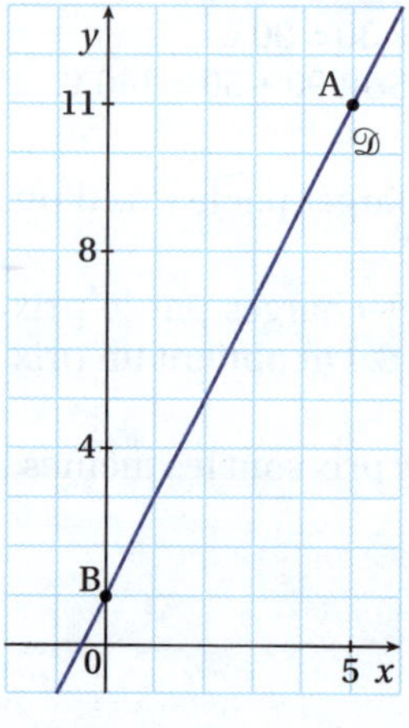

La droite $\mathscr{D}$ représentant la fonction affine f coupe l'axe des ordonnées au point B de coordonnées (0 ; 1).
Pour trouver un autre point appartenant à $\mathscr{D}$, on calcule, par exemple, l'image de 5 par f.
On a $f(5) = 2 \times 5 + 1 = 11$.
La droite $\mathscr{D}$ passe donc par le point A de coordonnées (5 ; 11).
La représentation de la fonction f est la droite représentée ci-contre.

Méthode
Pour trouver le deuxième point, choisis une valeur de x éloignée de 0. Le dessin sera plus précis.

APPLIQUER LA MÉTHODE

Représenter des fonctions affines

On considère les fonctions f, g et h définies par :

$$f : x \mapsto -3x + 6$$
$$g : x \mapsto 3x$$
$$h : x \mapsto 5$$

Tracer la représentation graphique de ces trois fonctions dans un même repère (unité graphique : 1 cm sur les deux axes).

Conseils

La droite $\mathcal{D}_1$ représentant la fonction f coupe l'axe des ordonnées au point de coordonnées (0 ; 6). Choisis une valeur de x et cherche son image par f pour trouver un autre point de $\mathcal{D}_1$.
La fonction g est une fonction linéaire donc sa représentation graphique est une droite passant par le point de coordonnées (0 ; 0). Trouve un autre point.
La fonction h est une fonction constante. Sa représentation est une droite parallèle à l'axe des abscisses.

Solution

Les fonctions f, g et h sont trois fonctions affines. La représentation graphique de chacune d'elles est donc une droite.

- Pour la fonction f, on a $f(x) = -3x + 6$. La représentation graphique de f est la droite $\mathcal{D}_1$ passant par le point A de coordonnées (0 ; 6).

En outre $f(3) = -3 \times 3 + 6 = -3$. La droite $\mathcal{D}_1$ passe aussi par le point B de coordonnées (3 ; –3).

- Pour la fonction linéaire g, on a $g(x) = 3x$. La représentation graphique de g est la droite $\mathcal{D}_2$ passant par le point O de coordonnées (0 ; 0).

En outre $g(3) = 3 \times 3 = 9$. La droite $\mathcal{D}_2$ passe aussi par le point C de coordonnées (3 ; 9).

- Pour la fonction constante h, on a $h(x) = 5$. La représentation graphique de h est la droite $\mathcal{D}_3$ parallèle à l'axe des abscisses et passant par le point D de coordonnées (0 ; 5).

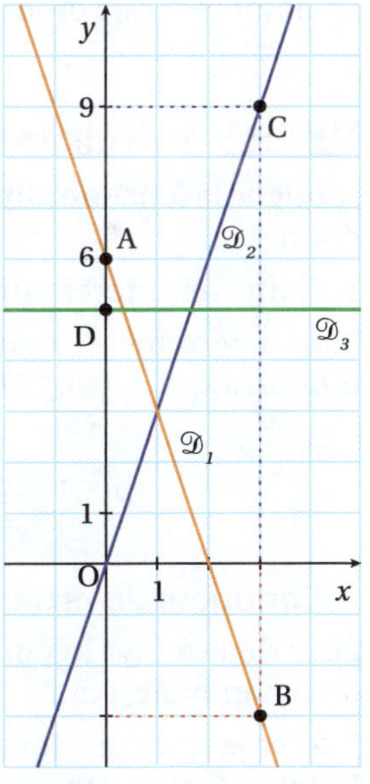

Pour vérifier que tu as compris ▸ Exercices 1 à 3

Pour t'entraîner ▸ Exercices 4 à 7

Pour préparer le brevet ▸ Exercices 8 à 11

24 Déterminer une fonction affine

f désigne la fonction affine définie par $f(x) = ax + b$ où a et b sont deux nombres donnés. Déterminer la fonction f, c'est déterminer la valeur du nombre a et celle du nombre b. Deux méthodes sont présentées ici, l'une graphique et l'autre calculatoire.

RETENIR L'ESSENTIEL

I Détermination graphique d'une fonction affine

Soit $\mathcal{D}$ la droite représentant la fonction affine f définie par $f(x) = ax + b$.

1. Comment déterminer graphiquement le nombre *a* ?

Pour déterminer le nombre a, on repère sur la droite $\mathcal{D}$ deux points $A(x_A\,;y_A)$ et $B(x_B\,;y_B)$. On a alors :

$$a = \frac{y_A - y_B}{x_A - x_B} = \frac{\text{différence des ordonnées}}{\text{différence des abscisses}}$$

2. Comment déterminer graphiquement le nombre *b* ?

Le nombre b est l'ordonnée du point d'intersection de la droite $\mathcal{D}$ et de l'axe des ordonnées.

II Détermination d'une fonction affine par le calcul

f désigne la fonction affine définie par $f(x) = ax + b$ où a et b sont deux nombres donnés.

1. Comment déterminer le nombre *a* par le calcul ?

Pour déterminer le nombre a par le calcul, il faut connaître l'image de deux nombres x_1 et x_2 par f. On a alors :

$$a = \frac{f(x_1) - f(x_2)}{x_1 - x_2} = \frac{\text{différence des images}}{\text{différence des antécédents}}$$

2. Comment déterminer le nombre *b* par le calcul ?

Pour déterminer le nombre b, il faut déjà connaître le nombre a et l'image d'un nombre x_1 par f.

Exemple : f est une fonction affine de coefficient $a = 2$, et telle que $f(3) = 4$.
Comme f est une fonction affine de coefficient 2, alors $f(x) = 2x + b$.
Or $f(3) = 4$, donc $2 \times 3 + b = 4$. On obtient $b = 4 - 6 = -2$.
La fonction f est définie par $f(x) = 2x - 2$.

APPLIQUER LA MÉTHODE

Déterminer une fonction affine sur un graphique

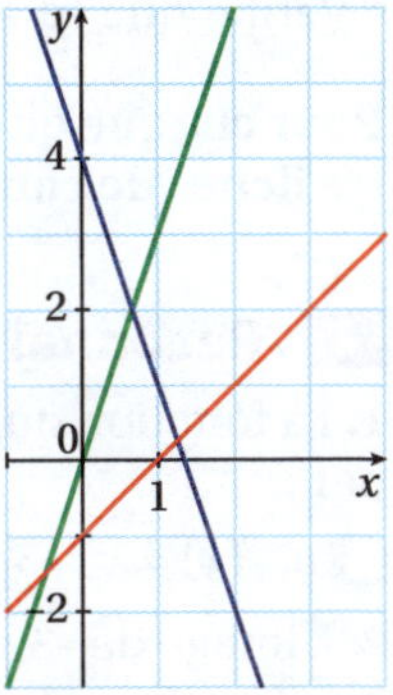

Sur le graphique ci-contre, la droite bleue représente la fonction affine *f*, la droite rouge représente la fonction *g* et la droite verte représente la fonction *h*.

1. Déterminer le coefficient *a* de la fonction *f*.

2. Déterminer l'expression de $g(x)$ en fonction de *x*.

3. La fonction *h* est-elle linéaire ? Justifier. Déterminer l'expression de $h(x)$ en fonction de *x*.

Conseils

1. Place sur la droite bleue deux points dont les coordonnées sont entières. Utilise la formule $a = \dfrac{f(x_1) - f(x_2)}{x_1 - x_2}$.

2. On a $g(x) = ax + b$. Calcule le coefficient *a* comme précédemment. Pour *b*, cherche l'ordonnée du point d'intersection de la droite rouge avec l'axe des ordonnées.

3. La droite verte passe par l'origine du repère. Calcule le coefficient *a*.

Solution

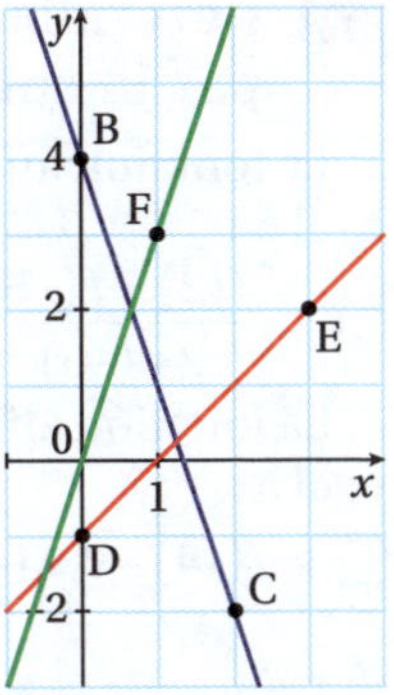

1. Les points B(0 ; 4) et C(2 ; –2) appartiennent à la droite bleue.
On a $a = \dfrac{4-(-2)}{0-2} = \dfrac{4+2}{-2} = -3$. Le coefficient *a* de la fonction *f* est égal à –3.

2. Les points D(0 ; –1) et E(3 ; 2) appartiennent à la droite rouge.
On a $a = \dfrac{-1-2}{0-3} = \dfrac{-3}{-3} = 1$. La droite rouge coupe l'axe des ordonnées au point D(0 ; –1), donc $b = -1$.
L'expression de $g(x)$ en fonction de *x* est $g(x) = x - 1$.

3. La droite verte passe par l'origine du repère, donc la fonction *h* est linéaire.
Les points O(0 ; 0) et F(1 ; 3) appartiennent à la droite verte.
On a $a = \dfrac{3-0}{1-0} = 3$. Comme *h* est une fonction linéaire, alors $b = 0$.
L'expression de $h(x)$ est donc $h(x) = 3x$.

Pour vérifier que tu as compris ▸ Exercices 1 à 3

Pour t'entraîner ▸ Exercices 4 à 7

Pour préparer le brevet ▸ Exercices 8 à 11

Se tester QUIZ

Vérifie que tu as bien compris les points clés des **fiches 22 à 24.**

Pour chaque question, vérifie ta réponse à l'aide du corrigé et consulte les fiches de cours si nécessaire.

1 Reconnaître une fonction affine

→ RÉVISE LA FICHE 23

1. La fonction qui, au nombre x, associe son double diminué de 3 est définie par :

☐ **a.** $f(x) = x^2 - 3$ ☐ **b.** $f(x) = 2x - 3$ ☐ **c.** $f(x) = 2x + 3$

2. L'image de -3 par la fonction affine f définie par $f(x) = -3x + 10$ est :

☐ **a.** 1 ☐ **b.** 4 ☐ **c.** 19

2 Associer une fonction affine à une situation concrète

→ RÉVISE LA FICHE 22

1. Le prix d'une place de cinéma est 5 €. Le prix de x places est :

☐ **a.** $x + 5$ ☐ **b.** $5x$ ☐ **c.** $x - 5$

2. L'inscription obligatoire à un club de sport coûte 20 € pour une année. Chaque heure de cours coûte ensuite 10 €. Pour x heures de cours sur une année, il faut payer (en euros) :

☐ **a.** $10x$ ☐ **b.** $20 \times 10x$ ☐ **c.** $20 + 10x$

3 Déterminer une fonction affine par le calcul

→ RÉVISE LA FICHE 24

1. La fonction affine f est telle que $f(2) = 3$ et $f(-5) = 1$. Son coefficient a est égal à :

☐ **a.** $\dfrac{f(2) - f(-5)}{2 - (-5)}$ ☐ **b.** $\dfrac{f(2) - f(-5)}{2 - 5}$ ☐ **c.** $\dfrac{f(2) - f(-5)}{3 - 1}$

2. La fonction affine f est telle que $f(x) = -3x + b$ et $f(-4) = 1$. Le nombre b est égal à :

☐ **a.** $f(-4) - 3 \times (-4)$ ☐ **b.** $f(-4) - (-3) \times (-4)$ ☐ **c.** $-3 \times (4) - f(-4)$

S'entraîner

Vérifie que tu sais appliquer les méthodes des **fiches 22 à 24.**

Pour chaque exercice, consulte la méthode indiquée, et compare ta réponse à celle donnée dans le corrigé.

4 Des degrés Celsius et Fahrenheit

→ APPLIQUE LA MÉTHODE DE LA FICHE 22

Il existe différentes unités de mesure de la température : en France on utilise le degré Celsius (°C), aux États-Unis on utilise le degré Fahrenheit (°F). Pour passer des degrés Celsius aux degrés Fahrenheit, on multiplie le nombre de départ par 1,8 et on ajoute 32 au résultat.

1. Qu'indiquerait un thermomètre en degrés Fahrenheit si on le plonge dans une casserole d'eau qui gèle ? On rappelle que l'eau gèle à 0 °C.

2. Qu'indiquerait un thermomètre en degrés Celsius si on le plonge dans une casserole d'eau portée à 212 °F ? Que se passe-t-il ?

3. a. Si l'on note x la température en degrés Celsius et $f(x)$ la température en degrés Fahrenheit, exprimer $f(x)$ en fonction de x.

b. Comment nomme-t-on ce type de fonction ?

c. Quelle est l'image de 5 par la fonction f ?

d. Quel est l'antécédent de 5 par la fonction f ?

e. Traduire en terme de conversion de température la relation $f(10) = 50$.

5 Abonnement à une revue

→ APPLIQUE LA MÉTHODE DE LA FICHE 22

Le nombre d'abonnés à une revue dépend du prix de la revue.
Pour un prix x compris entre 0 et 20 €, le nombre d'abonnés est donné par la fonction A telle que $A(x) = -50x + 1\,250$.

1. Le nombre d'abonnés est-il proportionnel au prix de la revue ? Justifier.

2. Comment nomme-t-on ce type de fonction ?

3. Vérifier, par le calcul, que $A(10) = 750$ et interpréter concrètement ce résultat.

6 Fonction affine et tableur

→ APPLIQUE LA MÉTHODE DE LA FICHE 24

On a utilisé un tableur pour calculer les images de différentes valeurs de x par une fonction affine f. Une copie de l'écran obtenu est donnée ci-dessous.

C2 fx =-5*C1+7

	A	B	C	D	E	F	G	H
1	x	-3	-2	-1	0	1	2	3
2	f(x)	22	17	12	7	2	-3	-8

1. Quelle est l'image de –3 par f ?

2. Calculer $f(7)$.

3. Donner l'expression de $f(x)$.

7 Déterminer une fonction affine

→ APPLIQUE LA MÉTHODE DE LA FICHE 24

Déterminer la fonction affine f dont la représentation graphique est la droite qui passe par les points A(–1 ; 3) et B(2 ; –5).

Vers le brevet

Exerce-toi en vue du brevet et révise les **fiches 22 à 24.**

Pour chaque sujet, aide-toi des conseils donnés et compare ta réponse à celle donnée dans le corrigé.

SUJET TYPE

8 Jeu vidéo

20 min

→ APPLIQUE LA MÉTHODE DE LA FICHE 22

Dans un jeu vidéo on a le choix entre trois personnages : un guerrier, un mage et un chasseur.
La force d'un personnage se mesure en points.
Tous les personnages commencent au niveau 0 et le jeu s'arrête au niveau 25.
Cependant ils n'évoluent pas de la même façon :
- le guerrier commence avec 50 points et ne gagne pas d'autre point au cours du jeu ;
- le mage n'a aucun point au début mais gagne 3 points par niveau ;
- le chasseur commence à 40 points et gagne 1 point par niveau.

1. Au début du jeu, quel est le personnage le plus fort ? Et quel est le moins fort ?

2. Compléter le tableau ci-dessous :

Niveau	0	1	5	10	15	25
Points du guerrier	50	50				
Points du mage	0	3				
Points du chasseur	40	41				

3. À quel niveau le chasseur aura-t-il autant de points que le guerrier ?

4. Dans cette question, x désigne le niveau de jeu d'un personnage.
Associer chacune des expressions suivantes à l'un des trois personnages (chasseur, mage ou guerrier) :
- $f(x) = 3x$;
- $g(x) = 50$;
- $h(x) = x + 40$.

5. Dans le repère ci-dessous, la fonction g est représentée par la droite $\mathcal{D}_3$.
Tracer les deux droites $\mathcal{D}_1$ et $\mathcal{D}_2$ représentant les fonctions f et h.

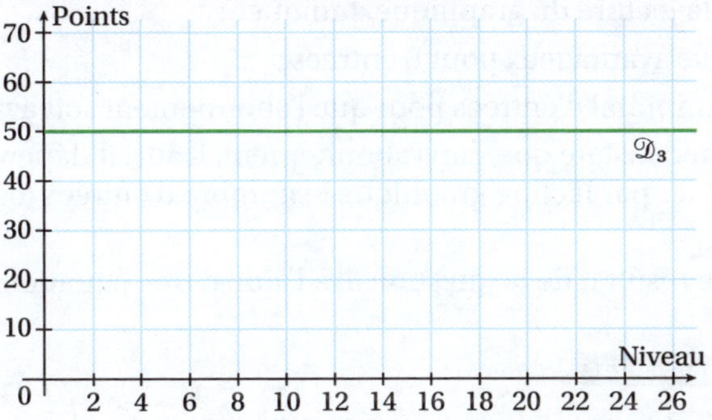

6. Déterminer, à l'aide du graphique, le niveau à partir duquel le mage devient le plus fort.

9 Pourcentage et fonction affine

20 min

→ APPLIQUE LA MÉTHODE DE LA FICHE 22

Un théâtre propose deux prix.
- Plein tarif : 20 € la place.
- Tarif adhérent : réduction de 30 % sur le plein tarif.

1. a. Quel est le prix d'une entrée au tarif adhérent ?

b. Pour avoir droit à la réduction de 30 % sur chaque entrée, l'adhérent doit acheter une carte d'abonnement en début de saison. Sachant qu'un adhérent a dépensé au total (y compris le prix de la carte) 148 € pour 7 entrées, montrer que le prix de la carte d'abonnement est de 50 €.

c. On note :
- P_1 la dépense totale d'un spectateur qui n'est pas adhérent ;
- P_2 la dépense totale d'un adhérent.

Recopier et compléter le tableau suivant :

Nombre d'entrées x	0	1	10	15
Prix P_1 (en euros)				
Prix P_2 (en euros)				

2. On désigne par x le nombre d'entrées. Exprimer P_1 et P_2 en fonction de x.

3. On considère les fonctions $P_1(x) = 20x$ et $P_2(x) = 14x + 50$ comme des fonctions définies pout tout nombre positif x.
Représenter ces fonctions dans un même repère orthogonal. On choisira pour unités :
- sur l'axe des abscisses, 1 cm pour deux entrées ;
- sur l'axe des ordonnées, 1 cm pour 20 €.

On appellera $\mathcal{D}$ la droite représentant la fonction P_1 et $\mathcal{D}'$ la droite représentant la fonction P_2.

4. À partir de la lecture du graphique, indiquer :

a. le tarif le plus avantageux pour 6 entrées ;

b. le nombre minimal d'entrées pour que l'abonnement soit avantageux.

5. Un adhérent constate que, sans abonnement, il aurait dépensé 46 € de plus. Déterminer par lecture graphique le nombre d'entrées totalisées par cet adhérent.

6. Retrouver le résultat de la question **5.** à l'aide d'une équation.

Démarrons ensemble

1. a. Faire une réduction de t %, revient à multiplier par $1 - \frac{t}{100}$.
b. Calcule le prix de 7 entrées au tarif adhérent.
2. Multiplie le nombre d'entrées x par le prix unitaire de chaque tarif. N'oublie pas d'ajouter dans un des deux prix, le montant de la carte.
3. Calcule, pour chaque fonction, l'image de deux nombres.
4. a. Cherche l'ordonnée des deux points d'abscisse 6.
b. Trouve les coordonnées du point d'intersection des deux droites et compare les deux dépenses.
5. Cherche sur le graphique un écart vertical de 46 €.
6. La différence entre les deux tarifs est égale à 46 €. On cherche donc le nombre x tel que $P_1(x) - P_2(x) = 46$.

10 Représenter une fonction affine

15 min

→ APPLIQUE LA MÉTHODE DE LA FICHE 23

Le plan est muni d'un repère orthonormal (O ; I, J).
L'unité de longueur est le centimètre.

1. Déterminer la fonction affine f telle que $f(4) = -2$ et $f(0) = 6$.

2. En utilisant les points A(4 ; –2) et B(0 ; 6), tracer la représentation graphique de la fonction affine f.

3. Soit g la fonction affine définie par $g(x) = \frac{1}{2}x + 1$.

a. Construire la droite $\mathscr{D}$ représentant graphiquement la fonction g.

b. Montrer que le point C(–4 ; –1) appartient à $\mathscr{D}$ et placer ce point sur la droite.

Démarrons ensemble

1. Calcule d'abord le coefficient a. Souviens-toi que $a = \frac{f(x_1) - f(x_2)}{x_1 - x_2}$.
2. Explique pourquoi le point A est un point de la représentation graphique de la fonction affine f.
3. a. Cherche l'ordonnée à l'origine. Calcule ensuite l'image d'un nombre.
b. Calcule l'image de –4 par g.

SUJET TYPE

11 Comparer des tarifs

20 min

→ APPLIQUE LA MÉTHODE DE LA FICHE 23

Pour la saison 2014-2015, le théâtre *Modecia* propose ses tarifs.

• Tarif A : 150 € la carte permettant d'assister à tous les spectacles.

• Tarif B : 75 € l'abonnement pour la saison qui permet d'acheter une place pour 6 €.

• Tarif C : 19 € la place plein tarif.

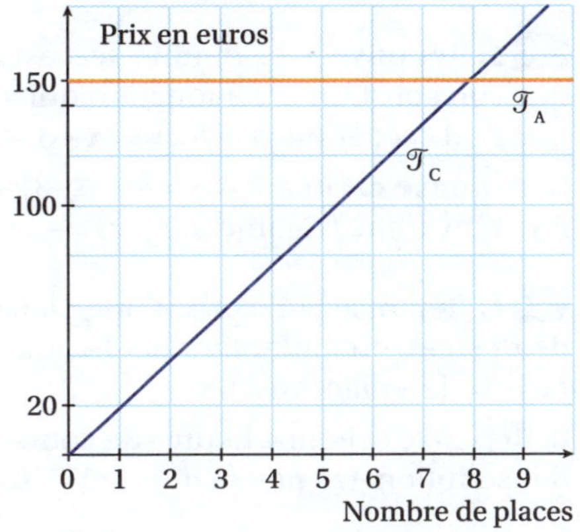

1. Calculer le prix que devra payer Marc pour cinq places avec chacun des tarifs proposés.

2. Si x est le nombre de spectacles auxquels Marc assiste durant la saison, écrire, en fonction de x, les prix $P_A(x)$, $P_B(x)$ et $P_C(x)$ que devrait payer Marc, suivant le tarif utilisé.

3. Parmi ces trois fonctions, y a-t-il une fonction linéaire ? Si oui, laquelle ?

4. Dans la figure ci-dessus, on a tracé les représentations graphiques $\mathcal{T}_A$ et $\mathcal{T}_C$ des fonctions P_A et P_C. Tracer la représentation graphique $\mathcal{T}_B$ de la fonction P_B dans le même repère.

5. On dispose de 100 €. Lire graphiquement le nombre de spectacles auxquels on peut assister avec le tarif C (laisser apparaître les tracés sur le graphique).

6. Retrouver graphiquement le tarif le plus intéressant pour voir huit spectacles.

7. Résoudre l'inéquation $19x > 6x + 75$.
En déduire le nombre de spectacles pour lequel le tarif B est plus intéressant que le tarif C.

Démarrons ensemble

1. Le tarif A ne dépend pas du nombre de places achetées. Pour les deux autres tarifs, multiplie le prix d'une place par 5, sans oublier l'abonnement s'il y a lieu.

2. Multiplie le prix d'une place par le nombre x de places, sans oublier l'abonnement s'il y a lieu.

3. Cherche une fonction de la forme $x \mapsto ax$.

4. Cherche l'image de deux nombres de ton choix par la fonction P_B et trace une droite.

5. Place 100 sur l'axe des ordonnées.

6. Sur chacune des trois droites, lis l'ordonnée du point d'abscisse 8.

7. Commence par soustraire $6x$ aux deux membres de l'inéquation.

Se tester QUIZ

1 **1. Réponse b.** Le double de x est $2x$. Si on le diminue de 3, cela veut dire que l'on soustrait 3. La fonction qui, au nombre x, associe son double diminué de 3 est définie par $f(x) = 2x - 3$.

2. Réponse c. On a $f(-3) = -3 \times (-3) + 10 = 9 + 10 = 19$. L'image de -3 par la fonction affine f définie par $f(x) = -3x + 10$ est 19.

2 **1. Réponse b.** Le prix d'une place de cinéma est 5 €. Pour trouver le prix de x places, on multiplie x par le prix d'une place, soit 5 €.
Le prix de x places est $5x$.

2. Réponse c. Pour x heures de cours, il faut payer $10x$ € auquel s'ajoute 20 € d'inscription. On paiera donc $20 + 10x$ euros.

3 **1. Réponse a.** La coefficient a se calcule à l'aide de la formule :

$$a = \frac{f(x_1) - f(x_2)}{x_1 - x_2} = \frac{\text{différence des images}}{\text{différence des antécédents}}.$$

La fonction affine f est telle que $f(2) = 3$ et $f(-5) = 1$. En remplaçant x_1 par 2 et x_2 par -5, son coefficient a est égal à :

$$\frac{f(2) - f(-5)}{2 - (-5)}.$$

2. Réponse b. Par définition de f, $f(-4) = -3 \times (-4) + b$.
Donc $b = f(-4) - (-3) \times (-4)$.
Soit $b = 1 - 12 = -11$.

S'entraîner

4 **1.** Pour passer des degrés Celsius aux degrés Fahrenheit, on multiplie le nombre de départ par 1,8 et on ajoute 32 au résultat ; donc $0 \times 1{,}8 + 32 = 32$.
Le thermomètre en degrés Fahrenheit indique 32.

2. On cherche la température t telle que $t \times 1{,}8 + 32 = 212$. On a :
$t \times 1{,}8 = 212 - 32$
$t = 180 \div 1{,}8$
$t = 100$.
Le thermomètre en degrés Celsius indiquerait 100. À cette température, l'eau se transforme en vapeur d'eau, elle bout.

3. a. Exprimons $f(x)$ en fonction de x. On a $f(x) = x \times 1{,}8 + 32$ ou $f(x) = 1{,}8x + 32$.

b. On reconnaît une fonction affine.

c. L'image de 5 par la fonction f est $f(5) = 5 \times 1{,}8 + 32 = 41$.

d. L'antécédent de 5 par la fonction f est le nombre x tel que $f(x) = 5$. On a :
$1{,}8x + 32 = 5$
$1{,}8x = 5 - 32$
$1{,}8x = -27$
$x = -27 \div 1{,}8$
$x = -15.$
L'antécédent de 5 par la fonction f est -15.

> **Attention !**
> 5 – 32 s'écrit 5 + (–32). On obtient donc un résultat négatif.

e. La relation $f(10) = 50$ se traduit en terme de conversion de température par : « 10 degrés Celsius valent 50 degrés Fahrenheit ».

5 **1.** La fonction A n'est pas une fonction linéaire, donc elle ne traduit pas une situation de proportionnalité.

2. Cette fonction s'appelle une fonction affine.

3. On a $A(10) = -50 \times 10 + 1\,250 = -500 + 1\,250 = 750$. Si le prix de la revue est 10 €, le nombre d'abonnés est de 750.

> **Attention !**
> Une fonction linéaire est une fonction f définie par $f(x) = ax$.

6 **1.** Dans la ligne 1, on trouve les différentes valeurs de x et sur la ligne 2, les valeurs de $f(x)$ qui leurs correspondent. En dessous de –3, on lit 22, donc $f(-3) = 22$. L'image de –3 par f est 22.

2. Pour calculer $f(7)$, la formule « = –5*C1 + 7 » indique que l'on doit multiplier la valeur 7 par –5 puis ajouter 7. On trouve alors :
$f(7) = -5 \times 7 + 7 = -35 + 7 = -28.$

3. On généralise la formule « = –5*C1 + 7 » et on obtient $f(x) = -5x + 7$.

> **Info**
> Dans une feuille de calcul d'un tableur, les cellules (et leur contenu) sont repérées par une lettre majuscule (colonne) et un nombre (ligne).

7 f est une fonction définie par $f(x) = ax + b$.

Pour calculer le coefficient a, on utilise la propriété $a = \dfrac{y_A - y_B}{x_A - x_B}$.

Soit $a = \dfrac{3-(-5)}{-1-2} = \dfrac{8}{-3} = -\dfrac{8}{3}$. f est donc de la forme $f(x) = -\dfrac{8}{3}x + b$.

Pour calculer b, on utilise l'une des relations $f(-1) = 3$ ou $f(2) = -5$. On a :

$-\dfrac{8}{3} \times (-1) + b = 3$

$\dfrac{8}{3} + b = 3$

$b = 3 - \dfrac{8}{3}$

$b = \dfrac{9}{3} - \dfrac{8}{3}$

$b = \dfrac{1}{3}$.

La fonction f est donc définie par $f(x) = -\dfrac{8}{3}x + \dfrac{1}{3}$.

Vers le brevet

8 **1.** Au début du jeu, le guerrier commence avec 50 points. C'est donc le personnage le plus fort.
Le mage n'a aucun point au début. C'est le moins fort.

2. Tableau complété :

Niveau	0	1	5	10	15	25
Points du guerrier	50	50	50	50	50	50
Points du mage	0	3	15	30	45	75
Points du chasseur	40	41	45	50	55	65

3. Le chasseur aura autant de points que le guerrier au niveau 10.

4. • La fonction définie par $f(x) = 3x$ est associée au mage car le nombre de points augmente de 3 points par niveau.
• La fonction définie par $g(x) = 50$ est associée au guerrier car le nombre de points est toujours égal à 50 quelque soit le niveau.
• La fonction définie par $h(x) = x + 40$ est associée au chasseur car le nombre de points initial est 40 et il augmente de 1 point par niveau.

Info
La fonction g est constante et sa représentation est une droite horizontale.

5.

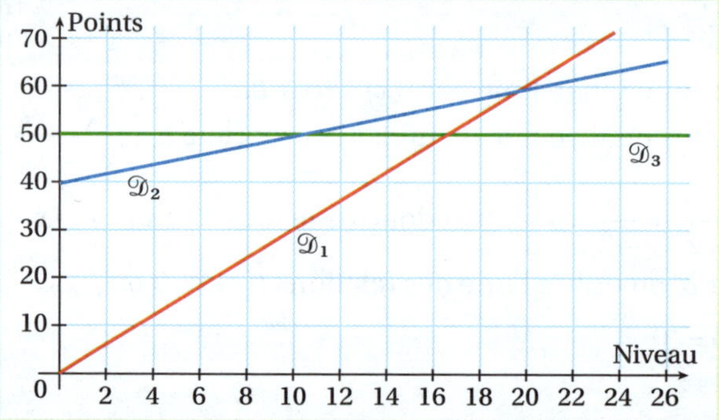

6. À l'aide du graphique, on voit qu'à partir du niveau 20, la droite $\mathcal{D}_1$ représentant le nombre de points du mage est au-dessus des deux autres droites. Donc à partir du niveau 21, le mage devient le plus fort.

9 **1. a.** Faire une réduction de 30 %, revient à multiplier le prix d'une entrée par $1 - \frac{30}{100}$.

On a $20 \times \left(1 - \frac{30}{100}\right) = 20 \times (1 - 0{,}30) = 20 \times 0{,}70 = 14$.

Le prix d'une entrée au tarif adhérent est égal à 14 €.

b. Le prix d'une entrée au tarif adhérent étant égal à 14 €, 7 entrées coûtent $14 \times 7 = 98$, soit 98 €. On soustrait cette somme à 148. On a $148 - 98 = 50$.
Le prix de la carte d'abonnement est de 50 €.

c.

Nombre d'entrées x	0	1	10	15
Prix P_1 (en euros)	0	$20 \times 1 = 20$	$20 \times 10 = 200$	$20 \times 15 = 300$
Prix P_2 (en euros)	50	$14 \times 1 + 50 = 64$	$14 \times 10 + 50 = 190$	$14 \times 15 + 50 = 260$

2. Sachant que le prix d'une entrée est de 20 €, on exprime P_1 en fonction de x :
$P_1(x) = 20 \times x = 20x$.
Sachant que le prix d'une entrée est de 14 € avec une carte à 50 €, on exprime P_2 en fonction de x :
$P_2(x) = 14 \times x + 50 = 14x + 50$.

3. La droite $\mathcal{D}$ représentant la fonction P_1 passe par les points de coordonnées (0 ; 0) et (10 ; 200). La droite $\mathcal{D}'$ représentant P_2 passe par les points de coordonnées (0 ; 50) et (10 ; 190).

4. a. Le point d'abscisse 6 sur la droite $\mathcal{D}$ est en dessous du point d'abscisse 6 sur la droite $\mathcal{D}'$. Donc, pour 6 entrées, le prix le plus bas est obtenu par le plein tarif.

b. Les points de la droite représentant le tarif adhérent sont en dessous de celle représentant le plein tarif pour $x > 8{,}3$. Le nombre minimal d'entrées pour que l'abonnement soit avantageux est donc 9.

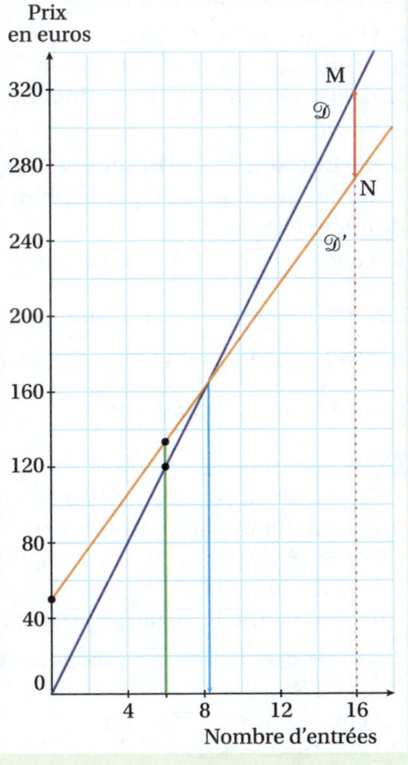

Méthode

Pour comparer graphiquement deux fonctions, étudie la position des deux droites qui les représentent.

5. On cherche un point M de $\mathcal{D}$ et un point N de $\mathcal{D}'$ tels que la droite (MN) soit parallèle à l'axe des ordonnées et tel que MN = 46. On trouve que ces deux points ont pour abscisse 16. L'adhérent totalise donc 16 entrées.

6. On doit résoudre l'équation $P_1(x) = P_2(x) + 46$.
On obtient :
$20x = 14x + 50 + 46$
$20x - 14x = 96$
$6x = 96$
$x = 96 \div 6$
D'où $x = 16$. On retrouve le résultat de la question précédente.

10 **1.** On calcule d'abord le coefficient a :
$$a = \frac{f(4) - f(0)}{4 - 0} = \frac{-2 - 6}{4} = \frac{-8}{4} = -2.$$
On a donc $f(x) = -2x + b$. Or $f(0) = 6$, donc $b = 6$.
f est la fonction affine telle que $f(x) = -2x + 6$.

Méthode
Retrouve facilement le nombre b : il est l'ordonnée du point d'intersection de la droite d avec l'axe des ordonnées.

2. On a $f(4) = -2$ et $f(0) = 6$. La représentation graphique de la fonction affine f est donc la droite passant par les points A(4 ; –2) et B(0 ; 6).

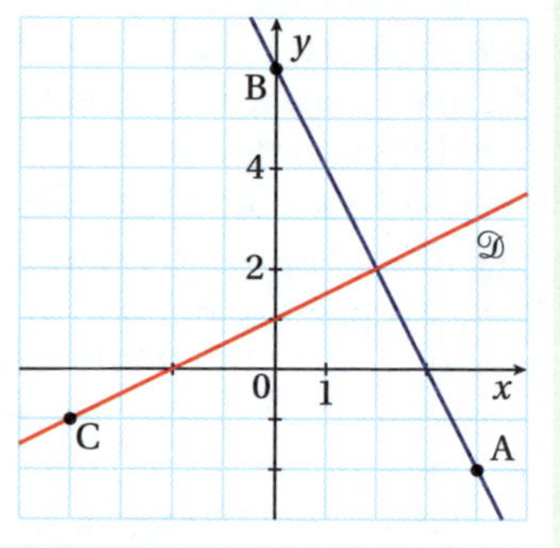

3. a. L'ordonnée à l'origine est égale à 1. Donc la droite $\mathcal{D}$ passe par le point de coordonnées (0 ; 1).
On a $g(4) = \frac{1}{2} \times 4 + 1 = 3$. La droite $\mathcal{D}$ passe aussi par le point de coordonnées (4 ; 3).

b. On a $g(-4) = \frac{1}{2} \times (-4) + 1 = -2 + 1 = -1$.
Donc C(–4 ; –1) appartient à $\mathcal{D}$.

11 **1.** Avec chacun des tarifs proposés, pour cinq places, Marc devra payer :
- 150 € avec le tarif A, la carte permettant d'assister à tous les spectacles. Le prix ne dépend pas du nombre de places ;
- 75 + 6 × 5 = 105 € avec le tarif B, l'abonnement de 75 € permettant d'acheter une place pour 6 € ;
- 19 × 5 = 95 € avec le tarif C, 19 € étant le prix de la place plein tarif.

2. x est le nombre de spectacles auxquels Marc assiste durant la saison. On a :
$P_A(x) = 150$;
$P_B(x) = 75 + 6 \times x = 75 + 6x$;
$P_C(x) = 19 \times x = 19x$.

3. On a $P_C(x) = 19x$. P_C est de la forme $x \mapsto ax$. Donc P_C est une fonction linéaire.

4. On a $P_B(0) = 75 + 6 \times 0 = 75$ et $P_B(5) = 75 + 6 \times 5 = 105$. La droite $\mathcal{T}_B$ passe par les points de coordonnées (0 ; 75) et (5 ; 105).

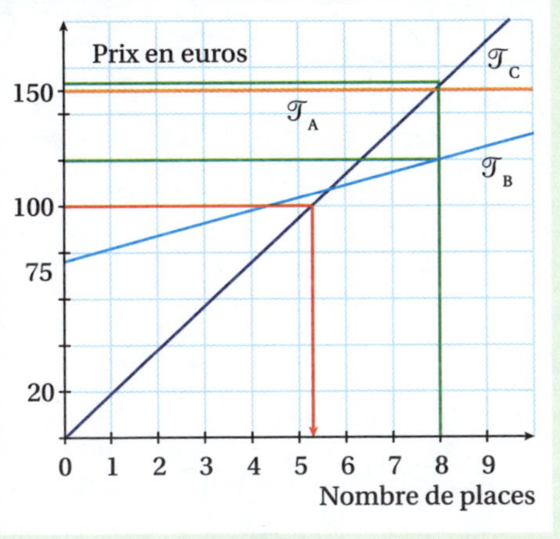

5. Le tracé rouge montre que l'antécédent de 100 par P_C se trouve entre 5 et 6. On peut assister à cinq spectacles avec le tarif C.

6. Le tracé vert montre que l'ordonnée du point d'abscisse 8 est la plus petite si ce point est sur la droite $\mathcal{T}_B$. Le tarif B est donc le plus avantageux pour voir 8 spectacles.

7. On doit résoudre l'inéquation $19x > 6x + 75$. Soit :

$19x - 6x > 75$

$13x > 75$

$x > \frac{75}{13}$.

L'inéquation résolue permet de connaître les valeurs de x pour lesquelles le tarif B est plus intéressant que le tarif C.

Or $\frac{75}{13} \approx 5{,}8$ et x est un entier.

On en déduit que pour six spectacles ou plus le tarif B est plus intéressant que le tarif C.

> **Attention !**
> N'oublie pas qu'un nombre de spectacles est un nombre entier.

ORGANISATION ET GESTION DE DONNÉES
FONCTIONS

Statistiques

Dans quel car le pourcentage de passagers n'ayant pas d'appareil photo est-il le plus grand ?

$\frac{5}{25}$ n'ont pas d'appareil photo

$\frac{4}{20}$ n'ont pas d'appareil photo

Réponse : Les deux fractions sont égales à $\frac{20}{100}$ donc le pourcentage de passagers n'ayant pas d'appareil photo est le même dans les deux cars.

FICHES

EXERCICES & SUJETS

CORRIGÉS

25 Calculer une fréquence ou une moyenne

La statistique est une partie des mathématiques qui étudie les caractères des individus d'une population (par exemple, la taille, la couleur des yeux...). La fréquence et la moyenne sont deux critères qui permettent d'interpréter les résultats.

RETENIR L'ESSENTIEL

I Fréquence

La **fréquence** de la valeur d'un caractère dans une série statistique est égale au quotient de l'effectif de cette valeur par l'effectif total.

Mot-clé
L'**effectif** est le nombre d'individus possédant un caractère donné.

Exemple : Le tableau suivant donne la répartition des élèves de 3e d'un collège.

Caractère qualitatif	Externe	Demi-pensionnaire	Total
Effectif	54	26	80

Mot-clé
Il existe deux types de **caractères** : qualitatif (exemple : la couleur des yeux) ou quantitatif (exemple : la taille).

Sur 80 élèves, 54 sont externes.

On a $\frac{54}{80} = 0{,}675$.

La fréquence associée au caractère « externe » est égale à 0,675, soit 67,5 %.

II Moyenne

1. Calculer une moyenne simple

Pour calculer une **moyenne simple**, on additionne toutes les valeurs du caractère et on divise la somme obtenue par l'effectif total.

Exemple : Voici les notes de 10 élèves de 3e d'un collège au dernier devoir de maths : 8 ; 10 ; 10 ; 12 ; 12 ; 12 ; 13 ; 15 ; 16 ; 18.
La moyenne de ces notes est :
$(8 + 10 + 10 + 12 + 12 + 13 + 15 + 16 + 18) \div 10 = 114 \div 10 = 11{,}4$.

2. Calculer une moyenne pondérée

Pour calculer une **moyenne pondérée**, on additionne les produits de chaque valeur du caractère par l'effectif correspondant, puis on divise par l'effectif total.

Exemple : Voici les 2 notes obtenues par Léo en maths : 15 (coefficient 2) et 12 (coefficient 3). Sa moyenne est $\frac{15 \times 2 + 12 \times 3}{5} = 13{,}2$.

APPLIQUER LA MÉTHODE

Calculer une fréquence et la moyenne d'une série de données

Voici les résultats d'une série statistique représentant les pointures des chaussures de 25 personnes :

Pointure des chaussures	38	39	40	41	42	43	44	45	46
Effectif	8	7	2	2	3	0	1	1	1

1. Calculer la pointure moyenne de ce groupe de personnes.

2. Calculer la fréquence de la pointure 42.

3. Quel pourcentage de personnes ont une pointure strictement supérieure à 43 ?

Conseils

1. Multiplie chaque pointure par son effectif. Additionne tous ces produits et divise par l'effectif total.
2. Cherche l'effectif correspondant à la pointure 42 et divise par l'effectif total.
3. Cherche combien de personnes ont une pointure strictement supérieure à 43.

Solution

1. La pointure moyenne est donnée par la moyenne pondérée de la série statistique :

$$m=\frac{38\times 8+39\times 7+40\times 2+41\times 2+42\times 3+43\times 0+44\times 1+45\times 1+46\times 1}{25}$$

$$m=\frac{1\,000}{25}=40.$$

La pointure moyenne de cette série statistique est égale à 40.

2. La fréquence associée à la pointure 42 est $\frac{3}{25}$.

3. Trois personnes parmi les 25 font une pointure strictement supérieure à 43.

On a $\frac{3}{25}=\frac{12}{100}$. Le pourcentage est de 12 %.

Pour vérifier que tu as compris ▸ Exercices 1 à 2

Pour t'entraîner ▸ Exercices 3 à 7

Pour préparer le brevet ▸ Exercices 8 à 11

26 Calculer la médiane et l'étendue

La médiane est la valeur d'un caractère qui partage une série statistique en deux séries de même effectif. L'étendue est la différence entre la plus grande et la plus petite des valeurs. Ces critères permettent d'interpréter les résultats statistiques.

RETENIR L'ESSENTIEL

I Calculer la médiane

1. Qu'est-ce qu'une médiane ?

Les valeurs du caractère étant rangées par ordre croissant, la **médiane** est un nombre qui partage une série statistique en deux séries de même effectif.

Exemple : On considère les nombres 1, 2, 3, 4, 5, 6, 7, 8, 9. La médiane est 5. Il y a 5 nombres inférieurs ou égaux à 5 et 5 nombres supérieurs ou égaux à 5.

2. Déterminer une médiane

Pour **calculer une médiane**, on range par ordre croissant les valeurs du caractère.

- Si l'effectif total est un nombre impair, alors la médiane est la valeur du caractère qui se trouve au centre de la série.

Exemple : On considère la série des nombres 4, 5, 10, 12, 13, 15 et 18. Elle contient 7 valeurs. Le centre de la série est 12. La médiane de cette série est 12.

> **Attention !**
> Il ne faut pas confondre « médiane » et « moyenne ». En général, ces deux nombres ne sont pas égaux.

- Si l'effectif total est un nombre pair, alors la médiane est la moyenne des deux valeurs du caractère qui se trouvent au centre de la série.

Exemple : On considère la série de nombres 5, 8, 10, 12, 14, 15, 20, 25. Elle contient 8 valeurs et les deux valeurs centrales sont 12 et 14.
La médiane de cette série est : $(12 + 14) \div 2 = 13$.

II Calculer l'étendue

Les valeurs du caractère étant rangées par ordre croissant, l'**étendue** est la différence entre la plus grande valeur du caractère et la plus petite.

Exemple : On considère les nombres 5, 8, 10, 12, 14, 15, 20, 25.
L'étendue est : $25 - 5 = 20$.

APPLIQUER LA MÉTHODE

I Calculer médiane et étendue d'une série de notes

Voici les résultats d'un devoir de mathématiques de 25 élèves :
12 ; 12 ; 10 ; 19 ; 12 ; 12 ; 18 ; 18 ; 12 ; 10 ; 8 ; 9 ; 8 ; 12 ; 12 ; 15 ; 16 ; 15 ; 10 ; 8 ; 9 ; 9 ; 10 ; 8 ; 18.

1. Ranger par ordre croissant les résultats du devoir.

2. Déterminer l'étendue et la médiane de cette série statistique.

Conseils

1. Ranger des nombres par ordre croissant revient à les classer du plus petit au plus grand.
2. Pour calculer l'étendue, cherche la plus grande et la plus petite note. Pour trouver la médiane, observe que 25 = 12 + 1 + 12.

Solution

1. On obtient le classement suivant :
8 ; 8 ; 8 ; 8 ; 9 ; 9 ; 9 ; 10 ; 10 ; 10 ; 10 ; 12 ; 12 ; 12 ; 12 ; 12 ; 12 ; 12 ; 15 ; 15 ; 16 ; 18 ; 18 ; 18 ; 19.

2. La note la plus grande est 19 et la plus petite est 8.
On détermine l'étendue : 19 – 8 = 11. L'étendue est égale à 11.
On détermine la médiane. La série comporte 25 notes. On a 25 = 12 + 1 + 12, donc la treizième note partage la série en deux séries de 12 notes chacune. La médiane est égale à 12.

II Comparer deux séries statistiques

Voici les résultats obtenus par Léa et Hugo aux 5 derniers devoirs de maths.

Léa	8	8	8	18	18
Hugo	10	10	12	14	14

Comparer les moyennes et les médianes de chacune de ces séries.

Conseils

L'effectif total est 5 et 5 = 2 + 1 + 2.

Solution

Léa et Hugo ont pour moyenne 12.
La médiane associée à la série des notes de Léa est 8 et celle de Hugo est 12.
D'une façon générale, la moyenne et la médiane ne sont pas égales.

Pour vérifier que tu as compris ▸ Exercices 1 à 2

Pour t'entraîner ▸ Exercices 3 à 7

Pour préparer le brevet ▸ Exercices 8 à 11

27 Interpréter et construire un diagramme statistique

On peut représenter une série statistique sous la forme d'un graphique. Il en existe différentes sortes.

RETENIR L'ESSENTIEL

I Construire un diagramme statistique

1. Construire un diagramme circulaire

Dans un **diagramme circulaire**, la mesure de l'angle au centre de chaque partie du disque est proportionnelle à l'effectif du caractère correspondant. On utilise un tableau de proportionnalité pour calculer la mesure des angles.

Info
La totalité du disque représente un angle au centre de 360°.

Exemple : Voici la répartition de la couleur des yeux dans une classe de 25 élèves.

Couleur	bleu	vert	marron	Total
Effectif	3	4	18	25
Angle (en °)	43,2	57,6	259,5	360

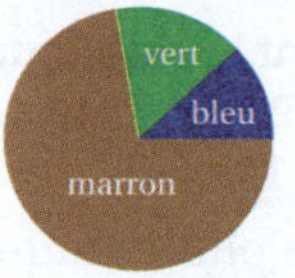

2. Construire un diagramme à barres

Un **diagramme à barres** est composé de bâtons de même largeur.
La hauteur de chaque barre est proportionnelle à l'effectif du caractère correspondant.

3. Construire un histogramme

Un **histogramme** est utilisé lorsque la série est regroupée en classes. Si les classes ont la même amplitude, les rectangles de l'histogramme ont la même largeur.

Mot-clé
Une **classe** est le regroupement de plusieurs valeurs d'un même caractère.

II Interpréter un diagramme

1. Interpréter un diagramme circulaire

On repère sur le diagramme la signification de chacune des valeurs du caractère. En général, les effectifs sont indiqués en pourcentage.

2. Interpréter un diagramme à barres ou un histogramme

On repère sur l'axe horizontal la signification de chacune des valeurs du caractère. On lit sur l'axe vertical les effectifs correspondants.

APPLIQUER LA MÉTHODE

Interpréter un diagramme à barres

Le diagramme ci-contre donne les âges des 150 employés d'une entreprise.

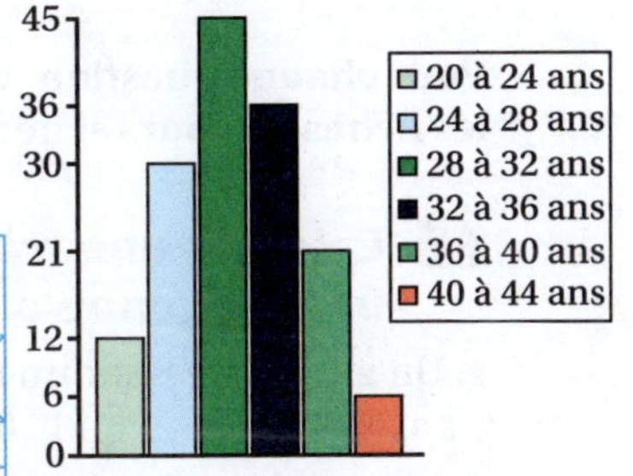

1. Compléter le tableau suivant :

Âge A	$20 \leqslant A < 24$	$24 \leqslant A < 28$	$28 \leqslant A < 32$	$32 \leqslant A < 36$	$36 \leqslant A < 40$	$40 \leqslant A < 44$	Total
Centre de la classe							
Effectif							
Fréquence (en %)							

2. Quel est le pourcentage des employés qui ont strictement moins de 36 ans ?

3. Calculer l'âge moyen d'un employé de cette entreprise.

Conseils

1. Pour trouver le centre de la première classe, observe que $(20 + 24) \div 2 = 22$. Pour trouver l'effectif de la première classe, observe que le premier rectangle de l'histogramme a pour hauteur 12. Pour calculer la fréquence, divise l'effectif de la classe par l'effectif total 150.

2. Additionne les fréquences correspondant à $20 \leqslant A < 36$.

3. Pour calculer la moyenne, multiplie le centre de la classe par l'effectif correspondant puis divise par l'effectif total.

Solution

1. On complète le tableau :

Âge A	$20 \leqslant A < 24$	$24 \leqslant A < 28$	$28 \leqslant A < 32$	$32 \leqslant A < 36$	$36 \leqslant A < 40$	$40 \leqslant A < 44$	Total
Centre de la classe	22	26	30	34	38	42	
Effectif	12	30	45	36	21	6	150
Fréquence (en %)	$12 \div 150$ $= 0{,}08$ 8 %	$30 \div 150$ $= 0{,}2$ 20 %	$45 \div 150$ $= 0{,}3$ 30 %	$36 \div 150$ $= 0{,}24$ 24 %	$21 \div 150$ $= 0{,}14$ 14 %	$6 \div 150$ $= 0{,}04$ 4 %	100

2. On additionne les fréquences en pourcentage des quatre premières colonnes : $8 + 20 + 30 + 24 = 82$. Le pourcentage des employés qui ont strictement moins de 36 ans est égal à 82 %.

3. On multiplie le centre de chaque classe par l'effectif correspondant.

On a $\dfrac{22 \times 12 + 26 \times 30 + 30 \times 45 + 34 \times 36 + 38 \times 21 + 42 \times 6}{150} = 31{,}12$.

L'âge moyen d'un employé de cette entreprise est égal à 31,12 ans.

Pour vérifier que tu as compris ▸ Exercices 1 à 2

Pour t'entraîner ▸ Exercices 3 à 7

Pour préparer le brevet ▸ Exercices 8 à 11

Se tester QUIZ

Vérifie que tu as bien compris les points clés des **fiches 25 à 27.**

Pour chaque question, vérifie ta réponse à l'aide du corrigé et consulte les fiches de cours si nécessaire.

1 Calculer une fréquence, une moyenne ou une médiane

→ RÉVISE LES FICHES 25 ET 26

1. Un effectif de 8 sur un total de 20 correspond à une fréquence égale à :

☐ **a.** 4 ☐ **b.** 0,4 ☐ **c.** 4 %

2. On considère la série statistique suivante :

Valeur	12	14	16	19	20
Effectif	1	2	3	2	2

La moyenne de cette série est :

☐ **a.** 16,2 ☐ **b.** 2 ☐ **c.** 16,6

3. La médiane de la série 1 ; 2 ; 3 ; 8 ; 9 est :

☐ **a.** 2 ☐ **b.** 3 ☐ **c.** 8

2 Interpréter un diagramme statistique

→ RÉVISE LA FICHE 27

On considère le diagramme à barres suivant :

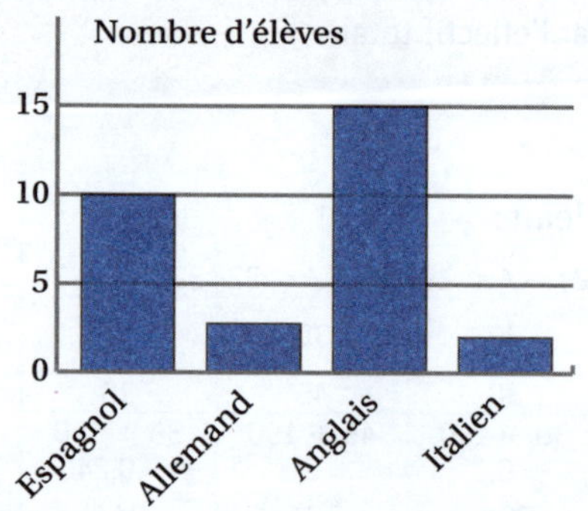

1. L'effectif total est égal à :

☐ **a.** 30 ☐ **b.** 25 ☐ **c.** 20

2. La fréquence des élèves faisant de l'espagnol est égale à :

☐ **a.** $\frac{1}{2}$ ☐ **b.** $\frac{1}{3}$ ☐ **c.** $\frac{1}{4}$

S'entraîner

Vérifie que tu sais appliquer les méthodes des **fiches 25 à 27.**

Pour chaque exercice, consulte la méthode indiquée, et compare ta réponse à celle donnée dans le corrigé.

3 Calculer une moyenne, une étendue et une médiane

→ APPLIQUE LA MÉTHODE DES FICHES 25 ET 26

Un professeur de SVT demande aux 29 élèves d'une classe de troisième de faire germer des graines de blé chez eux.

Le professeur donne un protocole expérimental à suivre :

- mettre en culture sur du coton dans une boîte placée dans une pièce éclairée, de température entre 20 °C et 25 °C ;
- arroser une fois par jour ;
- il est possible de couvrir les graines avec un film transparent pour éviter l'évaporation de l'eau.

Le tableau ci-dessous donne les tailles des plantules (petites plantes) des 29 élèves à 10 jours après la mise en germination.

Taille en cm	0	8	12	14	16	17	18	19	20	21	22
Effectif	1	2	2	4	2	2	3	3	4	4	2

1. Combien de plantules ont une taille qui mesure au plus 12 cm ?

2. Donner l'étendue de cette série.

3. Calculer la moyenne de cette série. Arrondir au dixième près.

4. Déterminer la médiane de cette série et interpréter le résultat.

4 Calculer une étendue, une médiane

→ APPLIQUE LA MÉTHODE DE LA FICHE 26

On considère la série statistique donnant le SMIC :

Année	2015	2014	2013	2012	2011	2010	2009	2008	2007	2006	2005
SMIC	9,61	9,53	9,43	9,40	9,19	9,00	8,82	8,63	8,44	8,27	8,03

SMIC : salaire minimum interprofessionnel de croissance horaire brut en euros de 2005 à 2015 (source : INSEE).

1. Quelle est l'étendue de cette série ? Interpréter ce résultat.

2. Quelle est la médiane ?

5 Construire un diagramme statistique

→ APPLIQUE LA MÉTHODE DE LA FICHE 27

Le tableau ci-dessous a été construit en comptant les fréquences des 26 lettres de l'alphabet dans un texte français de 100 000 lettres composé de textes de Gustave Flaubert, de Jules Verne et de trois articles de l'Encyclopedia Universalis.

Lettre	Fréquence	Lettre	Fréquence
A	8,40 %	N	7,13 %
B	1,06 %	O	5,26 %
C	3,03 %	P	3,01 %
D	4,18 %	Q	0,99 %
E	17,26 %	R	6,55 %
F	1,12 %	S	8,08 %
G	1,27 %	T	7,07 %
H	0,92 %	U	5,74 %
I	7,35 %	V	1,32 %
J	0,31 %	W	0,04 %
K	0,05 %	X	0,47 %
L	6,01 %	Y	0,30 %
M	2,96 %	Z	0,12 %

1. Quelles sont les cinq lettres les plus fréquentes ?

2. Représenter graphiquement, à l'aide d'un diagramme circulaire, la répartition des voyelles et des consonnes.

3. Si toutes les lettres avaient la même fréquence d'apparition, quelle serait cette fréquence ?

6 Interpréter un diagramme statistique

→ APPLIQUE LA MÉTHODE DE LA FICHE 27

Sur le graphique ci-dessous, on a reporté les résultats obtenus en mathématiques par Mathieu tout au long de l'année scolaire.

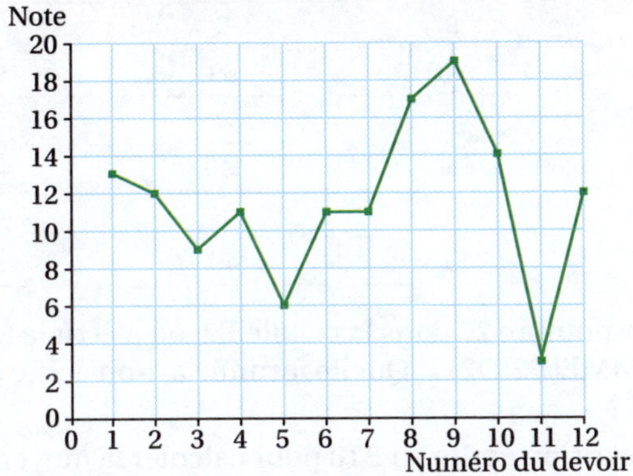

1. À quel devoir Mathieu a-t-il obtenu sa meilleure note ?

2. Calculer la moyenne des notes de Mathieu sur l'ensemble de l'année.

3. Déterminer l'étendue de la série de notes de Mathieu.

4. a. Combien Mathieu a-t-il eu de notes strictement inférieures à 10 sur 20 ?

b. Exprimer ce résultat en pourcentage du nombre total de devoirs.

7 Utiliser un tableur pour calculer une moyenne

→ APPLIQUE LA MÉTHODE DE LA FICHE 25

On a relevé le nombre de médailles gagnées par les sportifs calédoniens lors des Jeux du Pacifique. Voici les résultats regroupés à l'aide d'un tableur :

	A	B	C	D	E
1	Années des Jeux du Pacifique	Nombres de médailles d'or	Nombre de médailles d'argent	Nombre de médailles de bronze	Total
2	1963	7	9	11	27
3	1966	39	30	30	99
4	1969	36	20	21	77
5	1971	33	32	27	92
6	1975	37	31	34	102
7	1979	33	43	26	102
8	1983	24	20	19	63
9	1987	82	48	38	168
10	1991	29	29	27	85
11	1995	82	57	43	182
12	1999	73	55	44	172
13	2003	93	73	74	240

	A	B	C	D	E
14	2007	90	69	68	227
15					
16	Total :	658	516	462	1 636
17					
18	Moyennes :	51	40	36	126

1. Pour obtenir le nombre 27 dans la cellule E2, on a écrit la formule suivante : « =SOMME(B2:D2) ». Quelle formule a-t-on écrite en B16 pour obtenir 658 ?

2. Quelle formule a-t-on écrite en B18 pour calculer la moyenne des médailles d'or obtenues sur ces 13 années ?

Vers le brevet

Exerce-toi en vue du brevet et révise les **fiches 25 à 27.**

Pour chaque sujet, aide-toi des conseils donnés et compare ta réponse à celle donnée dans le corrigé.

SUJET TYPE 8 — 20 min

Compétition d'athlétisme

→ APPLIQUE LA MÉTHODE DE LA FICHE 25

Durant une compétition d'athlétisme, les 7 concurrents ont couru le 200 m avec les temps suivants (en secondes) :
20,25 ; 20,12 ; 20,48 ; 20,09 ; 20,69 ; 20,19 et 20,38.

1. Quelle est l'étendue de cette série ?

2. Quelle est la moyenne de cette série, arrondie au centième ?

3. Quelle est la médiane de cette série ?

4. Quelle est la vitesse moyenne de l'athlète classé premier, en mètres par seconde (m/s), arrondie au millième ?

Démarrons ensemble

1. Classe d'abord les temps dans l'ordre croissant.

2. Revois la fiche 25 pour calculer une moyenne.

3. Observe que 7 = 3 + 1 + 3.

4. Le coureur classé premier parcourt le 200 m en 20,09 s. Calcule la distance parcourue en 1 s.

9 Le poids des cartables

15 min

→ APPLIQUE LA MÉTHODE DE LA FICHE 26

Dans un collège, une enquête a été menée sur « le poids des cartables ». Pour cela, on a pesé le cartable de 48 élèves du collège.
Les résultats de cette enquête sont inscrits dans le tableau suivant.

Poids (en kg)	1	2	3	4	5	6	7	8	9	10
Effectif	1	2	4	2	5	11	8	8	3	4

1. Calculer l'étendue de cette série statistique.

2. Déterminer la médiane de cette série statistique.

3. Une personne affirme : « Plus des trois quarts des 48 élèves viennent en cours avec un cartable qui pèse 5 kg ou plus ».
A-t-elle raison ? Justifier la réponse.

Démarrons ensemble

1. Cherche le poids le plus grand et le poids le plus petit.

2. Observe que l'effectif total est pair.

3. Calcule trois quarts de 48. Grâce au tableau, calcule le nombre d'élèves ayant un cartable pesant 5 kg ou plus. Compare ces deux résultats.

10 Moyens de transport

10 min

→ APPLIQUE LA MÉTHODE DE LA FICHE 27

On a interrogé 30 élèves sur le moyen de transport qu'ils utilisent pour venir au collège. Voici les résultats obtenus :

Moyen de transport	À pied	En bus	En métro	En voiture
Effectif	12	8	6	4

Construire le diagramme circulaire représentant cette série.

Démarrons ensemble

- Ajoute une nouvelle ligne en bas dans le tableau et intitule-la « Angle (en degrés) ».
- Ajoute une nouvelle colonne à droite dans le tableau et intitule-la « Total ».
- Tu sais que l'effectif total est égal à 30 et correspond à un angle de 360°.
- Utilise un produit en croix pour calculer la mesure des angles correspondant à chaque catégorie.

SUJET TYPE 11 10 min

Étude de la couleur des voitures de deux villes

→ APPLIQUE LA MÉTHODE DE LA FICHE 27

La ville A compte 60 000 voitures et la ville B compte 18 000 voitures.
Les diagrammes circulaires ci-dessous représentent la répartition des voitures selon leur couleur, dans les villes A et B.

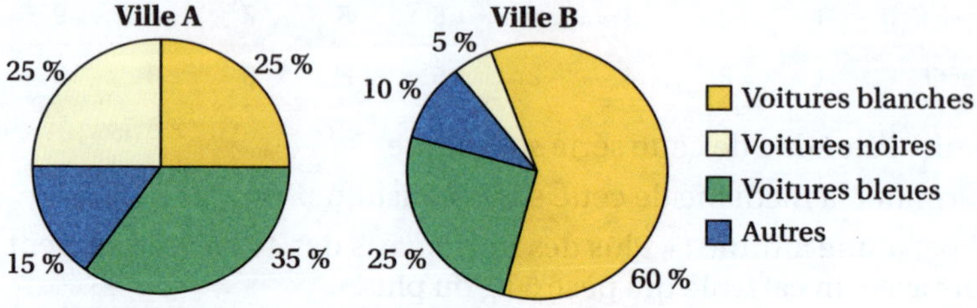

On demande à un élève ce qu'il constate. Voici ce qu'il répond : « On peut dire qu'il y a plus de voitures blanches dans la ville B que dans la ville A ».
A-t-il raison ?

Démarrons ensemble

Trouve d'abord le pourcentage de voitures blanches dans chacune des villes A et B, puis calcule le nombre de ces voitures dans chaque ville.

Se tester QUIZ

1 **1. Réponse b.** Un effectif de 8 sur un total de 20 correspond à une fréquence égale à $\frac{8}{20} = 0,4$.

2. Réponse c. Pour calculer la moyenne, on effectue le calcul suivant :
$$\frac{12 \times 1 + 14 \times 2 + 16 \times 3 + 19 \times 2 + 20 \times 2}{1 + 2 + 3 + 2 + 2} = 16,6.$$

3. Réponse b. La série comporte 5 termes classés par ordre croissant, donc la médiane de la série 1 ; 2 ; 3 ; 8 ; 9 est 3.

2 **1. Réponse a.** Pour trouver l'effectif total, on ajoute les hauteurs de chaque barre. L'effectif total est égal à 10 + 3 + 15 + 2 = 30.

2. Réponse b. Il y a 10 élèves qui font de l'espagnol sur 30 élèves.
La fréquence des élèves faisant de l'espagnol est égale à $\frac{10}{30} = \frac{1}{3}$.

S'entraîner

3 **1.** Dans le tableau, on ajoute les effectifs correspondant aux tailles inférieures ou égales à 12 cm. On a 1 + 2 + 2 = 5. Il y a donc 5 plantules dont la taille est au plus de 12 cm.

> **Attention !**
> L'expression « au plus » veut dire au maximum.

2. La plus petite taille est 0 cm et la plus grande 22 cm, donc l'étendue de cette série est 22 cm.

3. Pour calculer la moyenne, on effectue le calcul suivant :
$$\frac{0\times1+8\times2+12\times2+14\times4+16\times2+17\times2+18\times3+19\times3+20\times4+21\times4+22\times2}{29}=\frac{481}{29}=16,58$$
La moyenne de cette série arrondie au dixième près est 16,6.

4. L'effectif total est 29. On a 29 = 14 + 1 + 14. La médiane est donc le 15e élément de la série. La médiane de cette série est donc 18. Au moins 50 % des plantules ont une taille inférieure au égale à 18 cm.

4 **1.** La valeur la plus petite du SMIC est 8,03 et la plus grande est 9,61. L'étendue de cette série est 9,61 – 8,03 = 1,58.

De 2005 à 2015, le SMIC a augmenté de 1,58 euros.

2. Les valeurs du SMIC sont rangées par ordre croissant et il y a 11 valeurs. La médiane est donc la 6e valeur du SMIC, soit 9.

5 **1.** Dans la colonne « Fréquence », on cherche les 5 fréquences les plus grandes. On a 17,26 %, 8,40 %, 8,08 %, 7,35 % et 7,13 %.
Les cinq lettres les plus fréquentes sont donc E, A, S, I, et N.

2. On cherche d'abord la fréquence des 6 voyelles A, E, I, O, U et Y.
On obtient : 8,40 + 17,26 + 7,35 + 5,26 + 5,74 + 0,3 = 44,31.
Il y a donc 44,31 % de voyelles et donc 55,69 % de consonnes.

	Voyelles	Consonnes
Pourcentage	44,31	55,69
Angles	160	200

Le graphique ci-dessous donne la répartition des voyelles et des consonnes.

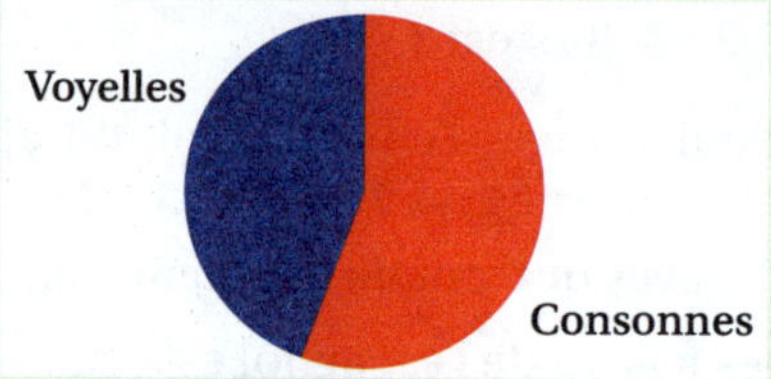

3. Il y a 26 lettres dans l'alphabet. Si toutes les lettres avaient la même fréquence d'apparition, cette fréquence serait égale à $\frac{1}{26} = 0{,}0385 = \frac{3{,}85}{100}$, soit environ 3,85 % (valeur arrondie au centième).

6 **1.** Le point le plus haut de la courbe a pour abscisse 9. C'est au 9e devoir que Mathieu a obtenu sa meilleure note.

2. On effectue le calcul suivant :

$$\frac{13+12+9+11+6+11+11+17+19+14+3+12}{12} = 11{,}5.$$

La moyenne de Mathieu est 11,5.

3. La note la plus basse est 3, la plus haute est 19. L'étendue de la série de notes de Mathieu est 19 – 3 = 16.

4. a. Mathieu a obtenu trois notes strictement inférieures à 10 sur 20.

b. Il y a eu 12 devoirs dont 3 avec une note strictement inférieures à 10 sur 20. On a $\frac{3}{12} = \frac{1}{4} = 0{,}25 = \frac{25}{100}$. Le pourcentage est donc égale à 25 %.

7 **1.** Pour obtenir 658 en B16, on a ajouté tous les nombres écris dans les cases de B2 à B14. On écrit la formule « =SOMME(B2:B14) ».

> **Attention**
> Une formule dans un tableur commence toujours par un signe =.

2. Dans la case B16, on a écrit le nombre total de médailles d'or obtenues sur ces 13 années.

Pour calculer la moyenne en B18 des médailles d'or obtenues sur ces 13 années, on écrit la formule « =B16/13 ».

Vers le brevet

Méthode
Pour trouver l'étendue ou la médiane, il faut ranger les données dans l'ordre croissant.

8 **1.** On range les données dans l'ordre croissant :
20,09 ; 20,12 ; 20,19 ; 20,25 ; 20,38 ; 20,48 ; 20,69.
On a 20,69 – 20,09 = 0,60. L'étendue de cette série est égale à 0,60.

2. On calcule : $\dfrac{20{,}09+20{,}12+20{,}19+20{,}25+20{,}38+20{,}48+20{,}69}{7}\approx 20{,}314$.

La moyenne de cette série, arrondie au centième, est 20,31.

3. On a 7 = 3 + 1 + 3. C'est donc le quatrième temps qui donne la médiane. La médiane de cette série est 20,25 s.

4. Le coureur classé premier parcourt 200 m en 20,09 s. On calcule la distance parcourue en une seconde. On a $200 \div 20{,}09 \approx 9{,}9552$.
La vitesse moyenne de l'athlète classé premier, arrondie au millième, est donc 9,955 m/s.

9 **1.** On a 10 – 1 = 9. L'étendue de cette série statistique est 9.

2. On a $48 \div 2 = 24$. On cherche les valeurs des 24ᵉ et 25ᵉ poids. Les deux valent 6 kg. La médiane de cette série statistique est donc 6 kg.

3. On ajoute les effectifs des six dernières colonnes du tableau.
On a 5 + 11 + 8 + 8 + 3 + 4 = 39. Or les trois quarts de 48, c'est $\dfrac{3}{4}\times 48 = 36$. Donc la personne qui affirme que plus des trois quarts des 48 élèves viennent en cours avec un cartable de 5 kg ou plus a raison.

10 On complète le tableau avec une ligne « Angle (en degrés) » et une colonne « Total » :

Moyen de transport	À pied	En bus	En métro	En voiture	Total
Effectif	12	8	6	4	30
Angle (en degrés)	a	b	c	d	360

On calcule les mesures des angles à l'aide de produits en croix.
• L'angle a est donné par $12 \times 360 = 30 \times a$. Soit $4\,320 = 30a$.
D'où $a = 4\,320 \div 30 = 144$.
L'angle au centre représentant les élèves qui sont à pied mesure 144°.
• De la même façon, on obtient : $b = 96°$, $c = 72°$ et $d = 48°$.

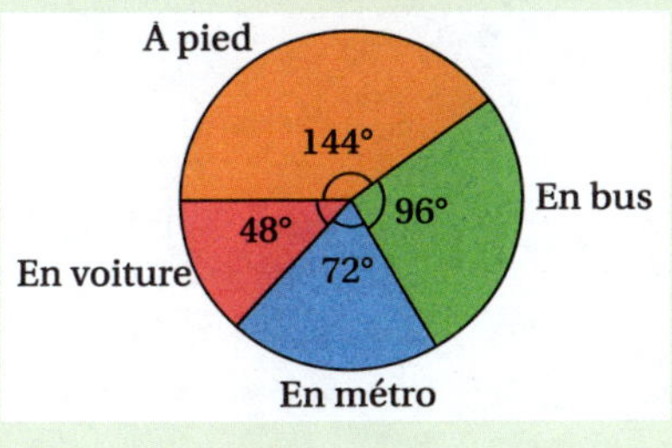

Attention
Vérifie que les angles de 72° et de 48°, que tu as tracés, sont plus petits qu'un angle droit.

11 Dans la ville A, selon le diagramme, il y a 25 % de voitures blanches.

On calcule 25 % de 60 000 : $60\,000 \times \frac{25}{100} = 60\,000 \times 0{,}25 = 15\,000$.

Il y a donc 15 000 voitures blanches dans la ville A.

Dans la ville B, selon le diagramme, il y a 60 % de voitures blanches. On calcule 60 % de 18 000 :

$18\,000 \times \frac{60}{100} = 18\,000 \times 0{,}60 = 10\,800$.

Il y a donc 10 800 voitures blanches dans la ville B.

Il y a donc plus de voitures blanches dans la ville A que dans la ville B.

Attention

Pour interpréter correctement un diagramme en pourcentage, il faut tenir compte de l'effectif total.

ORGANISATION ET GESTION DE DONNÉES
FONCTIONS

Probabilités

Réponse : Faux, car la probabilité d'obtenir face est toujours égale à $\frac{1}{2}$.

FICHES

EXERCICES & SUJETS

CORRIGÉS

28 Connaître le vocabulaire des probabilités

Les probabilités sont une partie importante des mathématiques pour lesquelles on emploie un vocabulaire particulier qu'il est nécessaire de connaître.

RETENIR L'ESSENTIEL

I Qu'est-ce qu'une expérience aléatoire ? Une issue ?

Une **expérience aléatoire** est une expérience conduisant à plusieurs résultats, et pour laquelle on ne peut pas connaître le résultat qui se produira.
Ces différents résultats sont appelés **issues** (ou résultats, épreuves, possibilités…).

Exemple : On lance une pièce de monnaie et on regarde la face supérieure. Les issues possibles de cette expérience aléatoire sont : pile, face.

II Qu'est-ce qu'un événement ?

- On appelle **événement** une partie de l'ensemble des issues d'une expérience aléatoire.
- L'événement est dit **élémentaire** s'il ne correspond qu'à une seule et unique issue.

Exemple : Lors du lancer d'une pièce de monnaie, l'événement « pile » est un événement élémentaire.

- Deux événements sont dits **incompatibles** s'ils ne peuvent pas se produire en même temps.

Exemple : On lance un dé à six faces. L'événement « Obtenir 2 » et l'événement « Obtenir un nombre impair » sont incompatibles car 2 n'est pas un nombre impair.

- L'événement **contraire** d'un événement est celui qui se réalise lorsque l'événement n'a pas lieu.

Exemple : On lance un dé à six faces et on regarde la face supérieure du dé.

L'événement « Obtenir 1 ou 2 » et l'événement « Obtenir 3, 4, 5 ou 6 » sont deux événements contraires.

APPLIQUER LA MÉTHODE

Employer le vocabulaire des probabilités

On considère un sac contenant des jetons numérotés de 1 à 5.
On tire un jeton et on regarde le nombre inscrit dessus.

1. Citer les issues de cette expérience.

2. Comment appelle-t-on un événement tel que : « On tire le nombre 1 ».

3. Quelles sont les issues de l'événement A : « On tire un nombre premier » ? Quel est l'événement contraire de l'événement A ?

4. On considère l'événement B : « On tire un nombre pair ». Les événements A et B sont-ils incompatibles ?

Conseils

1. Écris les nombres inscrits sur les différents jetons.
2. Cet événement n'a qu'une issue.
3. Trouve les nombres premiers parmi les numéros des jetons.
4. Trouve les nombres pairs parmi les numéros des jetons. Compare les issues des événements A et B.

Solution

1. Les issues sont les différentes valeurs du nombre inscrit sur le jeton, soit 1 ou 2 ou 3 ou 4 ou 5.

2. Un événement qui ne comporte qu'une issue est un événement élémentaire.

3. Les nombres premiers parmi les numéros des jetons sont 2, 3 et 5. Ce sont les issues de l'événement A.
L'événement contraire de l'événement A est « On tire un nombre qui n'est pas premier » ou « On tire les nombres 1 ou 4 ».

4. Les nombres pairs parmi les numéros des jetons sont 2 et 4.
Or 2 est un nombre pair premier, donc A et B ne sont pas incompatibles.
On dit que A et B sont compatibles.

Mot-clé

Deux événements sont **compatibles** s'ils ont une ou plusieurs issues communes.

Pour vérifier que tu as compris ▸ Exercices 1 à 3

Pour t'entraîner ▸ Exercices 4 à 7

Pour préparer le brevet ▸ Exercices 8 à 13

29 Calculer une probabilité simple

Dans la vie courante, le hasard intervient très fréquemment : quand on joue aux cartes, lorsqu'on lance un dé, lors du tirage d'un loto. Aux différents événements, on va associer un nombre positif inférieur ou égal à 1 : la probabilité d'obtenir tel résultat lors de l'expérience.

RETENIR L'ESSENTIEL

I Probabilité

1. Qu'est-ce qu'une probabilité ?

Lorsqu'on répète un grand nombre de fois une expérience aléatoire, la fréquence d'apparition d'une issue tend vers une valeur « idéale ».
On appelle cette valeur **probabilité** de l'événement élémentaire associé à l'issue considérée.

Exemple : On lance un dé à six faces. La probabilité d'obtenir le nombre 3 est égale à $\frac{1}{6}$.

2. Quelles propriétés possède une probabilité ?

- La probabilité d'un événement est un nombre compris entre 0 et 1.
- La somme des probabilités des événements élémentaires est égale à 1.

II Équiprobabilité

1. Reconnaître une situation d'équiprobabilité

Lorsque tous les événements élémentaires ont la même probabilité, on dit qu'il y a équiprobabilité ou que les événements élémentaires sont équiprobables.

2. Calculer une probabilité

Dans une situation d'équiprobabilité, la probabilité d'un événement A est égale à :

$$\frac{\text{nombre d'issues favorables}}{\text{nombre d'issues possibles}}$$

Exemple : Un sac contient des jetons numerotés de 1 à 20. On tire au hasard un jeton du sac. Calculons la probabilité de l'événement A : « tirer un jeton portant un numéro multiple de 3 ».

Il y a 20 issues possibles et 6 issues favorables : 3, 6, 9, 12, 15 et 18. Donc $P(\text{A}) = \frac{6}{20} = \frac{3}{10}$.

APPLIQUER LA MÉTHODE

I Calculer des probabilités

Un sac A contient dix jetons : quatre portent le numéro 1 et six portent le numéro 2. Un sac B contient quinze jetons : six portent le numéro 1 et neuf portent le numéro 2. Marie pense qu'elle a plus de chances de tirer un jeton portant le numéro 1 dans le sac B. A-t-elle raison ? Justifier.

Conseils

Pour savoir si Marie a plus de chance de tirer un jeton portant le numéro 1 dans le sac B, compare les probabilités de l'événement « Tirer un jeton portant le numéro 1 » avec chacun des deux sacs. Pour cela, compte le nombre de jetons portant le numéro 1 dans le sac A, puis dans le sac B.

Solution

Dans le sac A, il y a quatre jetons portant le numéro 1 sur dix jetons. La probabilité que Marie tire un jeton portant le numéro 1 est égale à $\frac{4}{10}=0,4$.
Dans le sac B, il y a six jetons portant le numéro 1 sur quinze jetons. La probabilité que Marie tire un jeton portant le numéro 1 est égale à $\frac{6}{15}=0,4$.
Marie a autant de chances de tirer un jeton portant le numéro 1 dans un sac que dans l'autre.

Attention !
Vérifie que la **probabilité** obtenue est comprise entre 0 et 1.

II Calculer une probabilité lors d'un tirage successif

On lance deux fois de suite une pièce de monnaie parfaitement équilibrée. Quelle est la probabilité d'obtenir deux fois « Face ».

Conseils

Écris les quatre issues possibles correspondant à cette expérience et repère celle où le résultat est Face Face.

Solution

En effectuant deux tirages successifs d'une pièce de monnaie parfaitement équilibrée, on obtient les issues suivantes :
Face Face, Face Pile, Pile Face, Pile Pile.
La probabilité d'obtenir deux « Face » est donc $\frac{1}{4}$.

Pour vérifier que tu as compris ▸ Exercices 1 à 3

Pour t'entraîner ▸ Exercices 4 à 7

Pour préparer le brevet ▸ Exercices 8 à 13

30 Faire le lien entre probabilité et fréquence des issues

Une fréquence est obtenue lors d'une expérience. Si on répète un grand nombre de fois cette expérience, la fréquence tend vers une valeur théorique appelée probabilité.

RETENIR L'ESSENTIEL

I Fréquence d'une issue

Si on lance un dé dont les faces sont numérotées 1, 2, 3, 4, 5, 6, il y a 6 issues possibles : obtenir 1, 2, 3, 4, 5 ou 6.
On s'intéresse à l'une des issues. Si elle se réalise k fois au cours de n expériences identiques (c'est-à-dire n lancers du dé), sa fréquence est égale à $\frac{k}{n}$.
On note $f = \frac{k}{n}$.

Exemple : On a lancé un dé 8 fois ; la face numérotée 3 apparaît 5 fois. La fréquence d'apparition de la face numérotée 3 parmi ces 8 lancers est $\frac{5}{8}$, soit 0,625.

Propriétés

- Une fréquence est comprise entre 0 et 1.
- La somme des fréquences de toutes les issues est égale à 1.

II Stabilisation d'une fréquence

Si on répète une expérience aléatoire un très grand nombre de fois, la fréquence f d'une issue finit par se stabiliser autour d'une valeur p. On prend alors cette valeur p comme probabilité de l'issue.

Exemple : Si l'on effectue un lancer de dé un très grand nombre de fois, la fréquence d'apparition de la face numérotée 5 est de plus en plus proche de $\frac{1}{6}$.

Évolution des fréquences du 5 calculées après chaque lancer au cours des 900 lancers :

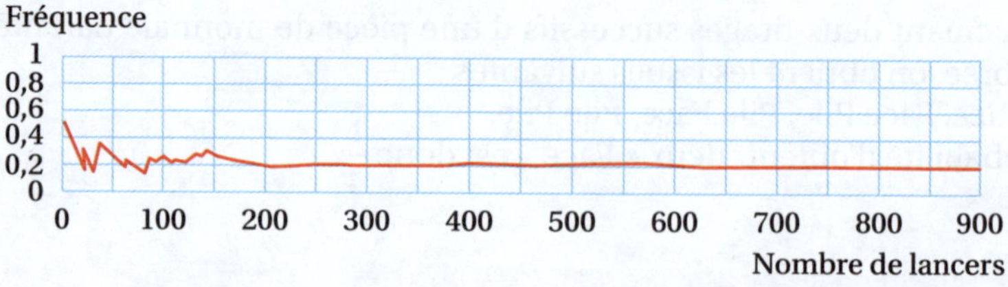

APPLIQUER LA MÉTHODE

Calculer des fréquences et des probabilités

On lance deux dés tétraédriques, équilibrés et non truqués, dont les faces sont numérotées de 1 à 4. On calcule la somme des nombres lus sur chacune des faces sur lesquelles reposent les dés.
1 000 lancers sont simulés avec un tableur.
Le graphique ci-contre représente la fréquence d'apparition de chaque somme obtenue.

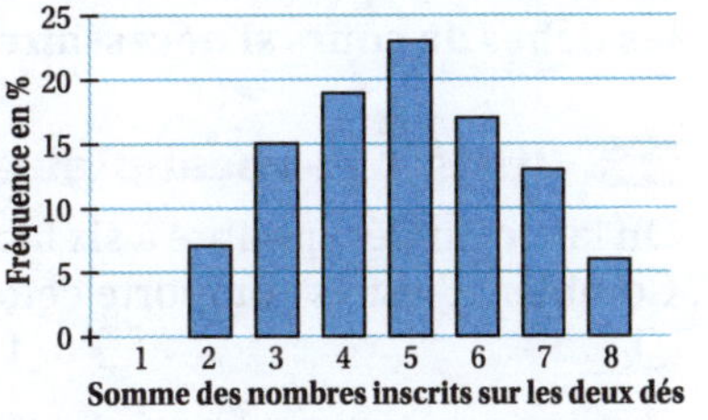

1. Par lecture graphique, donner la fréquence d'apparition de la somme 3.

2. a. Décrire les lancers de dés qui permettent d'obtenir une somme égale à 3.

b. En déduire la probabilité d'obtenir la somme 3 en lançant les dés. On exprimera cette probabilité en pourcentage.

3. Expliquer pourquoi ce résultat est différent de celui obtenu à la question **1**.

Conseils

1. Cherche la hauteur du rectangle associé à la valeur 3.

2. a. Décompose 3 en une somme de deux entiers.

b. Aide-toi d'un tableau à double entrée. Place horizontalement les valeurs des faces du dé 1 et sur la verticale celle du dé 2. Complète le tableau avec les sommes obtenues.

3. Cherche la différence entre une probabilité et une fréquence.

Solution

1. Le rectangle correspondant à la valeur 3 a pour hauteur 15. La fréquence est $\frac{15}{100}$ ou 15 %.

2. a. On obtient une somme égale à 3 en faisant apparaître 1 et 2.

b. On fait un tableau de la somme des deux dés en fonction de la valeur de chaque dé. On fait ainsi apparaître les différentes issues.
La somme 3 apparaît deux fois sur les 16 issues possibles.
La probabilité d'obtenir la somme 3 est de $\frac{2}{16} = 0{,}125$.
soit 12,5 %.

Dé 2 \ Dé 1	1	2	3	4
1	2	3	4	5
2	3	4	5	6
3	4	5	6	7
4	5	6	7	8

3. Ce résultat est différent de celui obtenu à la question **1.** car une expérimentation donne une fréquence qui est une approximation de la probabilité théorique.

Pour vérifier que tu as compris
▸ Exercices 1 à 3

Pour t'entraîner
▸ Exercices 4 à 7

Pour préparer le brevet
▸ Exercices 8 à 13

Se tester QUIZ

Vérifie que tu as bien compris les points clés des **fiches 28 à 30.**

Pour chaque question, vérifie tes réponses à l'aide du corrigé et consulte les fiches de cours si nécessaire.

1 Utiliser le vocabulaire des probabilités

→ RÉVISE LA FICHE 28

On lance un dé équilibré à six faces et on note le résultat de la face du dessus. Combien d'issues comporte cette expérience ?

☐ **a.** 1 ☐ **b.** 4 ☐ **c.** 6

2 Calculer une probabilité simple

→ RÉVISE LA FICHE 29

1. On lance un dé équilibré à six faces et on note le résultat de la face du dessus. La probabilité d'obtenir un nombre divisible par 3 est :

☐ **a.** $\frac{1}{6}$ ☐ **b.** $\frac{1}{2}$ ☐ **c.** $\frac{1}{3}$

2. Un sac contient des boules rouges, des boules bleues et des boules vertes. On tire au hasard une boule dans le sac et on note sa couleur. La probabilité que la boule soit rouge est $\frac{2}{7}$ et la probabilité que la boule soit bleue est $\frac{4}{7}$.

La probabilité que la boule tirée soit verte est :

☐ **a.** $\frac{6}{7}$ ☐ **b.** on ne peut pas savoir ☐ **c.** $\frac{1}{7}$

3 Lien entre fréquence et probabilité

→ RÉVISE LA FICHE 30

Lors d'une expérimentation, on lance 100 fois une pièce parfaitement équilibrée. On obtient 60 fois pile. Le nombre $\frac{60}{100}$ est :

☐ **a.** une fréquence ☐ **b.** une probabilité ☐ **c.** une issue

S'entraîner

Vérifie que tu sais appliquer les méthodes des **fiches 28 à 30.**

Pour chaque exercice, consulte la méthode indiquée et compare ta réponse à celle donnée dans le corrigé.

4 Utiliser le vocabulaire des probabilités

→ APPLIQUE LA MÉTHODE DE LA FICHE 28

Un sac contient des jetons numérotés de 1 à 20. On tire au hasard un jeton de l'urne. On note alors le numéro du jeton.

1. Quelles sont les issues possibles ?

2. Comment appelle-t-on l'événement A : « tirer le jeton marqué 1 » ?

3. On considère l'événement B : « tirer un jeton marqué d'un nombre pair » et l'événement C : « tirer un jeton marqué d'un nombre impair ». Que peut-on dire des événements B et C ?

5 Calculer des probabilités

→ APPLIQUE LA MÉTHODE DE LA FICHE 29

On place des boules toutes indiscernables au toucher dans un sac. Sur chaque boule colorée est inscrite une lettre. Le tableau suivant présente la répartition des boules :

Lettre \ Couleur	Rouge	Vert	Bleu
A	3	5	2
B	2	2	6

1. Combien y a-t-il de boules dans le sac ?

2. On tire une boule au hasard, on note sa couleur et sa lettre.

a. Vérifier qu'il y a une chance sur dix de tirer une boule bleue portant la lettre A.

b. Quelle est la probabilité de tirer une boule rouge ?

c. A-t-on autant de chance de tirer une boule portant la lettre A que de tirer une boule portant la lettre B ?

6 Probabilités médicales

→ APPLIQUE LA MÉTHODE DE LA FICHE 29

Dans une classe de collège, après la visite médicale, on a dressé le tableau suivant :

	Porte des lunettes	Ne porte pas de lunettes
Fille	3	15
Garçon	7	5

Les fiches individuelles de renseignements tombent par terre et s'éparpillent.

1. Si l'infirmière en ramasse une au hasard, quelle est la probabilité que cette fiche soit :

a. celle d'une fille qui porte des lunettes ?

b. celle d'un garçon ?

2. Les élèves qui portent des lunettes dans cette classe représentent 12,5 % de ceux qui en portent dans tout le collège. Combien y a-t-il d'élèves qui portent des lunettes dans le collège ?

7 Lien entre fréquence et probabilité

→ APPLIQUE LA MÉTHODE DE LA FICHE 30

On considère l'expérience aléatoire suivante : on tire au hasard une carte dans un jeu bien mélangé de 32 cartes (il y a 4 « familles » : cœur, trèfle, carreau et pique, et on a 8 cœurs, 8 trèfles, 8 carreaux et 8 piques).
On relève pour la carte tirée la « famille » (trèfle, carreau, cœur ou pique) puis on remet la carte dans le jeu et on mélange.
On note A l'événement : « la carte tirée est un trèfle ».

1. Quelle est la probabilité de l'événement A ?

2. On répète 24 fois l'expérience aléatoire ci-dessus. La représentation graphique ci-contre donne la répartition des « familles » obtenues lors des vingt-quatre premiers tirages.
Calculer la fréquence d'une carte de la « famille » cœur et d'une carte de la « famille » trèfle.

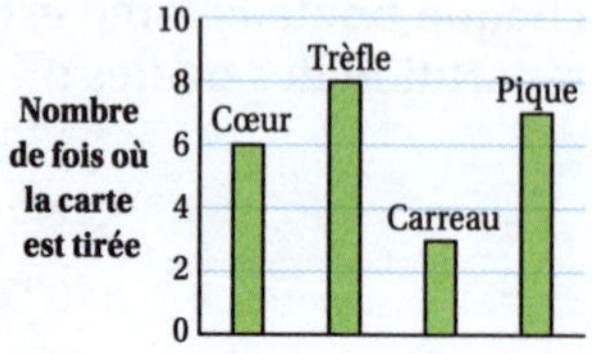

3. Arthur et Julie tire chacun leur tour une carte au hasard dans un jeu de 32 cartes. Arthur mise sur une carte de la « famille » cœur et Julie mise sur une carte de la « famille » trèfle.
Est-ce que l'un d'entre deux a plus de chance que l'autre de gagner ?

Vers le brevet

Exerce-toi en vue du brevet et révise les **fiches 28 à 30.**

Pour chaque sujet, aide-toi des conseils donnés et compare ta réponse à celle donnée dans le corrigé.

SUJET TYPE 15 min

8 Tirage de lettres dans une urne

→ APPLIQUE LA MÉTHODE DE LA FICHE 29

La roussette rousse est une espèce de chauve-souris. Dans une urne, on a dix boules indiscernables au toucher portant les lettres : R, O, U, S, S, E, T, T, E et S. On tire au hasard une boule dans cette urne et on regarde la lettre inscrite dessus.

1. Quels sont les six résultats possibles à l'issue d'un tirage ?

2. Déterminer les probabilités suivantes :

a. la lettre tirée est un R ;

b. la lettre tirée est un S ;

c. la lettre tirée n'est pas un S.

3. Alice affirme qu'elle a plus de chance d'obtenir une voyelle qu'une consonne à l'issue d'un tirage. A-t-elle raison ? Justifier la réponse.

Démarrons ensemble

1. Des lettres sont utilisées plusieurs fois. Fais la liste des lettres différentes.
2. a. Il y a dix lettres dont une seule est un R.
b. Compte le nombre de lettres S.
c. C'est l'événement contraire d'un événement déjà rencontré dans l'exercice.
3. Compte le nombre de voyelles, puis le nombre de consonnes.

9 Comparer deux probabilités

10 min

→ APPLIQUE LA MÉTHODE DE LA FICHE 29

Pour un tirage au hasard, on a placé dans une urne 25 boules de même taille, les unes blanches, les autres noires. La probabilité de tirer une boule blanche est 0,32.
Quelles sont les boules les plus nombreuses dans l'urne : les blanches ou les noires ? Expliquer.

Démarrons ensemble

Calcule d'abord la probabilité de tirer une boule noire en utilisant un événement contraire.
Écris 0,32 sous la forme d'une fraction de dénominateur 100 et simplifie-la.

10 Tirage d'une loterie

15 min

→ APPLIQUE LA MÉTHODE DE LA FICHE 29

Dans une loterie, une roue est divisée en six secteurs identiques : deux de ces secteurs permettent de gagner 1 €, deux permettent de gagner 2 €, un permet de gagner 10 € et un autre de gagner 15 €.

1. Quelle est la probabilité de gagner 1 € ?
2. Quelle est la probabilité de gagner plus de 1 € ?
3. Quelle est la probabilité de gagner au moins 10 € ?

Démarrons ensemble

1. Détermine d'abord le nombre total de secteurs, puis le nombre de ceux permettant de gagner 1 €.
2. Pense à utiliser l'événement contraire.
3. Gagner au moins 10 € revient à gagner 10 € ou plus.

SUJET TYPE 11 Tirage d'une loterie
20 min

→ APPLIQUE LA MÉTHODE DE LA FICHE 29

Au stand d'une loterie, on fait tourner une roue. On admet que chaque secteur a autant de chances d'être désigné. On regarde la lettre pointée par la flèche : A, T ou M. On considère les événements suivants :
A : « on gagne un autocollant » ;
T : « on gagne un tee-shirt » ;
M : « on gagne un tour de manège ».

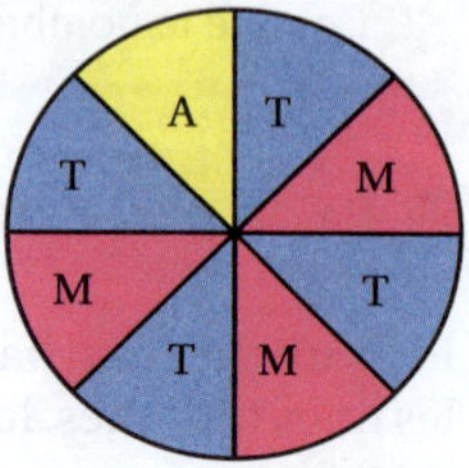

1. Quelle est la probabilité de l'événement A ?

2. Quelle est la probabilité de l'événement T ?

3. Quelle est la probabilité de l'événement M ?

4. Exprimer à l'aide d'une phrase ce qu'est l'événement « non A » puis donner sa probabilité.

Démarrons ensemble

1. Détermine d'abord le nombre total de secteurs, puis le nombre de ceux qui permettent de gagner un autocollant.
4. Demande-toi ce que l'on gagne si on ne gagne pas un autocollant ?

SUJET TYPE 12 Des boules rouges, noires ou jaunes
20 min

→ APPLIQUE LA MÉTHODE DE LA FICHE 29

Un sac contient dix boules rouges, six boules noires et quatre boules jaunes. Chacune de ces boules a la même probabilité d'être tirée. On tire une boule au hasard.

1. Calculer la probabilité pour que cette boule soit rouge.

2. Calculer la probabilité pour que cette boule soit noire ou jaune.

3. Calculer la somme des deux probabilités trouvées aux deux questions précédentes. Le résultat était-il prévisible ? Pourquoi ?

4. On ajoute dans ce sac des boules bleues. Le sac contient alors dix boules rouges, six boules noires, quatre boules jaunes et les boules bleues.
On tire une boule au hasard. Sachant que la probabilité de tirer une boule bleue est égale à $\frac{1}{5}$, calculer le nombre de boules bleues.

Démarrons ensemble

1. Calcule d'abord le nombre total de boules dans le sac.
2. Ajoute le nombre de boules noires au nombre de boules jaunes.
3. Observe qu'il n'y a que trois couleurs différentes pour les boules.
4. Appelle, par exemple, n le nombre de boules bleues ajoutées dans le sac. Il contient alors $20 + n$ boules.

SUJET TYPE 13 20 min

Fréquences et probabilités

→ APPLIQUE LA MÉTHODE DE LA FICHE 30

Dans ce problème, on lance deux dés de couleurs différentes. Les dés sont équilibrés et les faces sont numérotées de 1 à 6. On s'intéresse à la somme des valeurs obtenues par les dés.

Partie 1

On lance 25 fois les deux dés et on note les valeurs dans un tableur.
Les résultats sont représentés dans le tableau suivant :

	A	B	C	D
1	N°	Dé 1	Dé 2	Somme
2	1	1	5	6
3	2	1	1	2
4	3	1	4	5
5	4	1	6	7
6	5	4	4	8
7	6	6	4	10
8	7	6	3	9
9	8	5	6	11
10	9	5	3	8
11	10	5	6	11
12	11	3	6	9
13	12	2	5	7
14	13	3	5	8

	A	B	C	D
1	N°	Dé 1	Dé 2	Somme
15	14	1	6	7
16	15	6	5	11
17	16	2	3	5
18	17	2	5	7
19	18	3	4	7
20	19	2	4	6
21	20	6	5	11
22	21	1	1	2
23	22	2	1	3
24	23	1	4	5
25	24	5	1	6
26	25	1	6	7

La colonne A indique le numéro de l'expérience.
Les colonnes B et C donnent les valeurs des dés.
La somme des deux dés est calculée dans la colonne D.

1. La somme peut-elle être égale à 1 ? Justifier.

2. La somme 12 n'apparaît pas dans ce tableau. Est-il toutefois possible de l'obtenir ? Justifier.

3. Au 11ᵉ lancer des deux dés, quelle formule a-t-on entrée dans la cellule D12 pour obtenir le résultat donné par l'ordinateur ?

4. Dans cette expérience, combien de fois obtient-on la somme 7 ? En déduire la fréquence de cette somme en pourcentage.

5. Quelle est la médiane de cette série de sommes (colonne D) ?

6. Tracer le diagramme en bâtons de la série des sommes obtenues (colonne D).

Partie 2

On fait une simulation de 1 000 expériences avec un tableur. Les résultats sont représentés dans le diagramme en bâtons suivant.

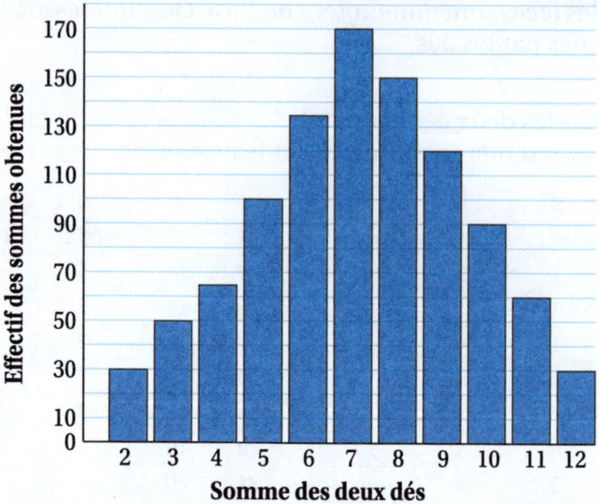

1. Quelles sont les deux sommes les moins fréquentes ?

2. Paul, un élève de troisième, joue avec Jacques son petit frère de CM2. Chacun choisit une somme à obtenir avec deux dés. Paul prend la somme 9 et Jacques la somme 3.
Expliquer pourquoi Paul a plus de chances de gagner que son petit frère.

3. Quel est, pour cette simulation, le nombre de lancers qui donnent la somme 7 ?
En déduire la fréquence en pourcentage représentée par ces lancers.

4. Compléter le tableau suivant et trouver les différentes possibilités d'obtenir une somme égale à 7 avec deux dés. Calculer la probabilité d'obtenir cette somme.

Somme des deux dés		Valeur du dé 2					
		1	**2**	**3**	**4**	**5**	**6**
Valeur du dé 1	**1**	2	3	4			
	2		4				
	3						
	4						
	5						
	6						12

Démarrons ensemble

Partie 1

1. Le numéro le plus petit sur une face est 1. On lance deux dés.
2. Décompose 12 en une somme de deux entiers inférieurs ou égaux à 6.
3. Écris une formule donnant la somme de deux cellules.
4. Divise le nombre d'apparitions de 7 par le nombre total de lancers.
5. Classe d'abord les nombres dans l'ordre croissant.
6. L'axe horizontal représente les sommes obtenues.

Partie 2

2. Compare les hauteurs des barres du graphique.
3. Trouve d'abord la hauteur de la barre correspondant à la somme 7.
4. Observe que le nombre total de possibilités est 36.

Se tester QUIZ

1 **Réponse c.** Le dé a six faces, donc les issues possibles sont 1, 2, 3, 4, 5, ou 6.

2 **1. Réponse c.** Parmi les nombres 1, 2, 3, 4, 5 et 6, il y a deux nombres divisibles par 3.
La probabilité d'obtenir un nombre divisible par 3 est $\frac{2}{6}=\frac{1}{3}$.

2. Réponse c. La probabilité que la boule tirée soit verte est $1-\left(\frac{2}{7}+\frac{4}{7}\right)=\frac{1}{7}$.

3 **Réponse a.** On réalise une expérimentation en lançant 100 fois une pièce parfaitement équilibrée. Une expérimentation est associée à une fréquence.

S'entraîner

4 **1.** Les issues possibles sont 1 ; 2 ; 3 ; 4 ; 5 ; 6 ; 7 ; 8 ; 9 ; 10 ; 11 ; 12 ; 13 ; 14 ; 14 ; 15 ; 16 ; 17 ; 18 ; 19 ; 20.

2. L'événement A : « tirer le jeton marqué 1 » ne comporte qu'une seule issue, A est un événement élémentaire.

3. L'événement B et l'événement C n'ont pas d'issue commune, ils sont donc incompatibles. De plus, la réunion des issues de B et de C forment toutes les issues possibles. B est donc le contraire de C.

5 **1.** On additionne tous les nombres figurant dans le tableau pour obtenir le nombre de boules dans le sac.
On a 3 + 5 + 2 + 2 + 2 + 6 = 20. Il y a 20 boules.

2. a. Il y a 2 boules bleues portant la lettre A parmi les 20 boules du sac.
Donc la probabilité de tirer une boule bleue portant la lettre A est $\frac{2}{20}=\frac{1}{10}$.

b. Il y a 3 + 2 = 5 boules rouges, donc la probabilité de tirer une boule rouge est $\frac{5}{20}=\frac{1}{4}$.

c. Il y a 3 + 5 + 2 = 10 boules portant la lettre A et il y a 2 + 2 + 6 = 10 boules portant la lettre B. Donc les probabilités sont égales, soit $\frac{10}{20}=\frac{1}{2}$.

6 **1.** En additionnant tous les nombres du tableau, on obtient le nombre total de fiches. On a 3 + 15 + 7 + 5 = 30. Il y a donc 30 fiches.

a. Il y a 3 filles qui portent des lunettes. La probabilité que cette fiche soit celle d'une fille qui porte des lunettes est $\frac{3}{30}=\frac{1}{10}$.

b. Il y a 7 garçons portant des lunettes et 5 qui n'en portent pas. Il y a donc 12 garçons. La probabilité que cette fiche soit celle d'un garçon est $\frac{12}{30}=\frac{2}{5}$.

2. Il y a 3 filles et 7 garçons portant des lunettes, soit 10 élèves de cette classe. Les élèves qui portent des lunettes dans cette classe représentent 12,5 % de ceux qui en portent dans tout le collège. Soit x le nombre d'élèves qui portent des lunettes dans le collège.

On a $x \times \frac{12,5}{100} = 10$.

On résout cette équation :

$x \times 0,125 = 10$

$x = \frac{10}{0,125}$

$x = 80$.

Il y a 80 élèves qui portent des lunettes dans ce collège.

7 **1.** Il y a 8 trèfles parmi les 32 cartes du jeu.

La probabilité de l'événement A est $\frac{8}{32} = \frac{1}{4}$.

Info

Un jeu de 32 cartes comporte 8 cœur, 8 carreaux, 8 trèfles et 8 piques

2. La hauteur de la barre représentant la « famille » cœur est 6. Il y a 24 tirages.

La fréquence d'une carte de la « famille » cœur est $\frac{6}{24} = \frac{1}{4}$.

La hauteur de la barre représentant la « famille » trèfle est 8. Il y a 24 tirages.

La fréquence d'une carte de la « famille » trèfle est $\frac{8}{24} = \frac{1}{3}$.

3. Le nombre de cœur et de trèfle dans un jeu de 32 cartes est le même, donc la probabilité d'obtenir un cœur ou un trèfle est la même et vaut $\frac{8}{32} = \frac{1}{4}$.
Arthur et Julie ont autant de chance de gagner l'un que l'autre.

Vers le brevet

8 **1.** Les six résultats possibles à l'issue d'un tirage sont les lettres : R, O, U, S, E, T.

2. a. Il y a un seul R dans les dix lettres inscrites sur les boules.

La probabilité que la lettre tirée soit un R est égale à $\frac{1}{10}$.

b. Il y a trois S dans les dix lettres inscrites sur les boules. La probabilité que la lettre tirée soit un S est égale à $\frac{3}{10}$.

c. L'événement « la lettre tirée n'est pas un S » est l'événement contraire de « la lettre tirée est un S ».

La probabilité cherchée est égale à $1 - \frac{3}{10} = \frac{7}{10}$.

3. Dans les dix lettres, il y a quatre voyelles et six consonnes.
Alice a tort quand elle affirme avoir plus de chances d'obtenir une voyelle qu'une consonne à l'issue d'un tirage.

Attention !

Comme il y a plus de consonnes que de voyelles, Alice a plus de chances d'obtenir une consonne.

9 « Tirer une boule noire » est l'événement contraire de « Tirer une boule blanche ». La probabilité de l'événement « Tirer une boule noire » est égale à 1 – 0,32 = 0,68.

On remarque que $0,32 = \frac{32}{100} = \frac{8}{25}$ et $0,68 = \frac{68}{100} = \frac{17}{25}$.

Il y a 25 boules dans l'urne. On en déduit que 8 sont blanches et 17 sont noires. Les boules les plus nombreuses sont de couleur noire.

Info
On remarque que 0,68 > 0,32, ce qui permet aussi de conclure qu'il y a plus de boules noires que de boules blanches.

10 **1.** La roue comporte six secteurs au total et deux de ces secteurs permettent de gagner 1 €. La probabilité de gagner 1 € est égale à $\frac{2}{6} = \frac{1}{3}$.

2. « Gagner plus de 1 € » est l'événement contraire de l'événement « Gagner 1 € ». La probabilité de gagner plus de 1 € est égale à $1 - \frac{1}{3} = \frac{2}{3}$.

Méthode
La somme des probabilités d'un événement et de son contraire est égale à 1.

3. Gagner au moins 10 € revient à gagner 10 € ou plus. C'est donc gagner 10 € ou 15 €.

La probabilité de gagner au moins 10 € est égale à $\frac{2}{6} = \frac{1}{3}$.

11 **1.** Un secteur sur les huit permet de gagner un autocollant.

La probabilité de l'événement A est égale à $\frac{1}{8}$.

2. Quatre secteurs sur les huit permettent de gagner un tee-shirt. La probabilité de l'événement T est égale à $\frac{4}{8} = \frac{1}{2}$.

3. Trois secteurs sur les huit permettent de gagner un tour de manège.

La probabilité de l'événement M est égale à $\frac{3}{8}$.

4. L'événement « non A » est « ne pas gagner un autocollant », c'est-à-dire « gagner un tee-shirt ou un tour de manège ».

La probabilité de l'événement « non A » est donc $1 - \frac{1}{8} = \frac{7}{8}$.

12 **1.** On a 10 + 6 + 4 = 20. Il y a donc 20 boules dans le sac. Parmi celles-ci, dix boules sont rouges.

La probabilité pour que la boule tirée soit rouge est égale à $\frac{10}{20} = \frac{1}{2}$.

2. Dans le sac, il y a six boules noires et quatre boules jaunes. Il y a donc dix boules noires ou jaunes. La probabilité pour que la boule tirée soit noire ou jaune est égale à $\frac{10}{20} = \frac{1}{2}$.

3. On a $\frac{1}{2}+\frac{1}{2}=1$. En additionnant ces deux probabilités, on obtient la probabilité que la boule tirée soit rouge ou noire ou jaune. C'est un événement certain puisque ce sont les trois couleurs présentes dans le sac. La probabilité d'un événement certain est égale à 1. On retrouve bien la somme des deux probabilités.

Mot-clé
L'événement certain a une probabilité égale à 1.

4. On appelle n le nombre de boules bleues ajoutées dans le sac. Il contient alors dix boules rouges, six boules noires, quatre boules jaunes et n boules bleues, soit $20 + n$ boules.
On tire une boule au hasard. La probabilité de tirer une boule bleue est égale à $\frac{n}{20+n}$.
Sachant que la probabilité de tirer une boule bleue est égale à $\frac{1}{5}$, on a l'égalité $\frac{n}{20+n}=\frac{1}{5}$.
À l'aide du produit en croix, on obtient :
$5n = 20 + n$
$4n = 20$
$n = 5$.
On a donc ajouté cinq boules bleues dans le sac.

13 **Partie 1**

1. Le numéro le plus petit que l'on peut obtenir avec un dé est 1. Donc si on lance deux dés, la somme la plus petite est $1 + 1 = 2$. La somme ne peut pas être égale à 1.

2. On obtient 12 quand le numéro 6 apparaît sur chacune des faces des deux dés.

3. Au 11e lancer des deux dés, la formule entrée dans la cellule D12 pour obtenir le résultat donné par l'ordinateur est : « =B12+C12 ».

4. On a obtenu six fois la somme 7. On calcule donc sa fréquence : $\frac{6}{25}=0{,}24=\frac{24}{100}$.
La fréquence de cette somme est, en pourcentage, 24 %.

5. On classe les sommes dans l'ordre croissant. On obtient le tableau :

Somme	2	3	4	5	6	7	8	9	10	11	12
Effectif	2	1	0	3	3	6	3	2	1	4	0

On a $25 = 12 + 1 + 12$. La médiane correspond au 13e élément.
La médiane est égale à 7.

6. Voici le diagramme en bâtons de la série des sommes obtenues (colonne D).

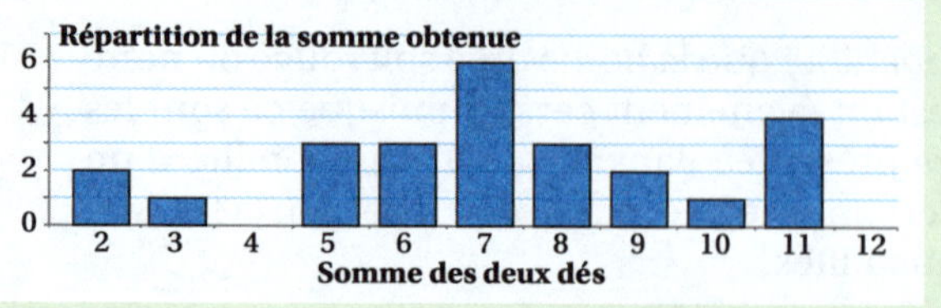

Partie 2

1. Les deux sommes les moins fréquentes correspondent aux barres les moins hautes. Les sommes les moins fréquentes sont 2 et 12.

2. La barre correspondant à la somme 9 est plus haute que celle correspondant à la somme 3, donc Paul a plus de chances de gagner que son petit frère.

3. La hauteur de la barre correspondant à la somme 7 est 170, donc, pour cette simulation, le nombre de lancers qui donnent la somme 7 est égal à 170. On a $\frac{170}{1000}=\frac{17}{100}$. La fréquence en pourcentage est égale à 17 %.

4. Le nombre total de possibilités est 36. L'effectif de la somme 7 est 6. Donc la probabilité d'obtenir cette somme est égale à $\frac{6}{36}=\frac{1}{6}$, soit environ 16,7 %.

Somme des deux dés		Valeur du dé 2					
		1	**2**	**3**	**4**	**5**	**6**
Valeur du dé 1	**1**	2	3	4	5	6	7
	2	3	4	5	6	7	8
	3	4	5	6	7	8	9
	4	5	6	7	8	9	10
	5	6	7	8	9	10	11
	6	7	8	9	10	11	12

GÉOMÉTRIE
GRANDEURS ET MESURES

Angles, triangles, trigonométrie

Réponse : L'astronome grec Hipparque (190-120 av. J.-C.).

FICHES

EXERCICES & SUJETS

CORRIGÉS

31 Reconnaître une médiatrice, une hauteur

La médiatrice d'un segment et la hauteur d'un triangle sont deux droites remarquables dans un triangle.

RETENIR L'ESSENTIEL

I La médiatrice d'un segment

1. Définition

La **médiatrice** d'un segment est la droite qui coupe perpendiculairement ce segment en son milieu.

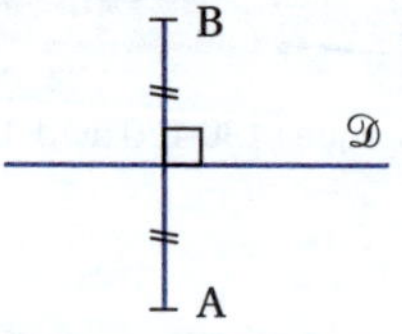

2. Propriétés

- Tout point de la médiatrice d'un segment est à égale distance des extrémités de ce segment.
- Tout point situé à égale distance des extrémités d'un segment appartient à la médiatrice de ce segment.

Mot-clé
Les **extrémités** du segment [AB] sont les points A et B.

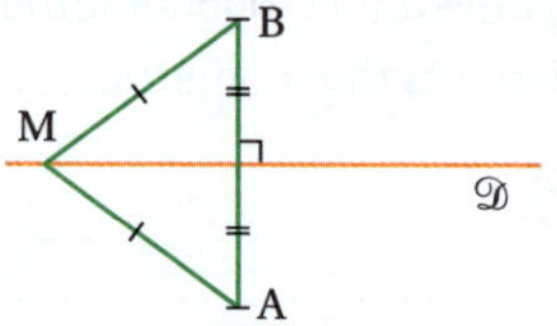

II Hauteurs d'un triangle

1. Définition

Une **hauteur** d'un triangle est une droite qui passe par un sommet de ce triangle et qui est perpendiculaire au côté opposé à ce sommet.

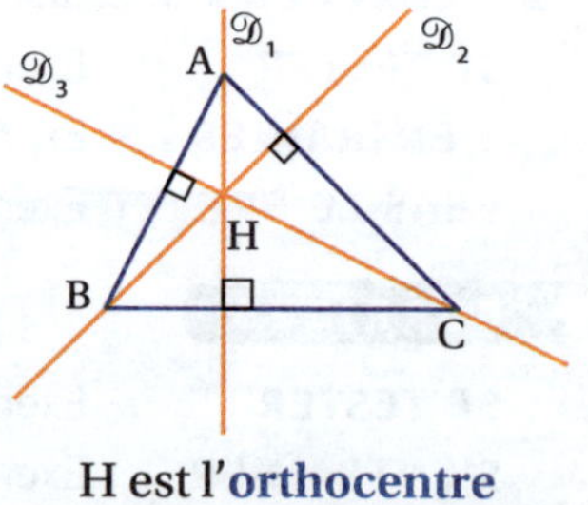

H est l'**orthocentre** du triangle ABC.

2. Propriété

Les trois hauteurs d'un triangle sont concourantes en un point appelé **orthocentre** du triangle.

Mot-clé
Si trois droites passent par un même point, on dit qu'elles sont **concourantes** en ce point.

APPLIQUER LA MÉTHODE

Reconnaître une médiatrice, une hauteur

Dans le triangle EFG, on a tracé les droites $\mathcal{D}_1$, $\mathcal{D}_2$, $\mathcal{D}_3$ et $\mathcal{D}_4$.

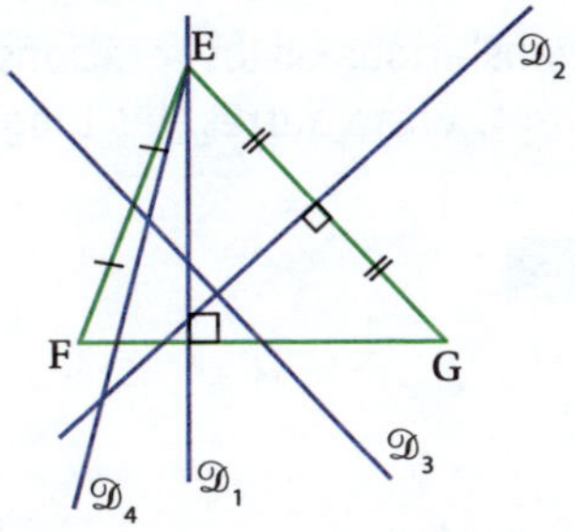

1. Parmi les droites $\mathcal{D}_2$ et $\mathcal{D}_3$, lesquelles sont des médiatrices ? Préciser de quel segment.

2. Parmi les droites $\mathcal{D}_1$ et $\mathcal{D}_4$, lesquelles sont des hauteurs du triangle EFG ?

Conseils

1. Observe les différents codages de la figure.
Cherche si une droite est perpendiculaire à un segment et si elle passe par le milieu de ce segment.

2. Cherche si une droite passe par un sommet du triangle EFG perpendiculairement au côté opposé à ce sommet.

Solution

1. La droite $\mathcal{D}_2$ passe par le milieu du segment [EG] et est perpendiculaire à ce segment, donc $\mathcal{D}_2$ est la médiatrice du segment [EG].
La droite $\mathcal{D}_3$ passe par le milieu du segment [EF], mais elle n'est pas perpendiculaire à ce segment. Ce n'est donc pas une médiatrice.

2. La droite $\mathcal{D}_1$ passe par le sommet E du triangle EFG et est perpendiculaire au côté [FG] opposé au sommet E, donc $\mathcal{D}_1$ est une hauteur du triangle EFG.
La droite $\mathcal{D}_4$ passe par le sommet E du triangle EFG, mais elle n'est pas perpendiculaire au côté [FG] opposé au sommet E, donc $\mathcal{D}_4$ n'est pas une hauteur du triangle EFG.

Pour vérifier que tu as compris ▸ Exercices 1 à 5

Pour t'entraîner ▸ Exercices 6 à 11

Pour préparer le brevet ▸ Exercices 12 à 18

32 Transformer une figure à l'aide d'une symétrie, d'une translation, d'une rotation

Les symétries, les translations et les rotations sont des transformations du plan qui conservent, entre autres, les longueurs et le parallélisme.

RETENIR L'ESSENTIEL

I Les symétries

1. La symétrie axiale

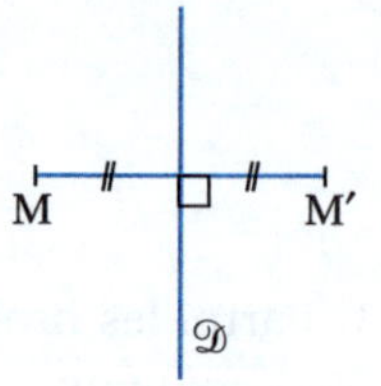

Deux points M et M′ sont symétriques par rapport à une droite 𝒟 si la droite 𝒟 est la médiatrice du segment [MM′].

2. La symétrie centrale

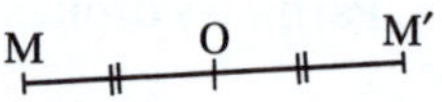

Deux points M et M′ sont symétriques par rapport à un point O si le point O est le milieu du segment [MM′].

Exemple : La figure $\mathscr{F}_1$ est un rectangle.
Pour construire la figure $\mathscr{F}_2$ symétrique de la figure $\mathscr{F}_1$ par rapport au point O, on construit les images des sommets A, B, C et D par la symétrie centrale de centre O.

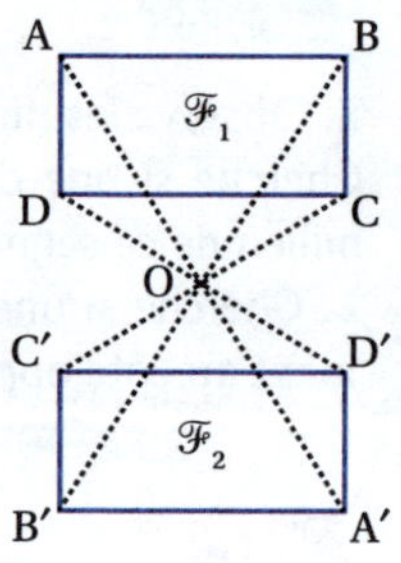

II La translation

Soit A et B deux points distincts du plan et soit M un autre point du plan. L'image du point M par la translation qui transforme le point A en B est le point M′ tel que **ABM′M est un parallélogramme.**

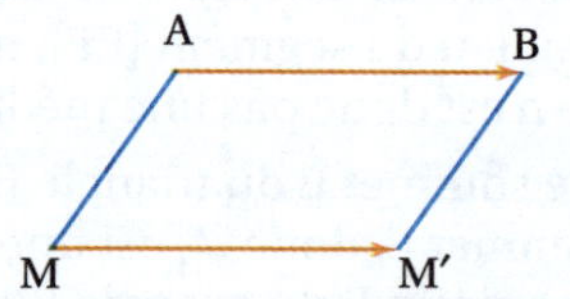

III La rotation

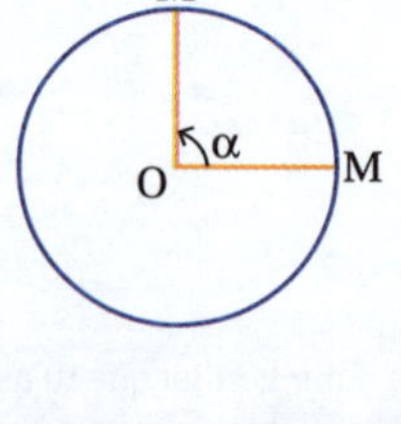

Soit O et M deux points distincts du plan, et α une mesure d'angle. L'image du point M par la rotation de centre O et d'angle α est le point M′ du cercle de centre O passant par M tel que $\widehat{MOM'} = \alpha$. On précise le sens de rotation. Ici, il est dans le sens contraire des aiguilles d'une montre.

APPLIQUER LA MÉTHODE

Transformer une figure à l'aide d'une symétrie, d'une translation, d'une rotation

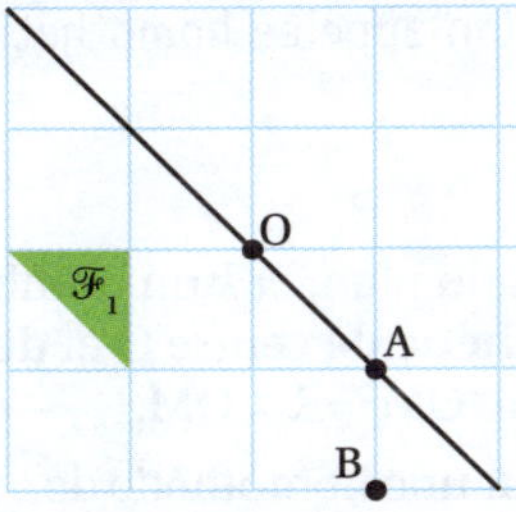

Construire sur le schéma ci-dessus :

1. La figure $\mathscr{F}_2$, image de la figure $\mathscr{F}_1$ par la symétrie d'axe (OA).

2. La figure $\mathscr{F}_3$, image de la figure $\mathscr{F}_1$ par la symétrie de centre O.

3. La figure $\mathscr{F}_4$, image de la figure $\mathscr{F}_1$ par la translation qui transforme A en B.

4. La figure $\mathscr{F}_5$, image de la figure $\mathscr{F}_1$ par la rotation de centre O et d'angle 90° dans le sens contraire des aiguilles d'une montre.

Conseils

1. Appelle E, F et G les trois sommets de la figure $\mathscr{F}_1$. Pour construire l'image de la figure $\mathscr{F}_1$ par la symétrie d'axe (OA), construis les images des points E, F et G. Pour cela, trace la perpendiculaire à (OA) passant chacun de ces points. Utilise un compas pour conclure.

2. Trace d'abord les droites (OE), (OF) et (OG). Utilise un compas pour reporter les longueurs OE, OF et OG.

3. Trace le parallélogramme ABE'E pour construire E' image de E.

4. Trace le cercle de centre O passant par E. Construis un angle de 90° en pensant au sens de rotation.

Solution

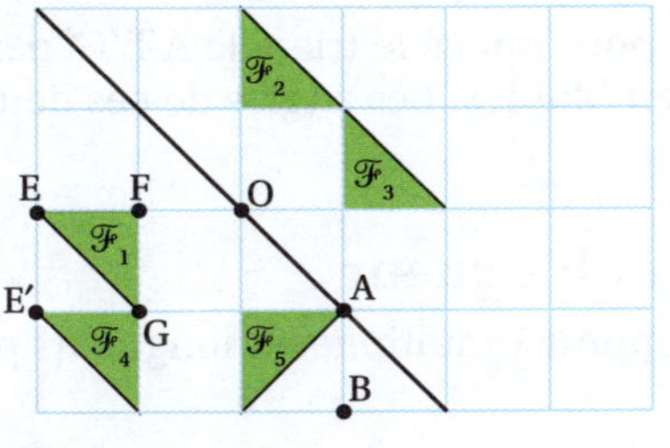

Pour vérifier que tu as compris
▸ Exercices 1 à 5

Pour t'entraîner
▸ Exercices 6 à 11

Pour préparer le brevet
▸ Exercices 12 à 18

33 Transformer une figure à l'aide d'une homothétie

L'agrandissement et la réduction d'une figure sont souvent associés à une transformation du plan appelée homothétie.

I Définition

Soit O et M deux points distincts du plan, et k un nombre strictement positif. L'image du point M par l'**homothétie** de centre O et de rapport k est le point M′ de la demi-droite [OM) tel que $OM' = k \times OM$.

Exemple : Image d'un point M par une homothétie de centre O et de rapport 3. On a $OM' = 3\,OM$.

II Agrandissement ou réduction

- Si $0 < k < 1$, l'image d'une figure $\mathscr{F}$ par l'homothétie de centre O et de rapport k est une **réduction** de la figure $\mathscr{F}$.
- Si $k > 1$, l'image d'une figure $\mathscr{F}$ par l'homothétie de centre O et de rapport k est un **agrandissement** de la figure $\mathscr{F}$.

Exemple :

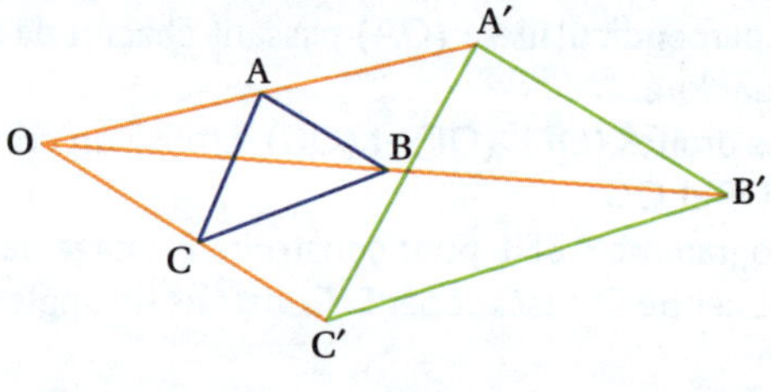

A′B′C′ est un agrandissement du triangle ABC.
ABC est une réduction du triangle A′B′C′.

- Si le triangle ABC a pour image le triangle A′B′C′ par une homothétie, ces deux triangles sont **semblables**. Les angles de ces deux triangles sont égaux deux à deux.

III Homothétie et longueur

Une homothétie de rapport k multiplie les longueurs par k, les aires par k^2 et les volumes par k^3.

APPLIQUER LA MÉTHODE

Construire l'image d'une figure par une homothétie.

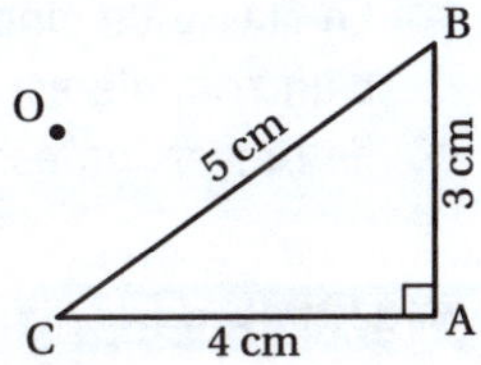

ABC est un triangle rectangle et O est un point du plan.

1. Construire le triangle rectangle A′B′C′, image du triangle rectangle ABC par l'homothétie de centre O et de rapport 2.

2. Quelles sont les longueurs des côtés du triangle A′B′C′ ?

3. Calculer l'aire du triangle ABC. Expliquer comment on peut en déduire celle du triangle A′B′C′.

Conseils

1. Trace d'abord les demi-droites [OA), [OB) et [OC). Commence par placer le point A′ de la demi-droite [OA) tel que OA′ = 2 × OA.
2. Une homothétie multiplie les longueurs par son rapport.
3. Pour calculer l'aire d'un triangle rectangle, multiplie les longueurs des deux côtés de l'angle droit et divise par 2. Cherche l'effet d'une homothétie sur les aires.

Solution

1.

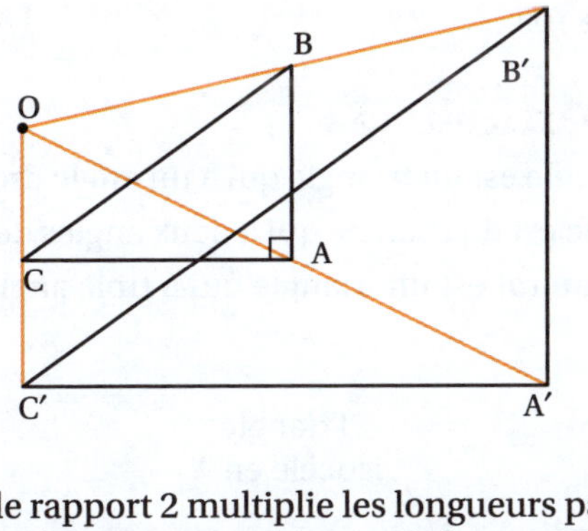

2. Une homothétie de rapport 2 multiplie les longueurs par 2, donc :
A′B′ = 2 × AB = 6 cm, A′C′ = 2 × AC = 8 cm et C′B′ = 2 × CB = 10 cm.

3. L'aire du triangle ABC est égale à $\frac{AB \times AC}{2} = \frac{4 \times 3}{2} = 6\ \text{cm}^2$.

Une homothétie de rapport 2 multiplie les aires par 2^2, donc l'aire du triangle A′B′C′ est égale à $6 \times 2^2 = 24\ \text{cm}^2$.

Pour vérifier que tu as compris ▸ **Exercices 1 à 5**

Pour t'entraîner ▸ **Exercices 6 à 11**

Pour préparer le brevet ▸ **Exercices 12 à 18**

34 Utiliser la propriété de la somme des angles dans un triangle

En classe de cinquième, on démontre que la somme des angles d'un triangle est toujours la même. Dans beaucoup d'exercices de brevet, on est amené à utiliser cette propriété.

RETENIR L'ESSENTIEL

I Propriété de la somme des angles

La **somme des trois angles** d'un triangle est égale à 180°.

Exemple : On veut connaître la mesure de l'angle $\widehat{BCA}$.

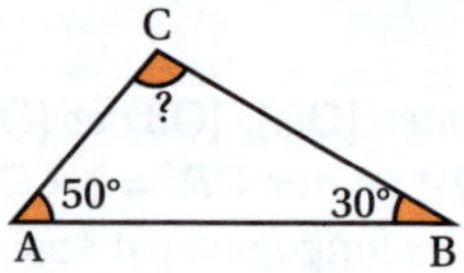

Pour cela, on utilise la propriété citée précédemment : $\widehat{BCA} + \widehat{BAC} + \widehat{ABC} = 180°$.
On isole la mesure de l'angle cherché $\widehat{BCA}$:
$\widehat{BCA} = 180 - (\widehat{BAC} + \widehat{ABC})$
$\widehat{BCA} = 180 - (50 + 30)$
$\widehat{BCA} = 100$.
L'angle $\widehat{BCA}$ mesure 100°.

Méthode
N'oublie pas les parenthèses indispensables pour soustraire une somme.

II Triangles particuliers

- Un triangle **rectangle** est un triangle qui a un angle droit.
- Un triangle **isocèle** est un triangle qui a deux angles de même mesure.
- Un triangle **équilatéral** est un triangle qui a trois angles de même mesure 60°.

Triangle rectangle en A

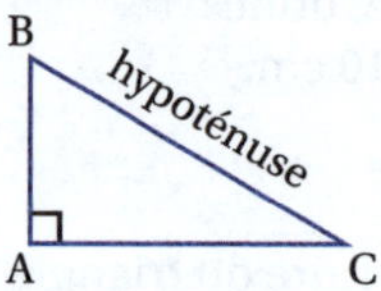

Triangle isocèle en A

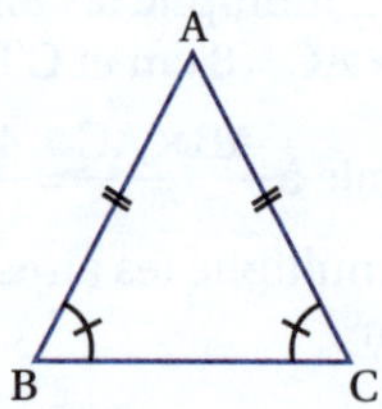

Triangle équilatéral

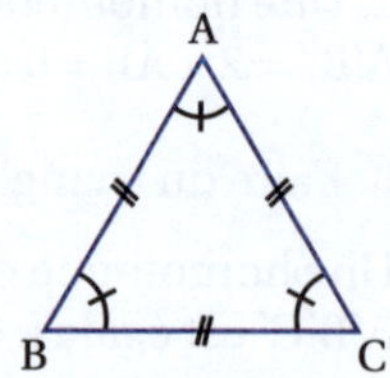

APPLIQUER LA MÉTHODE

Calculer des mesures d'angles dans une figure géométrique

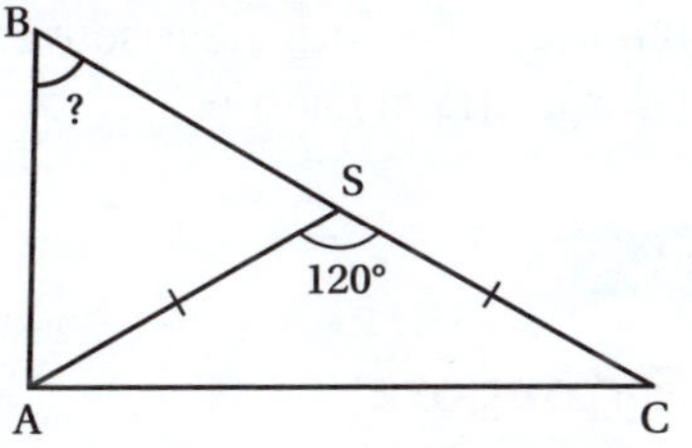

ABC est un triangle rectangle en A. Le triangle ASC est isocèle en S et l'angle $\widehat{ASC}$ mesure 120°.
Calculer la mesure de l'angle $\widehat{ABC}$.

Conseils

- Commence par calculer la mesure de l'angle $\widehat{ACS}$ en observant que le triangle ASC est isocèle en S.
Il a donc deux angles à la base de même mesure.
- Utilise à nouveau la propriété de la somme des angles d'un triangle dans le triangle ABC pour calculer l'angle $\widehat{ABC}$.

Solution

- Le triangle ASC est isocèle en S, donc les angles $\widehat{SAC}$ et $\widehat{ACS}$ ont la même mesure.
La somme des angles du triangle ASC est égale à 180°, donc :
$120° + \widehat{SAC} + \widehat{ACS} = 180°$
$2 \times \widehat{ACS} = 180° - 120°$
$2 \times \widehat{ACS} = 60°$
$\widehat{ACS} = 30°$.
- La somme des angles du triangle ABC est égale à 180°, donc :
$\widehat{BAC} + \widehat{ABC} + \widehat{ACB} = 180°$
$90° + \widehat{ABC} + 30° = 180°$
$\widehat{ABC} = 180° - 90° - 30°$
$\widehat{ABC} = 60°$.

Pour vérifier que tu as compris ▸ Exercices 1 à 5

Pour t'entraîner ▸ Exercices 6 à 11

Pour préparer le brevet ▸ Exercices 12 à 18

35 Utiliser le théorème de Pythagore et sa réciproque

En classe de quatrième, on énonce le théorème de Pythagore et sa réciproque. Ce théorème intervient souvent dans les exercices de brevet portant sur la trigonométrie.

RETENIR L'ESSENTIEL

I Théorème de Pythagore

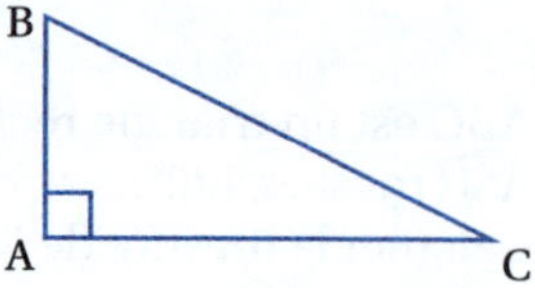

Dans un triangle rectangle, le carré de la longueur de l'hypoténuse est égal à la somme des carrés des longueurs des deux autres côtés.
Le triangle ABC est rectangle en A, donc :

$$BC^2 = AB^2 + AC^2$$

II La racine carrée d'un nombre

Soit a un nombre positif. La racine carrée de a est le nombre positif dont le carré est a.

Exemple : ABC est un triangle rectangle en A tel que AB = 5 et AC = 3. Pour calculer la longueur BC, on applique le théorème de Pythagore.
On a $BC^2 = 5^2 + 3^2 = 34$.
La longueur BC est égale à la racine carrée de 34. On écrit $BC = \sqrt{34}$.

III Réciproque du théorème de Pythagore

Si, dans un triangle, le carré de la longueur du plus grand côté est égal à la somme des carrés des longueurs des deux autres côtés, alors ce triangle est rectangle.

Exemple :

Pour déterminer si le triangle ABC ci-contre est rectangle, on calcule les carrés des longueurs des trois côtés :

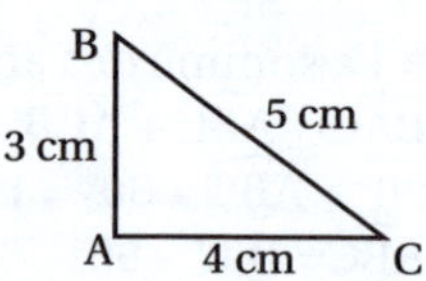

$AC^2 = 4^2 = 16$; $AB^2 = 3^2 = 9$; $BC^2 = 5^2 = 25$.
On additionne les carrés des longueurs les plus petites :
$AC^2 + AB^2 = 16 + 9 = 25$.
Or $BC^2 = 25$. On a alors $AC^2 + AB^2 = BC^2$.
Le triangle ABC est rectangle en A.

APPLIQUER LA MÉTHODE

I Utiliser le théorème de Pythagore pour calculer des longueurs

ABC est un triangle rectangle en C.

On donne AC = 39 mm et BC = 52 mm. Montrer que AB = 65 mm.

Conseils

Le triangle ABC est rectangle en C. Écris l'égalité liant AB^2, AC^2 et BC^2.

Solution

On applique le théorème de Pythagore au triangle ABC rectangle en C :
$AB^2 = AC^2 + BC^2 = 39^2 + 52^2 = 1\,521 + 2\,704 = 4\,225$.
AB est une longueur, donc AB > 0.
D'où $AB = \sqrt{4225} = 65$.

II Utiliser la réciproque du théorème de Pythagore pour démontrer qu'un triangle est rectangle

ABD est un triangle tel que AD = 25 mm, BD = 60 mm et AB = 65 mm.
Démontrer que le triangle ABD est rectangle.

Conseils

Calcule les carrés des longueurs des trois côtés du triangle ABD. Calcule la somme des deux plus petits carrés et conclus.

Solution

On a $AD^2 = 25^2 = 625$, $BD^2 = 60^2 = 3\,600$ et $AB^2 = 4\,225$.
On additionne les carrés des deux longueurs les plus petites :
$AD^2 + BD^2 = 625 + 3\,600 = 4\,225$.
Or $AB^2 = 4\,225$. On a donc $AD^2 + BD^2 = AB^2$.
Le triangle ABD est rectangle en D.

Pour vérifier que tu as compris
▸ Exercices 1 à 5

Pour t'entraîner
▸ Exercices 6 à 11

Pour préparer le brevet
▸ Exercices 12 à 18

36 Calculer une longueur en utilisant la trigonométrie

En classe de quatrième, on a défini le cosinus d'un angle dans un triangle rectangle. La trigonométrie donne d'autres rapports de longueur, notamment le sinus et la tangente d'un angle.

RETENIR L'ESSENTIEL

I Rapports trigonométriques

1. Reconnaître les côtés d'un triangle rectangle

Dans un triangle rectangle :
- l'**hypoténuse** est le côté opposé à l'angle droit ; c'est aussi le côté le plus long ;
- un angle aigu est formé par l'hypoténuse et un autre côté du triangle appelé **côté adjacent** à l'angle ;
- le côté du triangle qui n'est pas un côté de l'angle est appelé **côté opposé** à l'angle.

Méthode
Le côté opposé et le côté adjacent dépendent de l'angle choisi.

2. Déterminer le sinus, le cosinus et la tangente d'un angle aigu

Soit ABC un triangle rectangle en A. On a :

$$\cos\widehat{B} = \frac{\text{côté adjacent}}{\text{hypoténuse}} = \frac{BA}{BC}$$

$$\sin\widehat{B} = \frac{\text{côté opposé}}{\text{hypoténuse}} = \frac{AC}{BC}$$

$$\tan\widehat{B} = \frac{\text{côté opposé}}{\text{côté adjacent}} = \frac{AC}{BA}$$

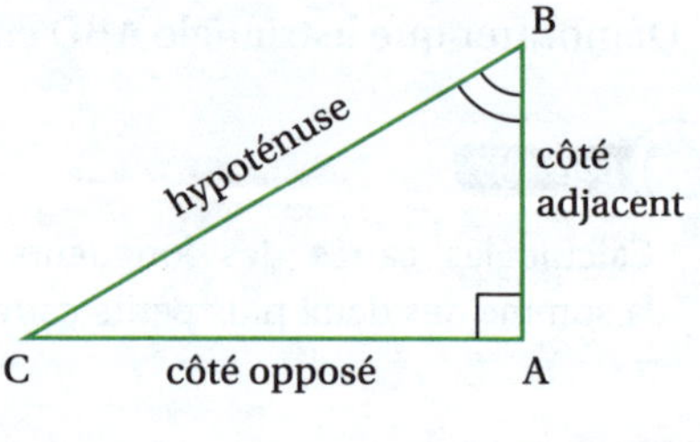

II Calculer une longueur en utilisant la trigonométrie

Si dans un triangle rectangle on connaît un angle et une longueur, on peut calculer les deux autres longueurs.

Pour tous nombres x, b et c non nuls, on a :

$\sin x = \frac{b}{c}$ équivaut à $c \times \sin x = b$ équivaut à $c = \frac{b}{\sin x}$.

Méthode
Tu peux aussi employer cette méthode avec un cosinus ou une tangente.

Exemple : $\sin 30° = \frac{3}{c}$ équivaut à $c \times \sin 30° = 3$ soit $c = \frac{3}{\sin 30°}$. La calculatrice donne $c = 6$.

APPLIQUER LA MÉTHODE

Calculer une longueur en utilisant la trigonométrie

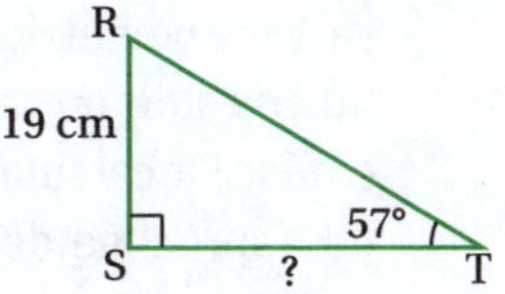

1. RST est un triangle rectangle en S tel que $\widehat{RTS} = 57°$ et RS = 19 cm.
Calculer la longueur ST et donner le résultat arrondi au millimètre près.
La figure n'est pas en vraie grandeur.

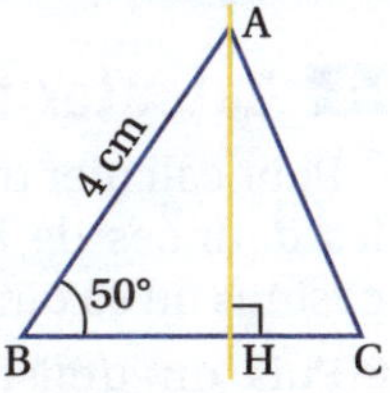

2. ABC est un triangle tel que AB = 4 cm et $\widehat{ABC} = 50°$. (AH) est la hauteur issue de A.
Calculer la longueur AH et en donner un arrondi au cm.

Conseils

1. Tu connais le côté opposé à l'angle $\widehat{RTS}$ et tu cherches son côté adjacent. Utilise l'un des rapports trigonométriques dans lequel figure les côtés adjacent et opposé.
L'arrondi au dixième est le nombre le plus proche avec un seul chiffre après la virgule.
2. Explique pourquoi le triangle ABH est rectangle en H. Tu connais l'angle $\widehat{ABH}$. Utilise un rapport trigonométrique.

Solution

1. On cherche le côté adjacent à l'angle $\widehat{RTS}$. On utilise pour cela la tangente de cet angle. On a $\tan\widehat{RTS} = \frac{RS}{ST}$ ou encore ST × tan 57° = RS.
On en déduit $ST = \frac{19}{\tan 57°}$.
Un arrondi de ST au millimètre près est 12,3 cm.
2. (AH) est la hauteur issue de A, donc (AH) est perpendiculaire à (BC). Le triangle ABH est rectangle en H. On a : $\sin\widehat{ABH} = \frac{AH}{AB}$. Donc AH = 4 × sin 50°.
Un arrondi de AH au cm près est 3 cm.

Pour vérifier que tu as compris ▸ Exercices 1 à 5
Pour t'entraîner ▸ Exercices 6 à 11
Pour préparer le brevet ▸ Exercices 12 à 18

37 Calculer un angle en utilisant la trigonométrie

La trigonométrie permet de connaître la valeur d'un angle dans un triangle rectangle lorsque l'on connaît la longueur de certains côtés. La calculatrice permet de trouver une valeur exacte ou approchée de cet angle.

RETENIR L'ESSENTIEL

I Calculer un angle

- Pour calculer un angle, on cherche d'abord, selon les données de l'exercice à traiter, son sinus, son cosinus ou sa tangente.
- Puis on utilise la calculatrice pour trouver la valeur de l'angle.

Méthode
Utilise les rapports trigonométriques définis dans la fiche 36.

II Utiliser la calculatrice

Sur la calculatrice, on appuie sur la touche [2nd] ou [inv], puis sur l'une des touches [cos], [sin], [tan] selon le cas.

Exemple : Dans le triangle ABC rectangle en A, on a AB = 3 cm et BC = 6 cm. On veut calculer la valeur approchée à un degré près de l'angle $\widehat{ACB}$.

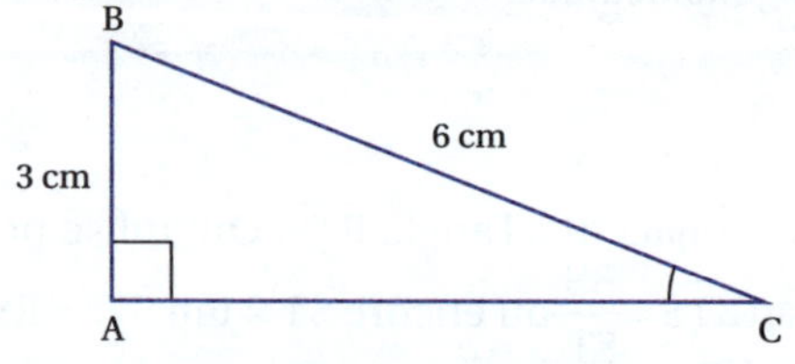

On identifie les côtés donnés : [AB] est le côté opposé à l'angle $\widehat{ACB}$ et [BC] est l'hypoténuse.
On va donc écrire le sinus de l'angle :
$\sin\widehat{ACB} = \frac{AB}{BC} = \frac{3}{6} = \frac{1}{2}$.
Les touches [2nd] [sin] [0] [.] [5] donnent 30. L'angle $\widehat{ACB}$ mesure 30°.

Info
Dans cet exemple, la valeur de l'angle est une valeur exacte.

APPLIQUER LA MÉTHODE

Calculer un angle en utilisant la trigonométrie

On considère le triangle SAB tracé ci-dessous. Ce triangle vérifie :

AB = 13, SA = 5 et SB = 12.

La figure n'est pas en vraie grandeur.

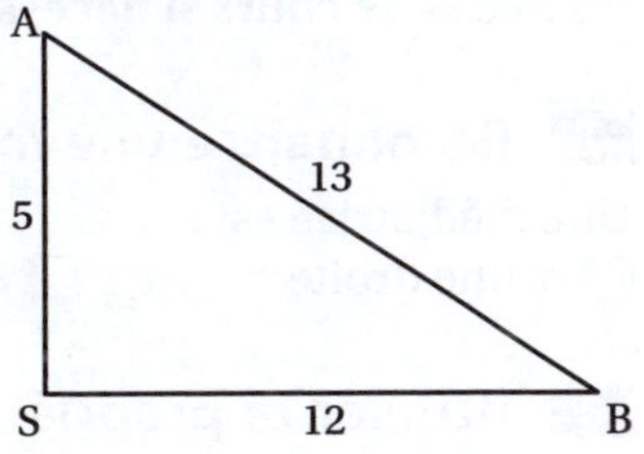

1. Démontrer que le triangle SAB est rectangle en S.

2. Déterminer la mesure de l'angle $\widehat{SAB}$ (arrondie au degré).

3. Déterminer la mesure de l'angle $\widehat{SBA}$ (arrondie au degré).

Conseils

1. Utilise la réciproque du théorème de Pythagore.
2. Tu connais la longueur des trois côtés. Repère le côté adjacent ou le côté opposé à l'angle $\widehat{SAB}$.
3. Utilise la propriété concernant la somme des angles d'un triangle.

Solution

1. On calcule les carrés des longueurs des trois côtés. On obtient :
$AB^2 = 13^2 = 169$, $SA^2 = 5^2 = 25$ et $SB^2 = 12^2 = 144$.
On additionne les carrés des deux longueurs les plus petites :
$SA^2 + SB^2 = 25 + 144 = 169$.
Or $AB^2 = 169$. Donc, d'après la réciproque du théorème de Pythagore, le triangle SAB est rectangle en S.

2. Le côté opposé à l'angle $\widehat{SAB}$ est [SB] et l'hypoténuse est [AB]. Donc :
$\sin\widehat{SAB} = \frac{SB}{AB} = \frac{12}{13}$.
Les touches [2nd] [sin] [(] [12] [/] [13] [)] donnent 67° (valeur arrondie au degré).
L'angle $\widehat{SAB}$ mesure 67°.

3. La somme des angles d'un triangle est égale à 180°. Donc :
$\widehat{SAB} + \widehat{SBA} + \widehat{ASB} = 180°$
$67° + \widehat{SBA} + 90° = 180°$
$\widehat{SBA} = 180° - 67° - 90°$
$\widehat{SBA} = 23°$.
L'angle $\widehat{SBA}$ mesure 23°.

Pour vérifier que tu as compris ▸ Exercices 1 à 5
Pour t'entraîner ▸ Exercices 6 à 11
Pour préparer le brevet ▸ Exercices 12 à 18

Se tester QUIZ

Vérifie que tu as bien retenu les points clés des **fiches 31 à 37.**

Pour chaque question, vérifie ta réponse à l'aide du corrigé et consulte les fiches de cours si nécessaire.

1 Reconnaître une médiatrice

→ RÉVISE LA FICHE 31

Une médiatrice est :

☐ **a.** une droite ☐ **b.** une demi-droite ☐ **c.** un segment

2 Utiliser la propriété de la somme des angles dans un triangle

→ RÉVISE LA FICHE 34

Un triangle peut posséder des angles mesurant :

☐ **a.** 45°, 65° et 25° ☐ **b.** 60°, 70° et 50° ☐ **c.** 90°, 60° et 40°

3 Connaître le théorème de Pythagore

→ RÉVISE LA FICHE 35

Avec les données de la figure ci-contre, le théorème de Pythagore permet d'écrire :

☐ **a.** $DF^2 = DE^2 + EF^2$

☐ **b.** $DE^2 = DF^2 + EF^2$

☐ **c.** $EF^2 = DE^2 + DF^2$

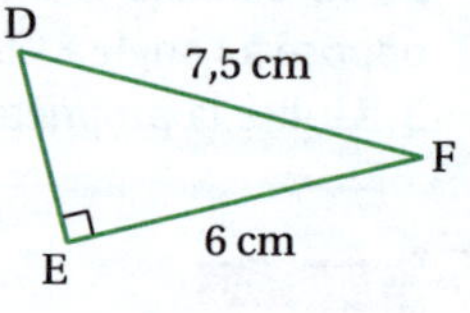

4 Connaître le vocabulaire de la trigonométrie

→ RÉVISE LA FICHE 36

Avec les données de la figure ci-contre, le côté opposé à l'angle de 23° est :

☐ **a.** [BC] ☐ **b.** [AC]

☐ **c.** [AB]

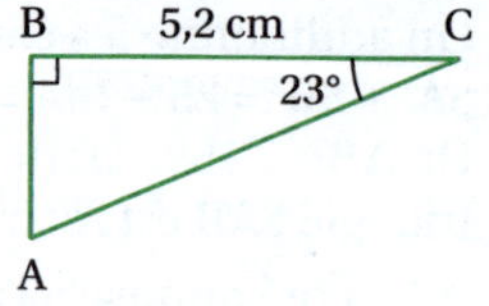

5 Calculer un angle en utilisant la trigonométrie

→ RÉVISE LA FICHE 37

Pour calculer l'angle $\widehat{DNB}$ avec les données de la figure, on écrit :

☐ **a.** $\sin\widehat{DNB} = \dfrac{BN}{BD}$

☐ **b.** $\sin\widehat{DNB} = \dfrac{DB}{DN}$

☐ **c.** $\sin\widehat{DNB} = \dfrac{BN}{DN}$

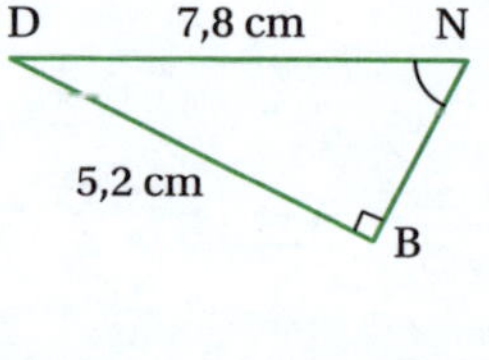

S'entraîner

Vérifie que tu sais appliquer les méthodes des **fiches 31 à 37.**

Pour chaque exercice, consulte la méthode indiquée, et compare ta réponse à celle qui est donnée dans le corrigé.

6 Connaître les propriétés de la médiatrice et de la hauteur

→ APPLIQUE LA MÉTHODE DE LA FICHE 31

1. Construire un triangle ABC tel que AB = 8 cm, AC = 5 cm et BC = 7 cm.
2. Construire la hauteur $\mathcal{D}$ issue de C.
3. Construire la médiatrice $\mathcal{D}'$ du segment [AB].
4. Démontrer que les droites $\mathcal{D}$ et $\mathcal{D}'$ sont parallèles.

7 Transformer une figure à l'aide d'une symétrie, d'une translation, d'une rotation

→ APPLIQUE LA MÉTHODE DE LA FICHE 32

Compléter les phrases suivantes :

- Les figures $\mathcal{F}_1$ et $\mathcal{F}_2$ sont .... par rapport à la droite ...
- Les figures $\mathcal{F}_1$ et $\mathcal{F}_3$ sont .... par rapport au point ...
- La figure $\mathcal{F}_5$ est l'image de la figure $\mathcal{F}_4$ par la rotation de centre ... et d'angle ...
- La figure $\mathcal{F}_3$ est l'image de la figure ... par la translation qui amène B en O.

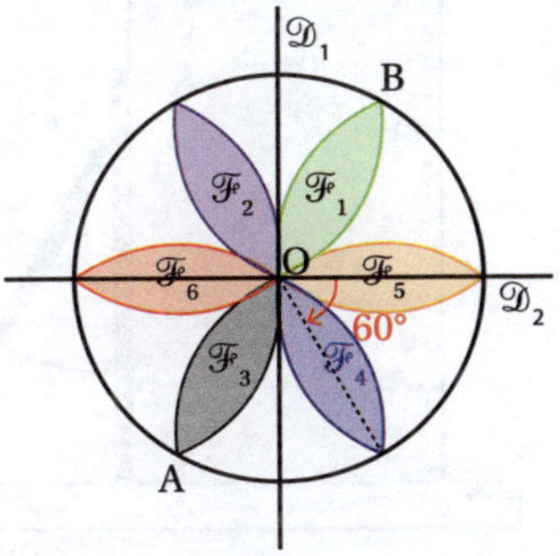

8 Transformer une figure à l'aide d'une homothétie

→ APPLIQUE LA MÉTHODE DE LA FICHE 33

1. Quel est le rapport de l'homothétie de centre O qui transforme le point A en A' ?
2. Quel est le rapport de l'homothétie de centre O qui transforme le point B en B' ?
3. Quel est le rapport de l'homothétie de centre O qui transforme le point C en C' ?

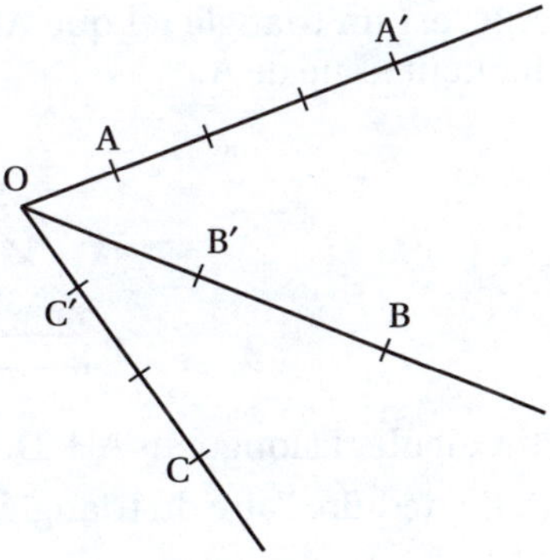

9 Utiliser la propriété de la somme des angles d'un triangle

→ APPLIQUE LA MÉTHODE DE LA FICHE 34

Quelle est la nature du triangle ABC dessiné ci-dessous ? (Le dessin n'est pas en vraie grandeur.)

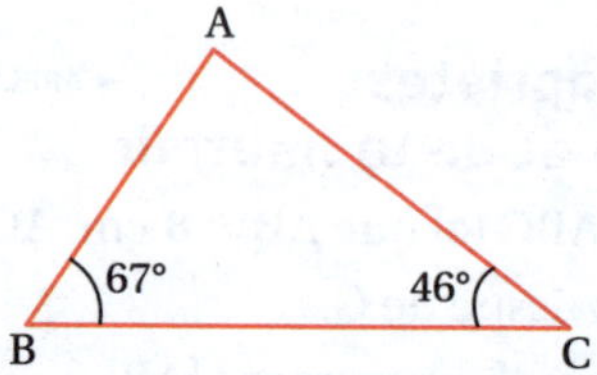

10 Utiliser le théorème de Pythagore

→ APPLIQUE LA MÉTHODE DE LA FICHE 35

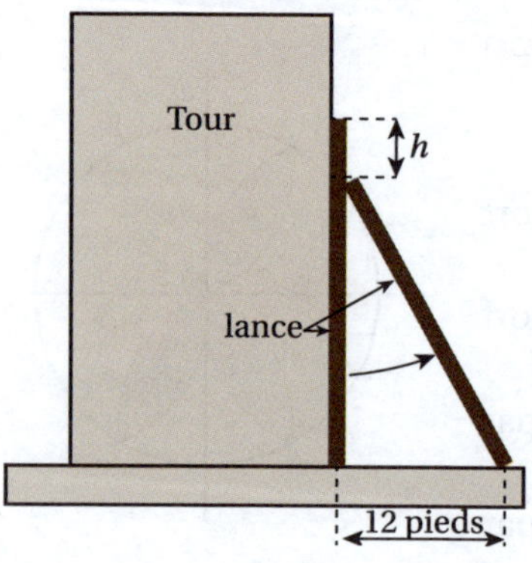

Une lance, longue de 20 pieds, est posée verticalement le long d'une tour considérée comme perpendiculaire au sol. Si on éloigne l'extrémité de la lance qui repose sur le sol de 12 pieds de la tour, de combien descend l'autre extrémité de la lance le long du mur ?

Info

Un pied est une très ancienne unité de mesure, encore utilisée dans le monde anglo-saxon, et valant environ 30 cm.

11 Calculer une longueur en utilisant la trigonométrie

→ APPLIQUE LA MÉTHODE DE LA FICHE 36

ABC est un triangle tel que AB = 5 cm, BC = 8 cm et $\widehat{ABH} = 35°$. (AH) est la hauteur issue de A.

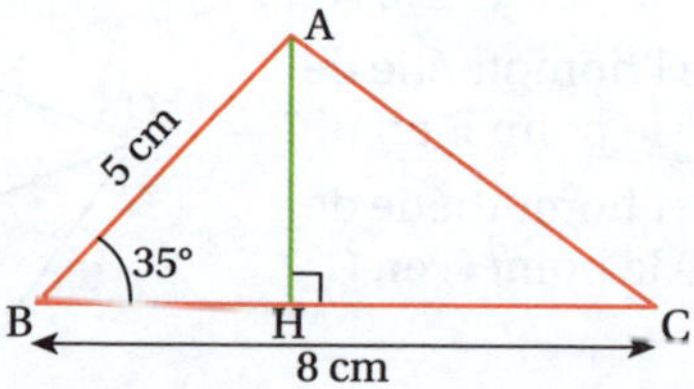

1. Calculer la longueur AH. Donner l'arrondi au centième de AH.
2. En déduire l'aire du triangle ABC.

Vers le brevet

Exerce-toi en vue du brevet et révise les **fiches 31 à 37.**

Pour chaque sujet, aide-toi des conseils donnés et compare ta réponse à celle donnée dans le corrigé.

SUJET TYPE 12 Installation d'un tapis roulant

15 min

→ APPLIQUE LA MÉTHODE DE LA FICHE 35

Les gérants d'un centre commercial ont construit un parking souterrain et souhaitent installer un trottoir roulant pour accéder de ce parking au centre commercial.

Les personnes empruntant ce trottoir roulant ne doivent pas mettre plus de 1 minute pour accéder au centre commercial.

- La situation est présentée par le schéma ci-dessous.

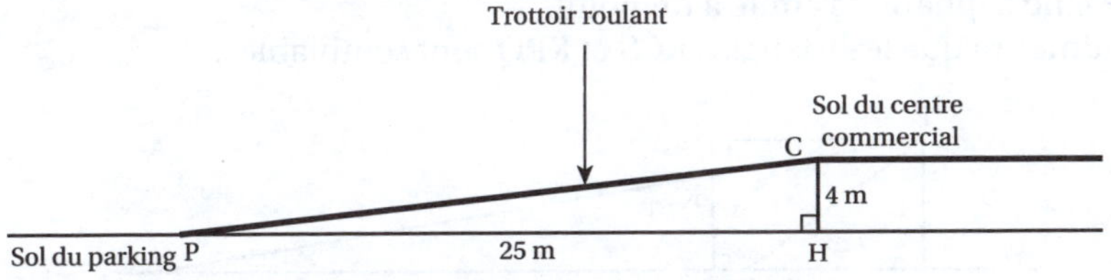

- Caractéristiques du trottoir roulant.

Modèle 1

Angle d'inclinaison maximum avec l'horizontale : 12°.

Vitesse : 0,5 m/s.

Modèle 2

Angle d'inclinaison maximum avec l'horizontale : 6°.

Vitesse : 0,75 m/s.

Est-ce que l'un de ces deux modèles peut convenir pour équiper ce centre commercial ? Justifier.

Démarrons ensemble

- Calcule d'abord la longueur du trottoir roulant. Pour cela, applique le théorème de Pythagore au triangle CPH rectangle en H.
- Calcule ensuite l'inclinaison avec l'horizontale. Pour cela, calcule la mesure de l'angle $\widehat{CPH}$ à l'aide d'un rapport trigonométrique.
- Compare avec les données de la figure l'inclinaison avec l'horizontale de chaque modèle.
- Pour le modèle 1, calcule le temps de parcourt.

SUJET TYPE 13 15 min Réglage des phares d'une voiture

→ APPLIQUE LA MÉTHODE DE LA FICHE 37

Pour savoir si les feux de croisement de sa voiture sont réglés correctement, Pauline éclaire un mur vertical comme l'illustre le dessin suivant :

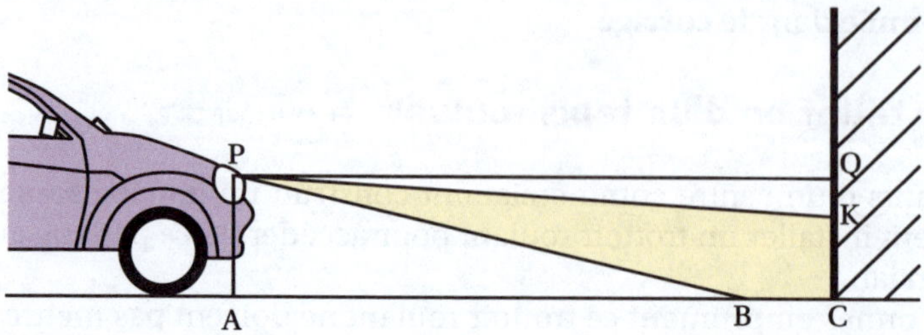

Pauline réalise le schéma ci-dessous (qui n'est pas à l'échelle) et relève les mesures suivantes : PA = 0,65 m, AC = QP = 5 m et CK = 0,58 m.
P désigne le phare, assimilé à un point.
On admettra que les triangles KCS et KPQ sont semblables.

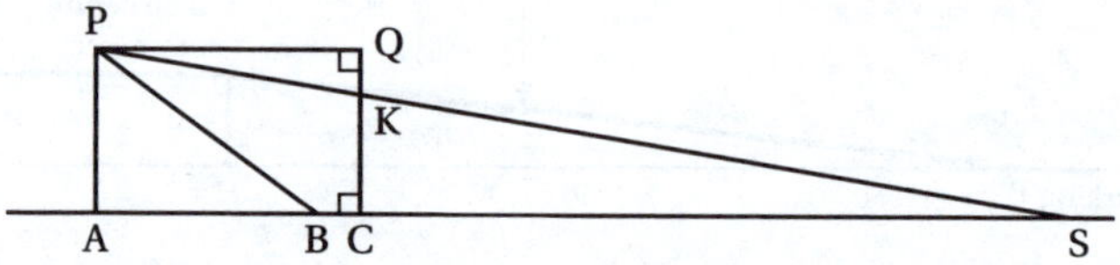

Pour que l'éclairage d'une voiture soit conforme, les constructeurs déterminent l'inclinaison du faisceau. Cette inclinaison correspond au rapport $\frac{QK}{QP}$. Elle est correcte si ce rapport est compris entre 0,01 et 0,015.

1. Vérifier que les feux de croisement de Pauline sont réglés avec une inclinaison égale à 0,014.

2. Donner une mesure de l'angle $\widehat{QPK}$ correspondant à l'inclinaison. On arrondira au dixième de degré.

3. Quelle est la distance AS d'éclairage de ses feux ? Arrondir le résultat au mètre près.

Démarrons ensemble

1. Calcule d'abord la longueur QK en observant que K est un point du segment [CQ].
2. Pour calculer la mesure de l'angle $\widehat{QPK}$, utilise la trigonométrie dans le triangle rectangle KPQ.
3. Calcule d'abord la longueur CS en utilisant la trigonométrie dans le triangle rectangle CSK.

14 Utiliser la trigonométrie pour calculer une longueur

20 min

→ APPLIQUE LA MÉTHODE DE LA FICHE 36

PAR est un triangle rectangle en A. Les points R, P et E sont alignés ainsi que les points A, P et M.

On donne AR = 2 cm et RP = 4 cm (la figure n'est pas en vraie grandeur).

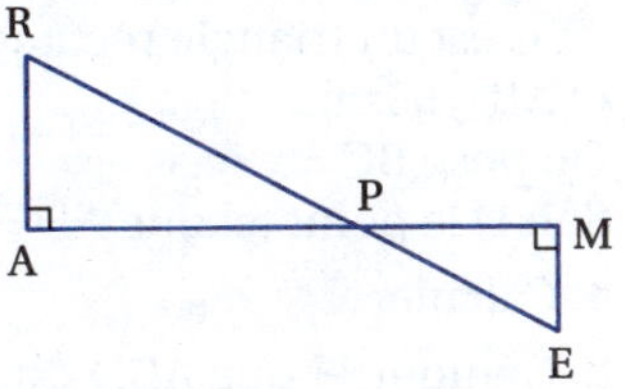

1. Calculer la valeur exacte de AP.

2. Déterminer la mesure de l'angle $\widehat{RPA}$.

3. Expliquer pourquoi les angles $\widehat{RPA}$ et $\widehat{MPE}$ ont la même mesure.

4. PME est un triangle rectangle en M. On donne ME = 3 cm. Calculer PM à 1 mm près.

Démarrons ensemble

1. La valeur exacte de AP est de la forme $\sqrt{a}$ où a est un nombre positif.
2. AR est la longueur du côté opposé à l'angle $\widehat{RPA}$.
3. Cherche quelle position particulière occupent les angles $\widehat{RPA}$ et $\widehat{MPE}$.
4. ME est la longueur du côté opposé à l'angle $\widehat{MPE}$ et PM est la longueur du côté adjacent à cet angle.

15 Calculer un sinus dans deux triangles rectangles

15 min

→ APPLIQUE LA MÉTHODE DE LA FICHE 35

On considère la figure ci-contre. Les points A, B et C sont alignés ainsi que les points A, D et E. Les droites (BD) et (CE) sont perpendiculaires à la droite (AE).

De plus, AB = 2,5 ; BD = 1,5 et CE = 4,5.

La figure n'est pas en vraie grandeur.

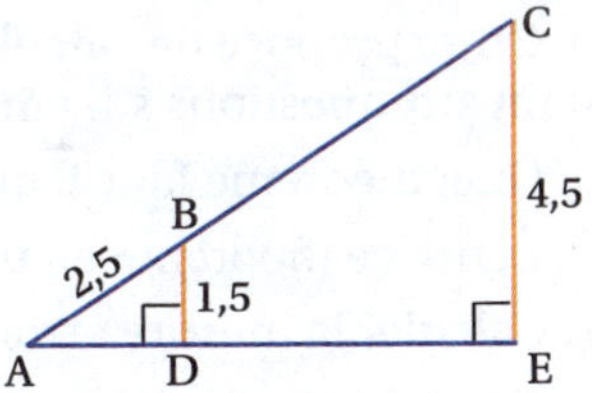

1. Calculer AD. Justifier.

2. Déterminer la mesure, arrondie au degré, de l'angle $\widehat{BAD}$. Justifier.

3. Calculer les valeurs exactes de AC et de AE. Justifier.

Démarrons ensemble

1. Utilise le théorème de Pythagore dans le triangle ABD.
2. Remarque que BD est la longueur du côté opposé à l'angle $\widehat{BAD}$.
3. Les angles $\widehat{BAD}$ et $\widehat{CAE}$ sont égaux. Utilise la trigonométrie dans le triangle ACE.

16 Démontrer qu'un triangle est rectangle

15 min

→ APPLIQUE LA MÉTHODE DE LA FICHE 35

On considère la figure ci-contre. (Elle n'est pas en vraie grandeur.)
ABC est un triangle rectangle en C tel que AC = 63 cm et AB = 65 cm.
On pose BC = x.
Soit D le point tel que AD = 56 cm et BD = 33 cm.

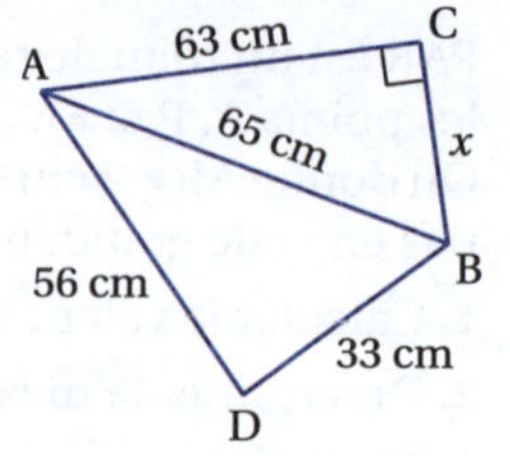

1. Calculer x.

2. Démontrer que ABD est rectangle. Préciser en quel point.

Démarrons ensemble

1. Utilise le théorème de Pythagore dans le triangle ACB.
2. Calcule les carrés des longueurs des trois côtés du triangle ABD.

17 Expérimenter, puis démontrer

25 min

→ APPLIQUE LA MÉTHODE DE LA FICHE 37

Soit ABC le triangle rectangle en B, tel que AB = 2 cm et AC = 4 cm.

1. Construire le triangle ABC en respectant les dimensions.

2. En utilisant la règle et le rapporteur, donner la mesure de [BC] à 0,1 cm et les mesures en degrés de $\widehat{BAC}$ et $\widehat{BCA}$.

3. On se propose de calculer la mesure, en centimètres, de [BC] en répondant aux questions suivantes.

a. Quel théorème faut-il utiliser ?

b. Écrire ce théorème en utilisant le triangle donné.

c. Calculer la mesure arrondie à 0,1 cm de BC.

d. Cette valeur calculée est-elle conforme à la valeur mesurée à la question **2.** ?

4. On se propose de calculer la mesure de $\widehat{BAC}$ en répondant aux questions suivantes.

a. Écrire la relation entre cos $\widehat{BAC}$ et les côtés du triangle ABC.

b. Calculer cos $\widehat{BAC}$ puis en déduire la mesure, en degrés, de $\widehat{BAC}$.

c. Cette valeur calculée est-elle conforme à la valeur mesurée à la question **2.** ?

5. On se propose de calculer la mesure de $\widehat{BCA}$ en répondant aux questions suivantes.

a. Écrire la relation entre sin $\widehat{BCA}$ et les côtés du triangle ABC.

b. Calculer sin $\widehat{BCA}$ puis en déduire la mesure en degrés de $\widehat{BCA}$.

c. Cette valeur calculée est-elle conforme à la valeur mesurée à la question **2.** ?

6. Calculer la somme des mesures des angles $\widehat{BAC}$ et $\widehat{BCA}$. Ce résultat est-il conforme à la propriété de la somme des angles d'un triangle ?

Démarrons ensemble

2. Les angles $\widehat{BAC}$ et $\widehat{BCA}$ sont aigus, donc leur mesure est comprise entre 0° et 90°.
3. Tu connais la mesure de deux côtés d'un triangle rectangle.
4. Cherche le côté adjacent à l'angle $\widehat{BAC}$.
5. Cherche le côté opposé à l'angle $\widehat{BCA}$.
6. Ajoute la mesure du troisième angle du triangle ABC.

SUJET TYPE

18 Des transformations

10 min

→ APPLIQUE LA MÉTHODE DE LA FICHE 32

Les mesures de longueurs sont données en centimètres.

1. Tracer le triangle ABC tel que BC = 4 ; AC = 3 et AB = 2. On appelle cette figure $\mathcal{F}_1$.
2. Construire l'image de $\mathcal{F}_1$ par la symétrie d'axe (AB), on appelle cette image $\mathcal{F}_2$.
3. Construire l'image de $\mathcal{F}_1$ par la symétrie de centre B, on appelle cette image $\mathcal{F}_3$.
4. Construire l'image de $\mathcal{F}_1$ par la translation qui transforme B en C, on appelle cette image $\mathcal{F}_4$.

Démarrons ensemble

1. Utilise un compas pour construire le triangle ABC.
2. Pour construire le symétrique de C, trace la perpendiculaire à (AB) passant par C et utilise un compas pour conclure. Observe que les point A et B appartiennent à l'axe de symétrie.
3. Trace les demi-droites [AB) et [CB). Utilise un compas pour reporter les longueurs AB et BC.
4. Pour trouver l'image A′ du point A, trace le parallélogramme ABCA′.

Se tester QUIZ

1 **Réponse a.** La médiatrice d'un segment est la droite qui coupe perpendiculairement ce segment en son milieu.

2 **Réponse b.** La somme des angles d'un triangle est égale à 180°. On a :

$45° + 65° + 25° = 135°$, $60° + 70° + 50° = 180°$ et $90° + 60° + 40° = 190°$.

Un triangle peut posséder des angles mesurant : 60°, 70° et 50°.

3 **Réponse a.** On applique le théorème de Pythagore au triangle DEF rectangle en E. On a $DF^2 = DE^2 + EF^2$

4 **Réponse c.** Dans le triangle ABC rectangle en B, l'hypoténuse est [AC], le côté adjacent à l'angle de 23° est [BC] et le côté opposé est [AB].

5 **Réponse b.** Dans le triangle BDN rectangle en B, on connaît la longueur du côté opposé à l'angle $\widehat{DNB}$ et celle de l'hypoténuse. On a $\sin\widehat{DNB} = \frac{DB}{DN}$.

S'entraîner

6 **1.** à **3.** Le dessin n'est pas à l'échelle.

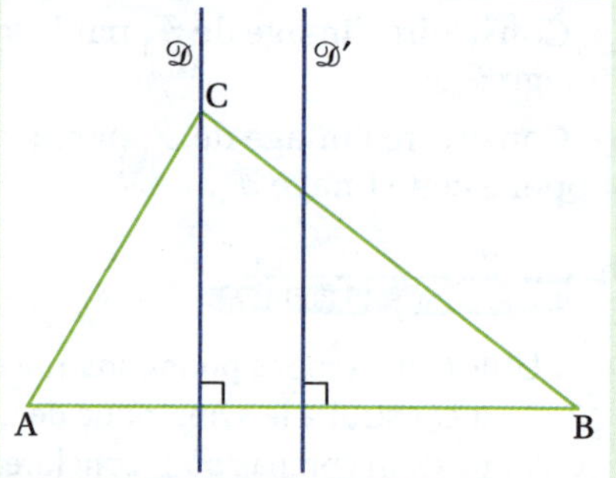

4. La droite $\mathscr{D}$ est la hauteur issue de C, donc $\mathscr{D}$ est perpendiculaire au côté [AB].

La droite $\mathscr{D}'$ est la médiatrice du segment [AB], donc $\mathscr{D}'$ est perpendiculaire au segment [AB]. Si deux droites sont perpendiculaires à une même droite, alors ces deux droites sont parallèles. Donc $\mathscr{D}$ et $\mathscr{D}'$ sont parallèles.

7 Complétons les phrases suivantes :

- Les figures $\mathscr{F}_1$ et $\mathscr{F}_2$ sont **symétriques** par rapport à la droite $\mathscr{D}_1$.
- Les figures $\mathscr{F}_1$ et $\mathscr{F}_3$ sont **symétriques** par rapport au point **O**.
- La figure $\mathscr{F}_5$ est l'image de la figure $\mathscr{F}_4$ par la rotation de centre **O**, d'angle **60° dans le sens contraire des aiguilles d'une montre**.
- La figure $\mathscr{F}_3$ est l'image de la figure $\mathscr{F}_1$ par la translation qui amène B en O.

8 **1.** On a $OA' = 4 \times OA$, donc le rapport de l'homothétie de centre O qui transforme le point A en A' est égal à 4.

2. On a $OB' = \frac{1}{2} \times OB$, donc le rapport de l'homothétie de centre O qui transforme le point B en B' est égal à $\frac{1}{2}$.

3. On a $OC' = \frac{1}{3} \times OC$, donc le rapport de l'homothétie de centre O qui transforme le point C en C′ est égal à $\frac{1}{3}$.

9 La somme des angles d'un triangle est égale à 180°.
Donc $\widehat{BAC} + \widehat{ACB} + \widehat{CBA} = 180°$.
On a $\widehat{BAC} + 46° + 67° = 180°$
$\widehat{BAC} = 180° - 46° - 67° = 67°$.
Le triangle ABC possède deux angles de même mesure, ABC est donc un triangle isocèle en C.

10 AC correspond à la longueur de la lance. Le triangle ABC est rectangle en B. On applique le théorème de Pythagore à ce triangle. On a :

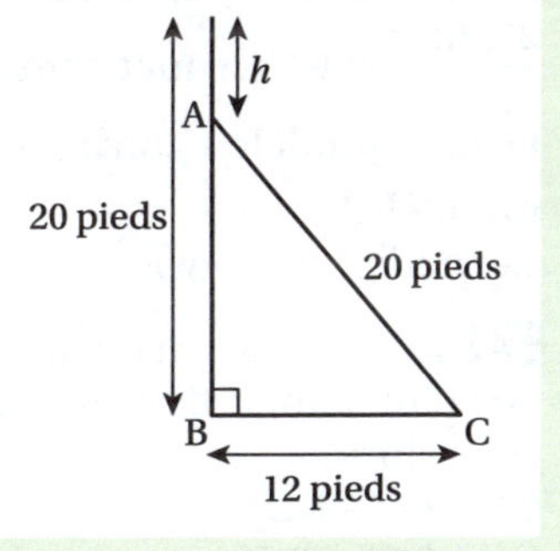

$AC^2 = AB^2 + BC^2$
$20^2 = AB^2 + 12^2$
$AB^2 = 400 - 144$
$AB^2 = 256$.
On en déduit que AB = 16.
La longueur *h* est égale à 20 – AB = 20 – 16 = 4.
L'autre extrémité de la lance descend le long du mur de 4 pieds ou encore de 120 cm.

11 **1.** Dans le triangle ABH rectangle en H, AH est le côté opposé à l'angle de sommet B et AB est l'hypoténuse. On a :
$\sin 35° = \frac{AH}{AB}$
$AH = AB \times \sin 35°$
$AH = 5 \times \sin 35°$
$AH \approx 2{,}87$.
La longueur AH arrondie au centième vaut 2,87 cm.
2. L'aire du triangle ABC est égale à $\frac{AH \times BC}{2} = \frac{2{,}87 \times 8}{2} = 11{,}48\ \text{cm}^2$.

Vers le brevet

12 Pour calculer la longueur du trottoir roulant, on applique le théorème de Pythagore au triangle CPH rectangle en H.
On a $PC^2 = PH^2 + CH^2$
$PC^2 = 25^2 + 4^2$
$PC^2 = 641$.
La longueur du tapis roulant est égale à $\sqrt{641}$, soit 25,32 m.

Méthode
Utilise la touche $\sqrt{\ }$ de la calculatrice pour trouver une valeur approchée de la longueur PC.

Calculons l'angle $\widehat{CPH}$.

On a $\tan\widehat{CPH} = \dfrac{CH}{PH}$

$\tan\widehat{CPH} = \dfrac{4}{25}$

$\widehat{CPH} \approx 9°$.

Modèle 1

L'angle d'inclinaison est au maximum égal à 12°. Or on a trouvé un angle de 9°. Cela convient.

La vitesse est de 0,5 m/s, donc le temps de parcourt en secondes est égal à $\dfrac{25{,}32}{0{,}5} = 50{,}64$. On met donc moins de 60 secondes, donc moins d'une minute.

Le tapis Modèle 1 convient.

Modèle 2

Ce modèle ne convient pas car l'angle maximum est de 6°.

13 **1.** APQC est un rectangle, donc PA = QC = 0,65 m.

Le point K appartient au segment [CQ], donc QK + KC = QC.

On a alors :

QK = QC – KC

QK = 0,65 – 0,58

QK = 0,07.

On obtient : $\dfrac{QK}{QP} = \dfrac{0{,}07}{5} = 0{,}014$. Les feux de croisement de Pauline sont réglés avec une inclinaison égale à 0,014.

2. Dans le triangle KPQ rectangle en Q, on a $\tan\widehat{QPK} = \dfrac{QK}{QP} = 0{,}014$.

À l'aide de la calculatrice, on obtient $\widehat{QPK} \approx 0{,}8°$, arrondi au dixième de degré.

> **Méthode**
>
> Utilise la touche $\tan^{-1}$ de la calculatrice pour trouver une valeur approchée de l'angle $\widehat{QPK}$.

3. Pour connaître la longueur AS, il faut d'abord calculer la longueur CS. Les triangles KCS et KPQ sont semblables, donc les angles $\widehat{QPK}$ et $\widehat{CSK}$ sont égaux. On a alors $\tan\widehat{CSK} = \dfrac{CK}{CS} = 0{,}014$. On obtient :

$CS = \dfrac{CK}{0{,}014}$

$CS = \dfrac{0{,}58}{0{,}014}$

$CS \approx 41$.

La distance AS d'éclairage de ses feux est égale à 41 + 5 = 46 m (arrondi au mètre près).

14 **1.** On applique le théorème de Pythagore au triangle PAR rectangle en A. On a $PR^2 = AP^2 + AR^2$. Soit $4^2 = AP^2 + 2^2$. D'où $AP^2 = 16 - 4 = 12$. Or $AP > 0$, donc $AP = \sqrt{12}$.

2. AR est la longueur du côté opposé à l'angle $\widehat{RPA}$ et RP est la longueur de l'hypoténuse, donc $\sin \widehat{RPA} = \frac{AR}{PR} = \frac{2}{4} = \frac{1}{2}$. À l'aide de la calculatrice, on trouve 30° pour mesure exacte de l'angle $\widehat{RPA}$.

3. Les angles $\widehat{RPA}$ et $\widehat{MPE}$ sont opposés par le sommet, donc ils ont la même mesure.

> **Méthode**
> Deux angles opposés par le sommet ont la même mesure.

4. ME est la longueur du côté opposé à l'angle $\widehat{MPE}$, PM est la longueur du côté adjacent à cet angle et $\tan \widehat{MPE} = \frac{ME}{PM}$.
On effectue un produit en croix : $PM \times \tan \widehat{MPE} = ME$.
D'où $PM = \frac{ME}{\tan \widehat{MPE}} = \frac{3}{\tan 30°}$. À l'aide de la calculatrice, on trouve 5,2 cm pour mesure de la longueur PM à 1 mm près.

15 **1.** On applique le théorème de Pythagore au triangle ABD rectangle en D :
$AB^2 = AD^2 + BD^2$.
Soit $2{,}5^2 = AD^2 + 1{,}5^2$.
D'où $AD^2 = 6{,}25 - 2{,}25 = 4$.
Or AD est une longueur, donc $AD > 0$. On en déduit que $AD = 2$.

2. Les données de l'exercice donnent les longueurs AB et BD du triangle ABD.
On choisit de calculer le sinus de l'angle $\widehat{BAD}$: $\sin \widehat{BAD} = \frac{BD}{AB} = \frac{1{,}5}{2{,}5} = 0{,}6$.
À l'aide de la calculatrice, on trouve 37° pour mesure arrondie au degré de l'angle $\widehat{BAD}$.

3. Les angles $\widehat{BAD}$ et $\widehat{CAE}$ sont égaux. Donc, dans le triangle ACE :
$\sin \widehat{BAD} = \sin \widehat{CAE} = 0{,}6$.
Or $\sin \widehat{CAE} = \frac{CE}{AC}$.
On en déduit $\frac{4{,}5}{AC} = 0{,}6$.
D'où $4{,}5 = 0{,}6 \times AC$.
Donc $AC = \frac{4{,}5}{0{,}6} = 7{,}5$.

> **Attention !**
> Si deux angles sont égaux, alors ils ont le même sinus.

On applique le théorème de Pythagore au triangle ACE rectangle en E pour calculer AE :
$AC^2 = AE^2 + CE^2$
$7{,}5^2 = AE^2 + 4{,}5^2$
$AE^2 = 56{,}25 - 20{,}25 = 36$.
Or AE est une longueur, donc $AE > 0$. On en déduit $AE = 6$ (valeur exacte).

16 **1.** On applique le théorème de Pythagore au triangle ACB rectangle en C :
$AB^2 = AC^2 + BC^2$
$65^2 = 63^2 + x^2$
$x^2 = 4\,225 - 3\,969 = 256$.
Or x est une longueur, donc $x > 0$. On en déduit $x = \sqrt{256} = 16$.

2. On applique la réciproque du théorème de Pythagore au triangle ABD. Pour cela, on calcule les carrés des longueurs des trois côtés :
$AD^2 = 56^2 = 3\,136$; $BD^2 = 33^2 = 1\,089$ et $AB^2 = 65^2 = 4\,225$.
On additionne les deux plus petits carrés :
$AD^2 + BD^2 = 3\,136 + 1\,089 = 4\,225$. Donc $AD^2 + BD^2 = AB^2$.
Le triangle ABD est rectangle en D.

17 **1.**

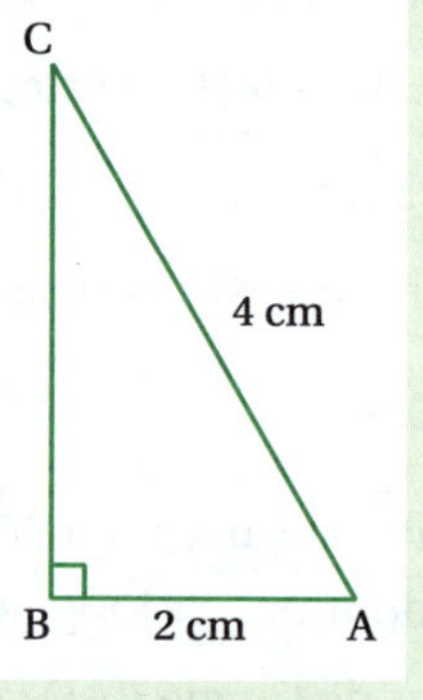

2. En utilisant la règle et le rapporteur, on trouve :
BC vaut environ 3,5 cm, $\widehat{BAC}$ vaut 60° et $\widehat{BCA}$ vaut 30°.

3. a. On utilise le théorème de Pythagore dans le triangle ABC rectangle en B.

b. On a, d'après le théorème de Pythagore : $AC^2 = AB^2 + BC^2$.

c. On en déduit $4^2 = 2^2 + BC^2$.

D'où $BC^2 = 16 - 4 = 12$.
Or BC est une longueur, donc BC > 0. On en déduit que $BC = \sqrt{12}$. La valeur arrondie de BC à 0,1 cm est 3,5 cm.

d. Cette valeur est conforme à la valeur mesurée à la question **2**.

4. a. On a $\cos\widehat{BAC} = \dfrac{AB}{AC}$.

b. On en déduit $\cos\widehat{BAC} = \dfrac{2}{4} = \dfrac{1}{2}$.

À l'aide de la calculatrice, on trouve $\widehat{BAC} = 60°$.

c. Cette valeur est conforme à la valeur mesurée à la question **2**.

5. a. On a $\sin\widehat{BCA} = \dfrac{AB}{AC}$.

b. On en déduit $\sin\widehat{BCA} = \dfrac{2}{4} = \dfrac{1}{2}$. À l'aide de la calculatrice, on trouve $\widehat{BCA} = 30°$.

c. Cette valeur est conforme à la valeur mesurée à la question **2**.

6. On a $\widehat{BAC} + \widehat{BCA} = 60° + 30° = 90°$. Or l'angle $\widehat{ABC}$ est un angle droit, donc $\widehat{ABC} = 90°$. La somme des angles du triangle ABC est égale à 180°. Ce résultat est conforme à la propriété de la somme des angles d'un triangle.

18

Attention !
A et B sont deux points de l'axe de symétrie, donc ils sont leur propre image.

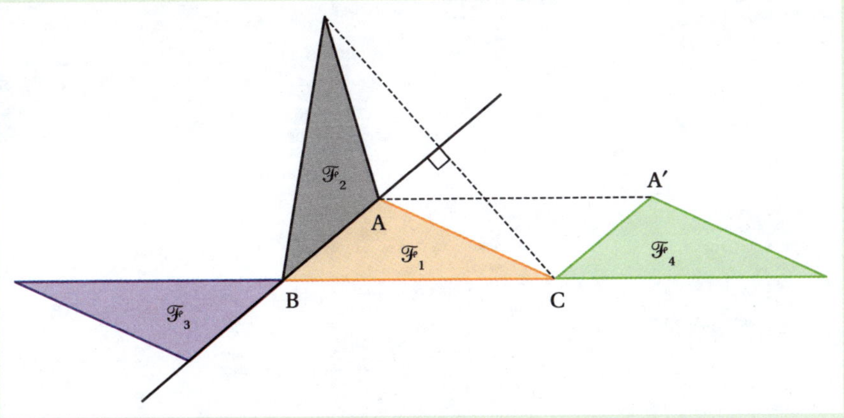

GÉOMÉTRIE, GRANDEURS ET MESURES

Quadrilatères, configuration de Thalès

Réponse : La pyramide de Khéops.

FICHES

EXERCICES & SUJETS

CORRIGÉS

38 Démontrer qu'un quadrilatère est particulier

Un quadrilatère est un polygone à quatre côtés. En fonction de ses propriétés, il porte un nom particulier : parallélogramme, rectangle, losange, carré.

RETENIR L'ESSENTIEL

I Le parallélogramme

Un quadrilatère est un **parallélogramme** s'il possède une de ces propriétés :
- ses côtés opposés sont parallèles ;
- ses côtés opposés ont la même longueur ;
- ses diagonales ont le même milieu.

Méthode
Pour démontrer qu'un quadrilatère est un parallélogramme, on démontre qu'il possède une des propriétés ci-contre.

II Les parallélogrammes particuliers

1. Le rectangle

Un quadrilatère est un **rectangle** s'il possède une de ces propriétés :
- il a trois angles droits ;
- c'est un parallélogramme qui a un angle droit ;
- c'est un parallélogramme qui a ses diagonales de même longueur.

2. Le losange

Un quadrilatère est un **losange** s'il possède une de ces propriétés :
- il a quatre côtés de même longueur ;
- c'est un parallélogramme avec deux côtés consécutifs de même longueur ;
- c'est un parallélogramme qui a ses diagonales perpendiculaires.

3. Le carré

Un quadrilatère est un **carré** s'il est à la fois un rectangle et un losange.

Méthode
Pour démontrer qu'un quadrilatère est un carré, montre qu'il possède une des propriétés du rectangle et une du losange.

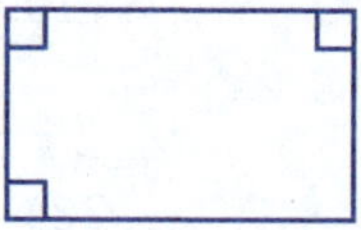
Rectangle

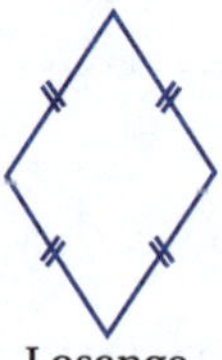
Losange

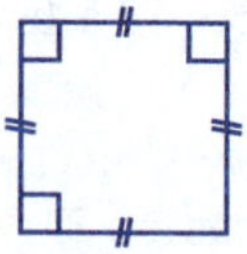
Carré

APPLIQUER LA MÉTHODE

Démontrer qu'un quadrilatère est un rectangle

1. Tracer un triangle OBC rectangle en O. Soit I le milieu du segment [BC]. Construire le point A, symétrique de O par rapport à I.

2. Démontrer que le quadrilatère ABOC est un rectangle.

Conseils

1. « A est le symétrique de O par rapport à I » signifie que I est le milieu du segment [AO].
2. Démontre d'abord que ABOC est un parallélogramme. Pour cela, démontre que ses diagonales ont le même milieu.

Solution

1. On obtient la figure ci-dessous.

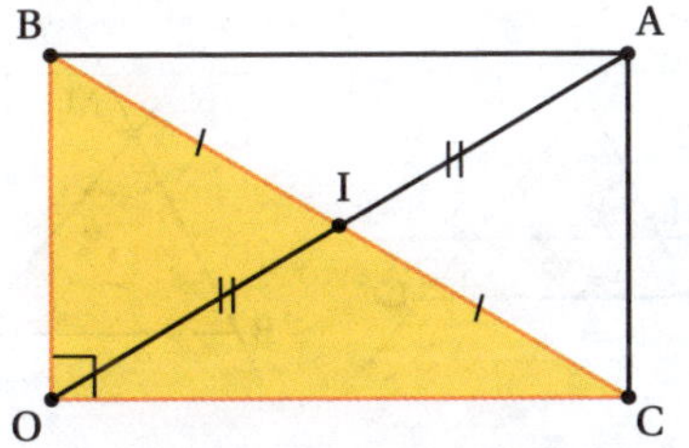

2. Les points A et O sont symétriques par rapport au point I, donc I est le milieu du segment [AO]. On sait aussi que I est le milieu du segment [BC]. Les diagonales du quadrilatère ABOC ont le même milieu, donc ABOC est un parallélogramme.
De plus, le triangle OBC est rectangle en O, donc l'angle $\widehat{BOC}$ est un angle droit. ABOC est un parallélogramme ayant un angle droit, c'est un rectangle.

Pour vérifier que tu as compris ▸ Exercices 1 à 3

Pour t'entraîner ▸ Exercices 4 à 9

Pour préparer le brevet ▸ Exercices 10 à 16

39 Calculer une longueur à l'aide du théorème de Thalès

Thalès de Milet est un mathématicien grec qui vécu au VIe siècle av. J.-C. Il a mis en évidence ce que l'on appelle maintenant une configuration de Thalès, c'est-à-dire deux droites sécantes coupées par deux droites parallèles.

RETENIR L'ESSENTIEL

I Le théorème de Thalès

Soit deux droites $\mathcal{D}$ et $\mathcal{D}'$ sécantes en A. Soit B et M deux points de $\mathcal{D}$ distincts de A. Soit C et N deux points de $\mathcal{D}'$ distincts de A.

Si les droites (BC) et (MN) sont parallèles, alors : $\frac{AM}{AB}=\frac{AN}{AC}=\frac{MN}{BC}$

Il y a deux configurations possibles :

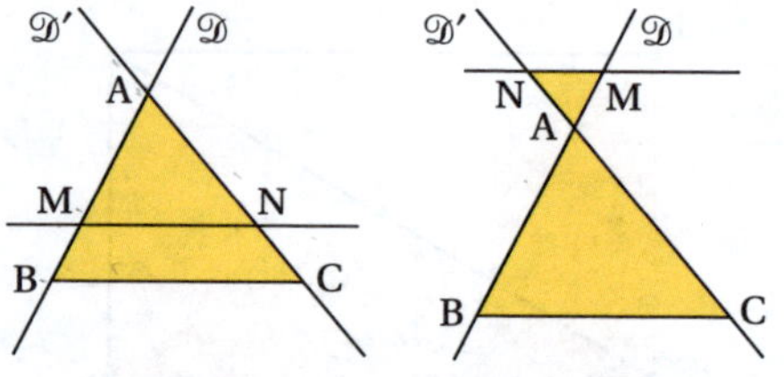

II Calculer une longueur

Après avoir vérifié les conditions d'application du **théorème de Thalès**, on écrit les rapports égaux. On remplace ensuite par les longueurs connues. On utilise le produit en croix pour calculer les longueurs manquantes.

Exemple :

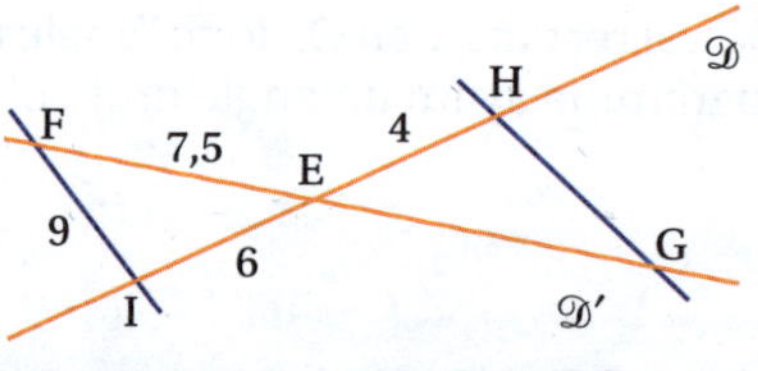

On veut calculer les longueurs HG et EG. $\mathcal{D}$ et $\mathcal{D}'$ sont sécantes en E. (HG) et (FI) sont parallèles. Les points H et I appartiennent à $\mathcal{D}$ et les points F et G appartiennent à $\mathcal{D}'$. On applique le théorème de Thalès :

$\frac{EH}{EI}=\frac{EG}{EF}=\frac{HG}{IF}$. On remplace les longueurs connues : $\frac{4}{6}=\frac{EG}{7{,}5}=\frac{HG}{9}$.

À l'aide du produit en croix, on obtient :
$EG = (4 \times 7{,}5) \div 6 = 5$ et $HG = (4 \times 9) \div 6 = 6$.

APPLIQUER LA MÉTHODE

Calculer une longueur

Sur la figure ci-dessous, les droites (BC) et (MN) sont parallèles. On donne :
AB = 4,5 cm ; AC = 3 cm ; AN = 4,8 cm et MN = 6,4 cm.
Calculer les longueurs AM et BC.

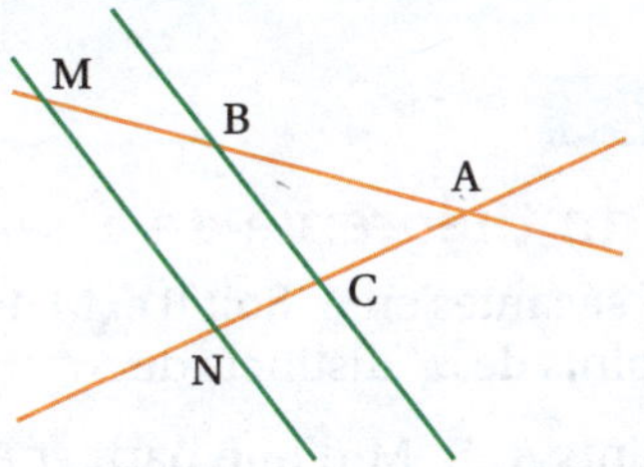

Conseils

Trouve deux droites sécantes en A coupées par deux parallèles pour appliquer le théorème de Thalès. Écris sur le dessin la longueur de chaque segment. Trouve les trois rapports égaux et remplace les longueurs connues.
Vérifie que les trois côtés d'un même triangle sont écrits au numérateur des trois rapports égaux.

Solution

Les droites (AM) et (AN) sont sécantes en A. Les points M et B appartiennent à la droite (AM). Les points C et N appartiennent à la droite (AN). Les droites (BC) et (MN) sont parallèles.
On applique le théorème de Thalès :

$$\frac{AB}{AM} = \frac{AC}{AN} = \frac{BC}{MN}.$$

On remplace par les longueurs connues :

$$\frac{4,5}{AM} = \frac{3}{4,8} = \frac{BC}{6,4}.$$

À l'aide du produit en croix, on obtient :
AM = (4,5 × 4,8) ÷ 3 = 7,2 et BC = (3 × 6,4) ÷ 4,8 = 4.

Pour vérifier que tu as compris ▸ Exercices 1 à 3
Pour t'entraîner ▸ Exercices 4 à 9
Pour préparer le brevet ▸ Exercices 10 à 16

40 Démontrer que des droites sont parallèles

Le théorème de Thalès possède une réciproque qui permet de démontrer le parallélisme ou le non-parallélisme de deux droites. Pour cela, tu devras calculer des rapports et regarder s'ils sont égaux.

RETENIR L'ESSENTIEL

I La réciproque du théorème de Thalès

Soit deux droites $\mathcal{D}$ et $\mathcal{D}'$ sécantes en A. Soit B et M deux points de $\mathcal{D}$ distincts de A. Soit C et N deux points de $\mathcal{D}'$ distincts de A.

Si $\frac{AM}{AB} = \frac{AN}{AC}$ et si les points A, B, M d'une part, et A, C, N d'autre part sont alignés dans cet ordre, alors les droites (BC) et (MN) sont parallèles.

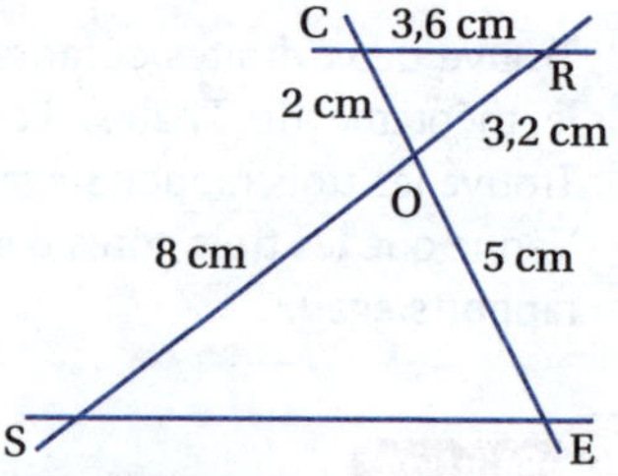

Exemple : Avec les données de la figure ci-contre, on veut montrer que les droites (CR) et (SE) sont parallèles.

On a $\frac{OC}{OE} = \frac{2}{5} = 0{,}4$ et $\frac{OR}{OS} = \frac{3{,}2}{8} = 0{,}4$.

On a donc $\frac{OC}{OE} = \frac{OR}{OS}$.

De plus, les points C, O, E d'une part, et les points R, O, S d'autre part sont alignés dans cet ordre. D'après la réciproque du théorème de Thalès, les droites (CR) et (SE) sont parallèles.

Méthode
Il est indispensable de vérifier la position des points.

II Démontrer que deux droites sont parallèles

Pour démontrer que deux droites sont parallèles, on peut :

- Utiliser la réciproque du théorème de Thalès.
- Démontrer que les deux droites définissent deux angles alternes-internes égaux.

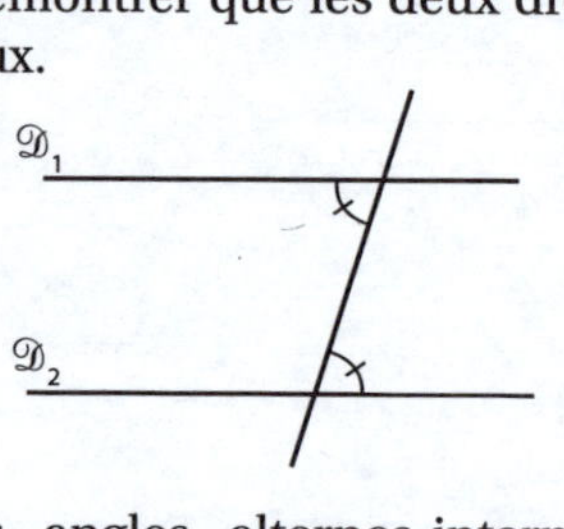

Les angles alternes-internes sont égaux : $\mathcal{D}_1 // \mathcal{D}_2$.

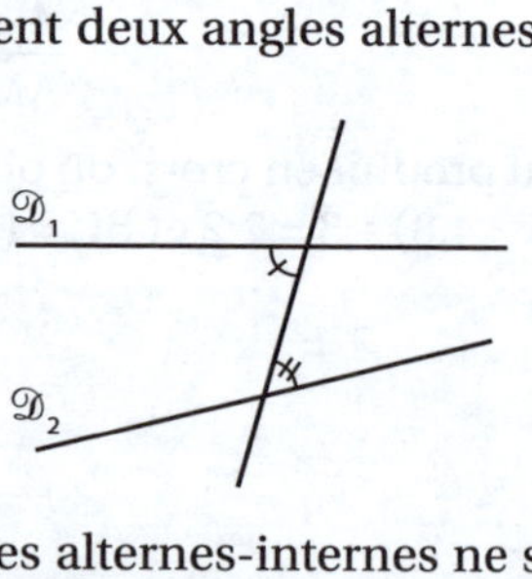

Les angles alternes-internes ne sont pas égaux : $\mathcal{D}_1$ et $\mathcal{D}_2$ ne sont pas parallèles.

APPLIQUER LA MÉTHODE

I Démontrer que deux droites sont parallèles à l'aide de la réciproque de Thalès

Sur la figure ci-contre, on a OD = 4 cm ; OC = 5 cm ; AC = 3 cm ; AB = 6 cm et BD = 2,4 cm. (*La figure n'est pas en vraie grandeur.*)
Démontrer que les droites (AB) et (CD) sont parallèles.

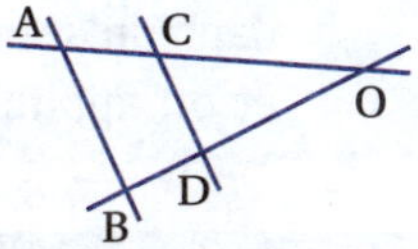

Conseils

Afin d'appliquer la réciproque du théorème de Thalès, tu dois calculer les longueurs OA et OB du triangle OAB.
Ensuite, calcule séparément deux rapports et montre qu'ils donnent la même valeur.

Solution

On commence par calculer les longueurs OA et OB. On a :
OA = OC + AC = 5 + 3 = 8 cm et OB = OD + BD = 4 + 2,4 = 6,4 cm.
On a $\frac{OC}{OA}=\frac{5}{8}=0{,}625$ et $\frac{OD}{OB}=\frac{4}{6{,}4}=0{,}625$. On a donc $\frac{OC}{OA}=\frac{OD}{OB}$.
De plus, les points O, C, A d'une part, et les points O, D, B d'autre part sont alignés dans cet ordre. D'après la réciproque du théorème de Thalès, les droites (AB) et (CD) sont parallèles.

II Démontrer que deux droites sont non-parallèles à l'aide des angles alternes-internes

En utilisant le codage de la figure ci-contre, démontrer que les droites $\mathcal{D}_1$ et $\mathcal{D}_2$ ne sont pas parallèles.

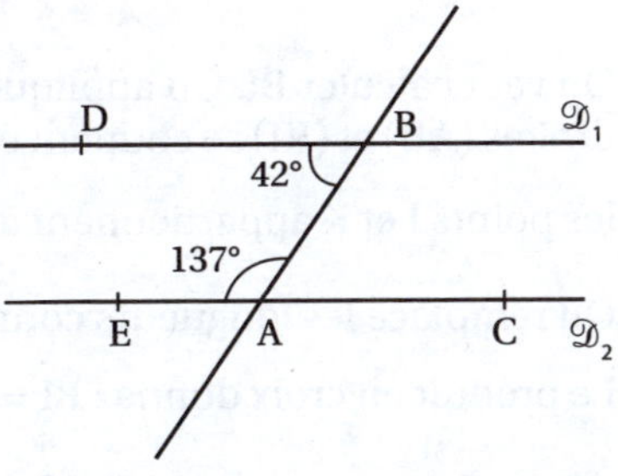

Solution

Calculons l'angle $\widehat{BAC}$:
$\widehat{BAC}+\widehat{BAE}=180°$
$\widehat{BAC}=180°-137°$
$\widehat{BAC}=43°$.
Les angles alternes internes $\widehat{DBA}$ et $\widehat{BAC}$ ne sont pas égaux, les droites $\mathcal{D}_1$ et $\mathcal{D}_2$ ne sont pas parallèles.

Pour vérifier que tu as compris ▸ Exercices 1 à 3
Pour t'entraîner ▸ Exercices 4 à 9
Pour préparer le brevet ▸ Exercices 10 à 16

41 Utiliser le théorème de Thalès et sa réciproque dans l'espace

Le théorème de Thalès et sa réciproque peuvent s'appliquer dans un solide. On cherche alors deux droites sécantes en un point et on applique le théorème dans cette configuration.

RETENIR L'ESSENTIEL

I Utiliser le théorème de Thalès

On peut retrouver une configuration de Thalès dans un solide coupé par un plan parallèle ou perpendiculaire à la base.

> **Mot-clé**
> Une **configuration de Thalès** est une figure dans laquelle on retrouve deux droites sécantes coupées par deux parallèles.

Exemple : Les deux cônes de révolution de rayons KA et IB, sont opposés par le sommet. Les droites (AB) et (KI) se coupent en S, et de plus (BI) et (KA) sont parallèles. On donne : KA = 4,5 cm ; KS = 6 cm et SI = 4 cm.

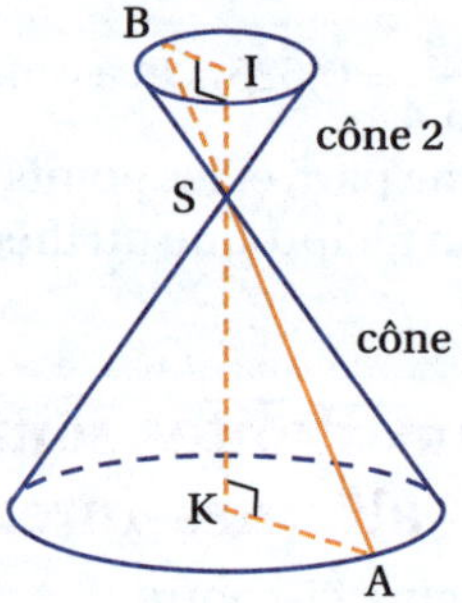

On veut calculer BI. On applique le théorème de Thalès en observant que les droites (AB) et (KI) se coupent en S. Les points A et B appartiennent à (AB) et les points I et K appartiennent à (KI). On obtient : $\frac{SI}{SK}=\frac{SB}{SA}=\frac{BI}{KA}$.

On remplace les longueurs connues : $\frac{4}{6}=\frac{SB}{SA}=\frac{BI}{4,5}$.

Le produit en croix donne : BI = (4 × 4,5) ÷ 6 = 3 cm.

II Utiliser la réciproque du théorème de Thalès

On applique la **réciproque du théorème de Thalès** à deux droites sécantes de l'espace pour montrer que deux droites sont parallèles. On calcule alors deux rapports qui doivent être égaux et on vérifie la position des points.

APPLIQUER LA MÉTHODE

I Appliquer le théorème de Thalès

Sur la figure ci-contre, SABCD est une pyramide à base rectangulaire, de hauteur [SH], où H est le centre du rectangle ABCD.
On donne : AB = 6 cm, SA = 8 cm et SA′ = 3 cm. (AB) est parallèle à (A′B′).
Calculer A′B′.

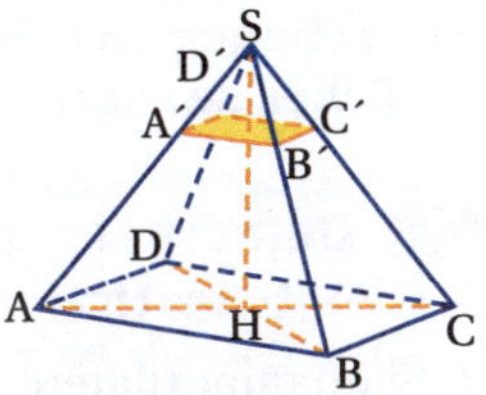

Conseils

Observe les droites sécantes (SA) et (SB). Elles sont coupées par les parallèles (AB) et (A′B′). Applique le théorème de Thalès en écrivant trois rapports égaux.

Solution

Les droites (SA) et (SB) sont sécantes en S. En outre, les droites (AB) et (A′B′) sont parallèles. On applique alors le théorème de Thalès.
On a $\frac{SA'}{SA}=\frac{SB'}{SB}=\frac{A'B'}{AB}$. On en déduit que $\frac{3}{8}=\frac{A'B'}{6}$.
À l'aide du produit en croix, on obtient : A′B′ = (3 × 6) ÷ 8 = 2,25 cm.

II Appliquer la réciproque du théorème de Thalès

Sur la figure ci-contre, SABCD est une pyramide à base carrée de hauteur [SA] telle que SE = 3 cm, SA = 12 cm, SB = 15 cm et SF = 3,75 cm.
Montrer que les droites (EF) et (AB) sont parallèles.

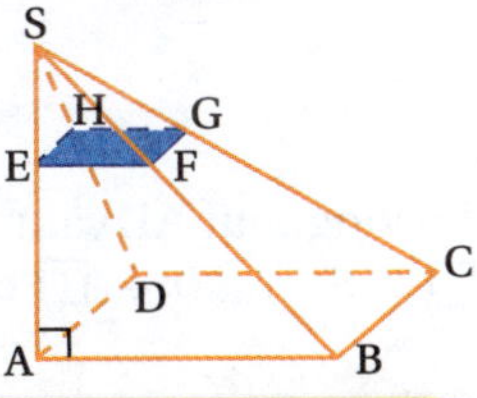

Conseils

Les droites sécantes (SA) et (SB) sont coupées par les droites (EF) et (AB). Montre qu'il y a deux rapports égaux et applique la réciproque du théorème de Thalès.

Solution

On applique la réciproque du théorème de Thalès aux droites (SA) et (SB) sécantes en S. On a $\frac{SE}{SA}=\frac{3}{12}=0{,}25$ et $\frac{SF}{SB}=\frac{3{,}75}{15}=0{,}25$. Les points S, E, A d'une part, et les points S, F, B d'autre part sont alignés dans cet ordre et $\frac{SE}{SA}=\frac{SF}{SB}$. D'après la réciproque du théorème de Thalès, les droites (EF) et (AB) sont parallèles.

Pour vérifier que tu as compris
▸ Exercices 1 à 3

Pour t'entraîner
▸ Exercices 4 à 9

Pour préparer le brevet
▸ Exercices 10 à 16

Se tester QUIZ

Vérifie que tu as bien compris les points clés des **fiches 38 à 41.**

Pour chaque question, vérifie ta réponse à l'aide du corrigé et consulte les fiches de cours si nécessaire.

1 Démontrer qu'un quadrilatère est particulier

→ RÉVISE LA FICHE 38

1. Si un quadrilatère a quatre angles droits, on est sûr que c'est :

☐ **a.** un losange ☐ **b.** un carré ☒ **c.** un rectangle

2. EFGH est un parallélogramme qui possède un angle droit. On est sûr que EFGH est :

☐ **a.** un carré ☒ **b.** un rectangle ☐ **c.** un losange

2 Calculer une longueur à l'aide du théorème de Thalès

→ RÉVISE LA FICHE 39

On considère la figure ci-dessous.
On donne AB = 12 ; AC = 8 ; AD = 6.

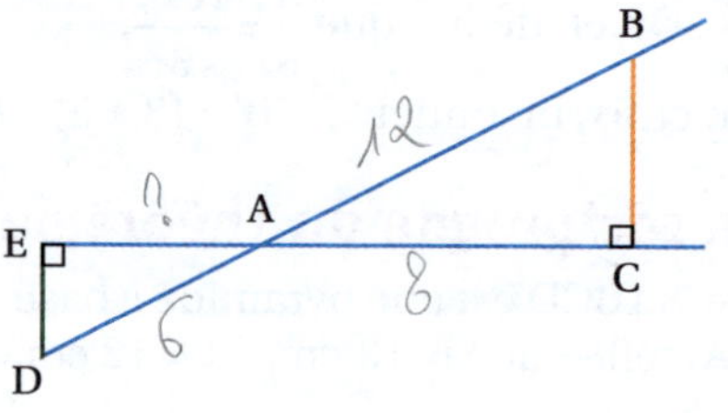

La longueur AE vaut :

☐ **a.** 3 ☒ **b.** 4 ☐ **c.** 5

3 Démontrer que les droites sont parallèles

→ RÉVISE LA FICHE 40

On considère la figure ci-contre (*elle n'est pas en vraie grandeur*).

Les points N, O, R d'une part et les points M, O, S d'autre part sont alignés dans cet ordre.

Pour appliquer la réciproque du théorème de Thalès aux droites (MN) et (RS), on compare les rapports :

☐ **a.** $\frac{ON}{OR}$ et $\frac{OM}{OS}$ ☐ **b.** $\frac{OM}{OR}$ et $\frac{ON}{OS}$ ☐ **c.** $\frac{ON}{OM}$ et $\frac{OR}{OS}$

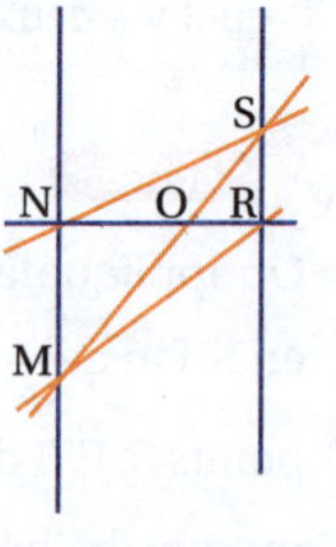

S'entraîner

Vérifie que tu sais appliquer les méthodes des **fiches 38 à 41.**

Pour chaque exercice, consulte la méthode indiquée, et compare ta réponse à celle qui est donnée dans le corrigé.

4 Utiliser la réciproque du théorème de Thalès

→ APPLIQUE LA MÉTHODE DE LA FICHE 40

Les points O, A et C sont alignés, ainsi que les points O, B et D.

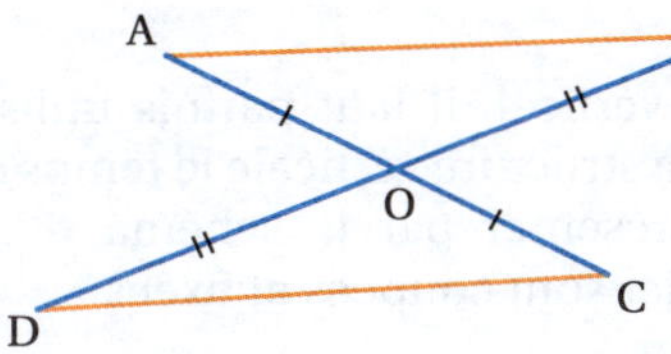

En utilisant le codage et les données de la figure ci-dessus, est-il vrai que les droites (AB) et (CD) sont parallèles ? Justifier vos affirmations.

5 Calculer une longueur à l'aide du théorème de Thalès

→ APPLIQUE LES MÉTHODES DES FICHES 35 ET 39

Une commune souhaite aménager des parcours de santé sur son territoire. On fait deux propositions au conseil municipal, schématisées ci-dessous :
- le parcours ACDA ;
- le parcours AEFA.

(E′F′) // (EF)
AC = 1,4 km
CD = 1,05 km
AE′ = 0,5 km
AE = 1,3 km
AF = 1,6 km
E′F′ = 0,4 km
L'angle $\widehat{A}$ dans le triangle AEF vaut 30°.

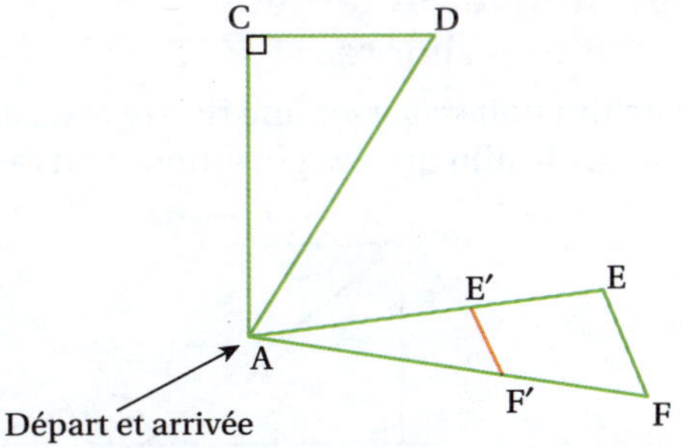

Attention ! La figure proposée au conseil municipal n'est pas à l'échelle, mais les codages et les dimensions données sont exacts.

La commune souhaite réaliser un parcours dont la longueur s'approche le plus possible de 4 km. Lequel de ces parcours convient le mieux ? Justifier.

6 Reconnaître un quadrilatère particulier

→ APPLIQUE LA MÉTHODE DE LA FICHE 38

Le quadrilatère ci-contre est-il un carré ?
Attention ! La figure proposée n'est pas à l'échelle, mais les codages sont corrects.

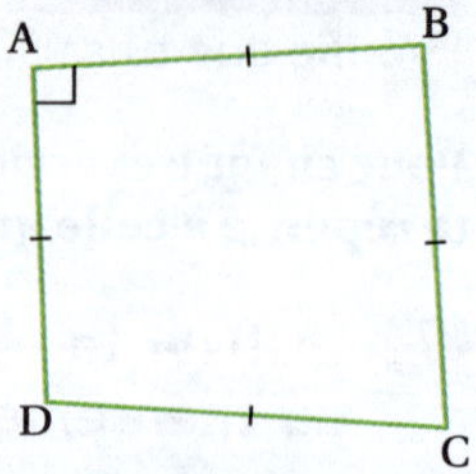

7 Utiliser le théorème de Thalès

→ APPLIQUE LES MÉTHODES DES FICHES 35 ET 39

Pour construire un mur vertical, il faut parfois utiliser un coffrage et un étayage qui maintiendra la structure verticale le temps que le béton durcisse. Cet étayage peut se représenter par le schéma ci-contre. Les poutres de fer sont coupées et fixées de façon que :

- les segments [AB] et [AE] sont perpendiculaires ;
- C est situé sur la barre [AB] ;
- D est situé sur la barre [BE] ;
- AB = 3,5 m ; AE = 2,625 m et CD = 1,5 m.

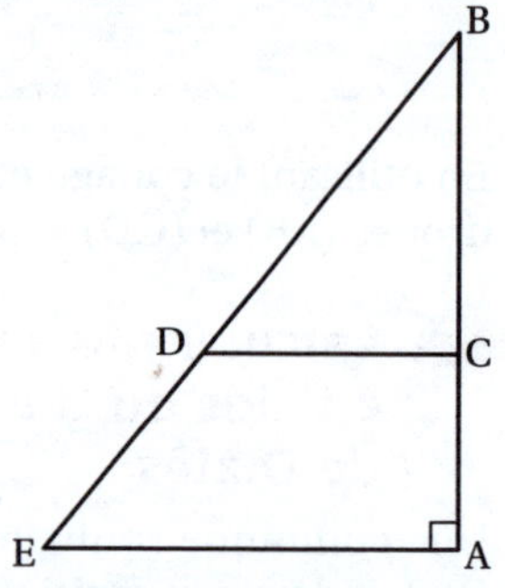

1. Calculer BE.

2. Les barres [CD] et [AE] doivent être parallèles.
À quelle distance de B faut-il placer le point C ?

8 Trouver la largeur d'une rivière

→ APPLIQUE LA MÉTHODE DE LA FICHE 39

Joachim doit traverser une rivière avec un groupe d'amis. Il souhaite installer une corde afin que les personnes peu rassurées puissent se tenir.

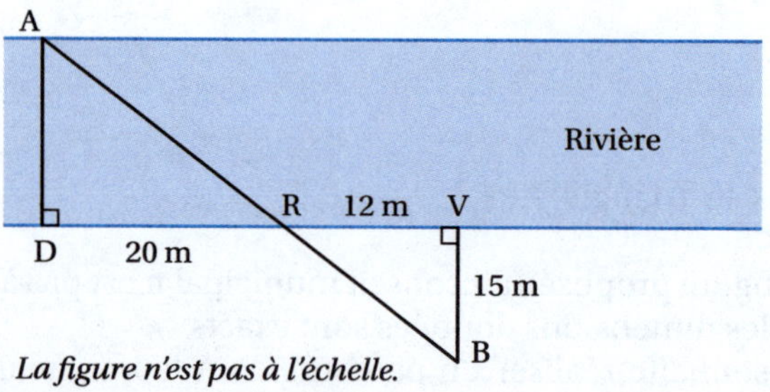

La figure n'est pas à l'échelle.

Il veut connaître la largeur de la rivière à cet endroit (nommé D) pour déterminer si la corde dont il dispose est assez longue. Pour cela il a repéré un arbre (nommé A) sur l'autre rive.
Il parcourt 20 mètres sur la rive rectiligne où il se situe et trouve un nouveau repère : un rocher (nommé R).

Ensuite il poursuit sur 12 mètres et s'éloigne alors de la rivière, à angle droit, jusqu'à ce que le rocher soit aligné avec l'arbre depuis son point d'observation (nommé B). Il parcourt pour cela 15 mètres.
Il est alors satisfait : sa corde d'une longueur de 30 mètres est assez longue pour qu'il puisse l'installer entre les points D et A.
À l'aide de la figure, confirmer sa décision.

9 Utiliser le théorème de Thalès dans l'espace

→ APPLIQUE LA MÉTHODE DE LA FICHE 41

On considère la figure ci-contre (elle n'est pas en vraie grandeur).
ABCDEFGH est un parallélépipède rectangle.
Dans ce parallélépipède, on a construit le prisme droit AIJKLD dont une base est le triangle AIJ rectangle en I. On donne : EF = 12 cm ; AD = 13 cm ; AE = 5 cm ; AI = 2 cm.
Les droites (EF) et (IJ) sont parallèles.

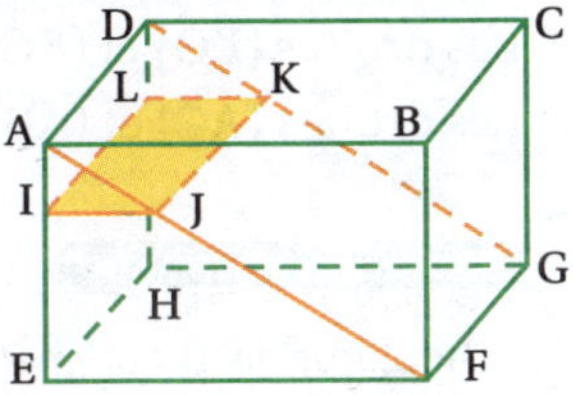

1. Calcule la longueur IJ.
2. Calcule la longueur AJ.

Vers le brevet

Exerce-toi en vue du brevet et révise les **fiches 38 à 41.**

Pour chaque sujet, aide-toi des conseils donnés et compare ta réponse à celle donnée dans le corrigé.

SUJET TYPE 10 Reconnaître un quadrilatère particulier

20 min

→ APPLIQUE LA MÉTHODE DE LA FICHE 38

1. Tracer un triangle OBC rectangle en O tel que OB = 3 et OC = 6.
2. Calculer la valeur exacte de la longueur BC.
3. Construire le point D symétrique de B par rapport à O, puis le point A tel que le quadrilatère ABCD soit un parallélogramme.
4. Montrer que O est le milieu de [AC].
5. Démontrer que ABCD est un losange.

Démarrons ensemble

2. Applique le théorème de Pythagore au triangle OBC rectangle en O.
3. Vérifie que [AC] est une diagonale du parallélogramme ABCD.
4. Cherche une propriété possédée par les diagonales du parallélogramme ABCD.
5. Tu sais que ABCD est un parallélogramme. Observe ses diagonales.

11 Démontrer que deux droites sont parallèles

15 min

→ APPLIQUE LA MÉTHODE DE LA FICHE 38

Sur la figure ci-contre (elle n'est pas en vraie grandeur) :

- les points K, A, F, C sont alignés ;
- les points G, A, E, B sont alignés ;
- (EF) et (BC) sont parallèles ;
- AB = 5 et AC = 6,5 ;
- AE = 3 et EF = 4,8 ;
- AK = 2,6 et AG = 2.

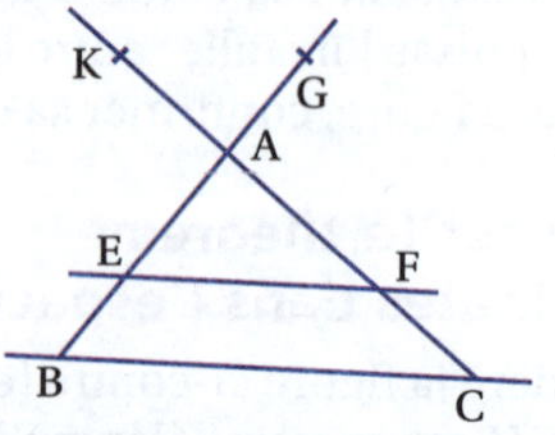

1. Démontrer que BC = 8.

2. Les droites (KG) et (BC) sont-elles parallèles ? Justifier.

3. Les droites (AC) et (AB) sont-elles perpendiculaires ? Justifier.

Démarrons ensemble

1. Applique le théorème de Thalès aux droites (AB) et (AC) en considérant les droites parallèles (EF) et (BC).

2. Cette fois-ci, c'est la réciproque du théorème de Thalès qu'il faut utiliser.

3. Cherche si le triangle ABC est rectangle en A. Tu connais la longueur de ses trois côtés.

SUJET TYPE

12 Mesurer un arbre

20 min

→ APPLIQUE LA MÉTHODE DE LA FICHE 39

Julien veut mesurer un jeune chêne avec une croix de bûcheron comme le montre le schéma ci-dessous.

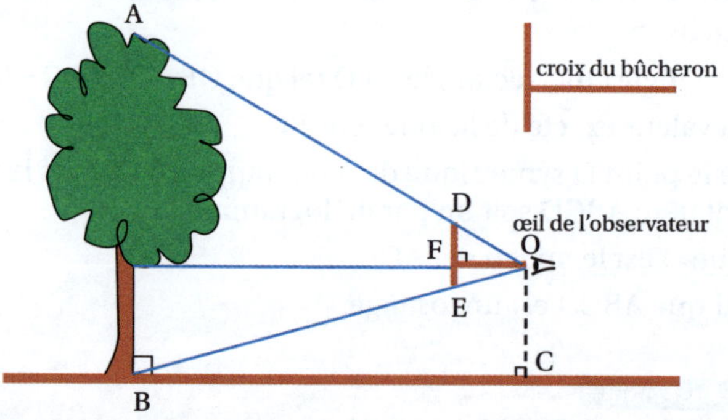

Il place la croix de sorte que O, D et A d'une part et O, E et B d'autre part soient alignés. Il sait que DE = 20 cm et OF = 35 cm. Il place [DE] verticalement et [OF] horizontalement. Il mesure au sol BC = 7,7 m.

1. Le triangle ABO est un agrandissement du triangle ODE. Justifier que le coefficient d'agrandissement est 22.

2. Calculer la hauteur de l'arbre en mètres.

3. Certaines croix du bûcheron sont telles que DE = OF. Quel avantage apporte ce type de croix ?

4. Julien enroule une corde autour du tronc de l'arbre à 1,5 m du sol.
Il mesure ainsi une circonférence de 138 cm.
Quel est le diamètre de cet arbre à cette hauteur ? Donner un arrondi au centimètre près.

Démarrons ensemble

1. Divise la longueur de la hauteur issue de O dans le triangle OAB par la longueur de celle issue de O dans le triangle ODE.
2. Tu connais le coefficient d'agrandissement. Compare les longueurs AB et DE.
3. Explique pourquoi, dans ce cas, le coefficient d'agrandissement est plus facile à calculer.
4. Souviens-toi que la longueur d'un cercle est égale au produit de π par le diamètre.

SUJET TYPE

13 Éclairage arrière d'une voiture

20 min

→ APPLIQUE LA MÉTHODE DE LA FICHE 39

En se retournant lors d'une marche arrière, le conducteur d'une camionnette voit le sol à 6 mètres derrière son camion.
Sur le schéma, la zone grisée correspond à ce que le conducteur ne voit pas lorsqu'il regarde en arrière.

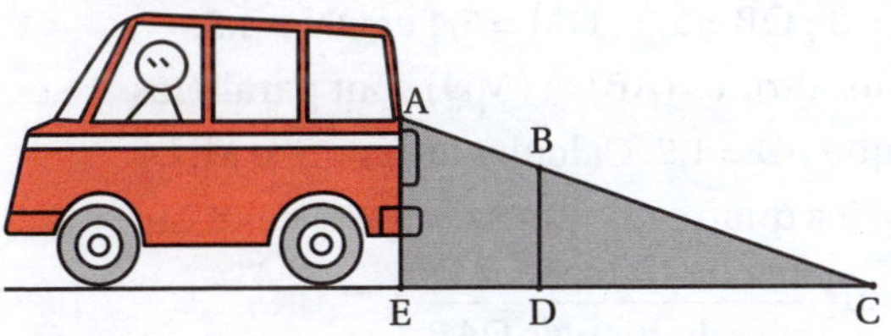

Données : (AE) // (BD) ; AE = 1,50 m ; BD = 1,10 m ; EC = 6 m.

1. Calculer CD.

2. En déduire que ED = 1,60 m.

3. Une fillette mesure 1,10 m. Elle passe à 1,40 m derrière la camionnette. Le conducteur peut-il la voir ? Expliquer.

Démarrons ensemble

1. Observe que les droites (CA) et (CE) sont sécantes en C. Elles sont coupées par deux parallèles. Applique le théorème de Thalès à cette configuration.
2. Le point D appartient au segment [EC]. Calcule la longueur ED par soustraction.
3. Observe que la taille de la fillette est égale à la longueur du segment [BD].

14 Appliquer le théorème de Thalès dans l'espace

10 min

→ APPLIQUE LA MÉTHODE DE LA FICHE 40

SABCD est une pyramide à base rectangulaire ABCD, de hauteur [SA].
On donne SA = 15 cm, AB = 8 cm et BC = 11 cm.
La figure n'est pas en vraie grandeur.

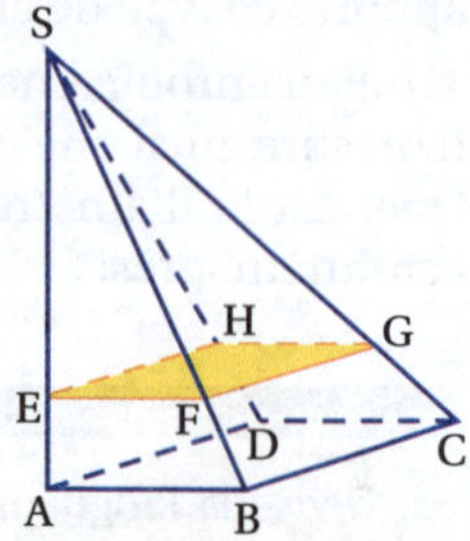

1. Démontrer que SB = 17 cm.
2. On note E le point de [SA] tel que SE = 12 cm et F le point de [SB] tel que SF = 13,6 cm. Montrer que les droites (EF) et (AB) sont parallèles.

Démarrons ensemble

1. Explique d'abord pourquoi le triangle ABS est rectangle en S.
2. Applique la réciproque du théorème de Thalès aux droites (SA) et (SB) sécantes en S.

15 Théorème de Thalès et calcul d'aire

15 min

→ APPLIQUE LA MÉTHODE DE LA FICHE 40

La figure ci-contre n'est pas en vraie grandeur ; on ne demande pas de la reproduire.
Les droites (AM) et (BN) sont sécantes en O. Les dimensions sont en centimètres.
On donne : OA = 3 ; OB = 2,5 ; OM = 5,4 et ON = 4,5.

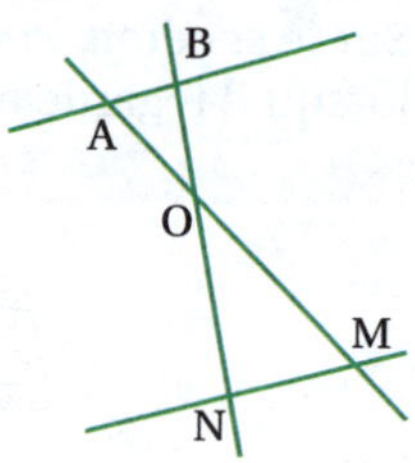

1. Montrer que les droites (AB) et (MN) sont parallèles.
2. On suppose que AB = 1,2. Calculer la distance MN.
3. Choisir parmi les quatre nombres ci-après, celui qui est égal au rapport $\frac{\text{aire du triangle OMN}}{\text{aire du triangle OAB}}$:

a. 0,6 ; **b.** 1,8 ; **c.** 3,24 ; **d.** 3,6.

Démarrons ensemble

1. Applique la réciproque du théorème de Thalès.
2. Tu as démontré à la question précédente que les droites (AB) et (MN) sont parallèles. Trouve le troisième rapport.
3. Cherche le coefficient d'agrandissement qui permet de passer du triangle OAB au triangle OMN.

SUJET TYPE 16 10 min

Calculer l'assise d'un tabouret

→ APPLIQUE LA MÉTHODE DE LA FICHE 39

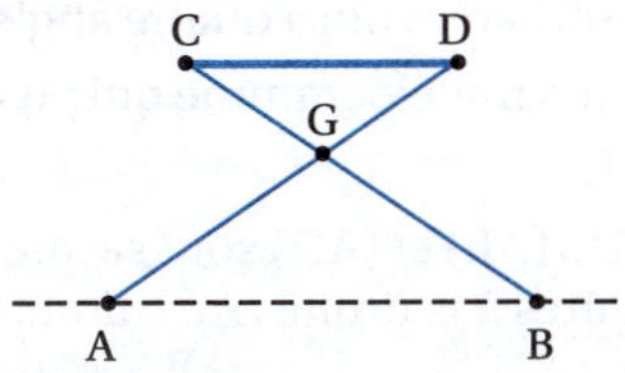

On a modélisé géométriquement un tabouret pliant par les segments [CB] et [AD] pour l'armature métallique et le segment [CD] pour l'assise en toile.
On a CG = DG = 30 cm, AG = BG = 45 cm et AB = 51 cm.
Pour des raisons de confort, l'assise [CD] est parallèle au sol représenté par la droite (AB).
Déterminer la longueur CD de l'assise.

Démarrons ensemble

Observe que les droites (AD) et (CB) sont sécantes en G. Elles sont coupées par deux parallèles. Applique le théorème de Thalès à cette configuration pour calculer la longueur CD.

Se tester QUIZ

1 **1. Réponse c.** Un quadrilatère qui a quatre angles droits est un rectangle.
2. Réponse b. EFGH est un parallélogramme qui possède un angle droit, c'est un rectangle.

2 **Réponse b.** Les droites (AE) et (AD) sont sécantes en A. Les droites (DE) et (BC) sont perpendiculaires à la droite (AC), donc elles sont parallèles.

On applique le théorème de Thalès. On a $\frac{AE}{AC}=\frac{AD}{AB}=\frac{DE}{BC}$. Avec un produit en croix on obtient $\frac{AE}{8}=\frac{6}{12}$, soit $AE=\frac{6\times 8}{12}=4$.
La longueur AE vaut 4.

3 **Réponse a.** Pour appliquer la réciproque du théorème de Thalès aux droites (MN) et (RS), on compare les rapports $\frac{ON}{OR}$ et $\frac{OM}{OS}$.

S'entraîner

4 En observant le codage, on voit que OA = OC et OB = OD. On obtient $\frac{OA}{OC}=\frac{OA}{OA}=1$ et $\frac{OB}{OD}=\frac{OB}{OB}=1$. On en déduit que $\frac{OA}{OC}=\frac{OB}{OD}$. De plus, O, A et C sont alignés et O, B et D sont alignés. On applique la réciproque du théorème de Thalès. Les droites (AB) et (CD) sont parallèles.

5 • Calculons la longueur du parcours ACDA.
Pour calculer la longueur AD, on applique le théorème de Pythagore au triangle ACD rectangle en C. On a :
$AD^2 = AC^2 + CD^2$
$AD^2 = 1{,}4^2 + 1{,}05^2$
$AD^2 = 3{,}0625$
$AD = 1{,}75$.
On obtient AC + CD + AD = 1,4 + 1,05 + 1,75 = 4,2.
La longueur du parcours ACDA est égale à 4,2 km.

• Calculons la longueur du parcours AEFA.
Pour calculer la longueur EF, on applique le théorème de Thalès. Les droites (AE) et (AF) sont sécantes en A. E′ appartient à (AE) et F′ appartient à (AF).

On a $\frac{AE'}{AE}=\frac{AF'}{AF}=\frac{E'F'}{EF}$

$\frac{0{,}5}{1{,}3}=\frac{AF'}{1{,}6}=\frac{0{,}4}{EF}$

$0{,}5\times EF=0{,}4\times 1{,}3$

$EF=1{,}04$.

On obtient AE + EF + AF = 1,3 + 1,04 + 1,6 = 3,94.
La longueur du parcours AEFA est égale à 3,94 km.
3,94 km est la longueur la plus proche de 4 km. Le conseil municipal va choisir le parcours AEFA.

6 Le quadrilatère possède quatre côtés de même longueur, c'est donc un losange. Il possède un angle droit. C'est donc un carré.

7 **1.** Pour calculer BE, on applique le théorème de Pythagore au triangle ABE rectangle en A. On a :

$BE^2 = AB^2 + AE^2$

$BE^2 = 3{,}5^2 + 2{,}625^2$

$BE^2 = 19{,}140625$

$BE = 4{,}375$.

2. Pour calculer BC, on applique le théorème de Thalès. Les droites (BE) et (BA) sont sécantes en B. Les droites (CD) et (AE) sont parallèles. Le point D appartient à (BE) et le point C appartient à (BA). On a :

$$\frac{BD}{BE} = \frac{BC}{BA} = \frac{DC}{EA}$$

$$\frac{BD}{BE} = \frac{BC}{3{,}5} = \frac{1{,}5}{2{,}625}$$

$2{,}625 \times BC = 1{,}5 \times 3{,}5$

$BC = 2$.

Il faut placer B à 2 m de C.

8 On doit comparer la largeur de la rivière, c'est à dire la longueur DA avec la longueur de la corde.

Pour calculer la longueur DA, on applique le théorème de Thalès. Les droites (RA) et (RD) sont sécantes en R. Les droites (AD) et (BV) sont perpendiculaires à la droite (DV), donc elles sont parallèles. B appartient à (RA) et V appartient à (RD). On a :

$$\frac{RA}{RB} = \frac{RD}{RV} = \frac{DA}{VB}.$$

On remplace les longueurs connues : $\frac{RA}{RB} = \frac{20}{12} = \frac{DA}{15}$.

À l'aide du produit en croix, on a $12 \times DA = 15 \times 20$, soit $DA = 25$.
La largeur de la rivière est égale à 25 m. La corde mesure 30 m. On peut donc confirmer la décision de Joachim.

9 **1.** Pour calculer la longueur IJ, on applique le théorème de Thalès en observant que les droites (AE) et (AF) se coupent en A. Les points I et E appartiennent à (AE) et les points J et F appartiennent à (AF). On obtient :

$$\frac{AI}{AE} = \frac{AJ}{AF} = \frac{IJ}{EF}.$$

On remplace les longueurs connues : $\frac{2}{5} = \frac{AJ}{AF} = \frac{IJ}{12}$. À l'aide du produit en croix, on a IJ = (2 × 12) ÷ 5 = 4,8.

2. Pour calculer la longueur AJ, il manque dans les rapports précédents la longueur AF. Pour calculer AF, on applique le théorème de Pythagore au triangle AEF rectangle en E. On a :
$AF^2 = AE^2 + EF^2$
$AF^2 = 5^2 + 12^2$
$AF^2 = 169 = 13^2$
$AF = 13$.
On remplace alors AF par 13 dans l'égalité des rapports. On obtient : $\frac{2}{5} = \frac{AJ}{13}$.
À l'aide d'un produit en croix, on a :
$2 \times 13 = 5 \times AJ$
$AJ = (2 \times 13) \div 5$
$AJ = 5{,}2$.

Vers le brevet

10 **1.** et **3.** Voici la figure complète. *Elle n'est pas en vraie grandeur.*

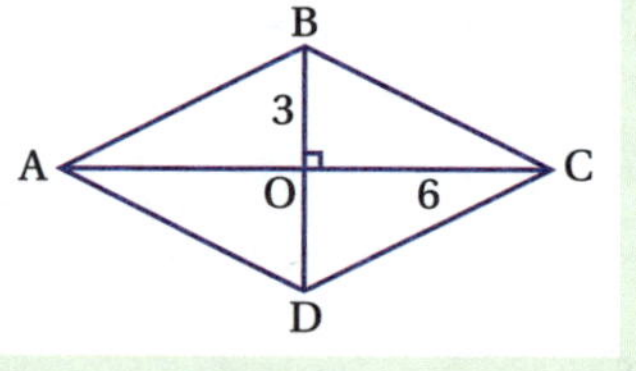

2. On applique le théorème de Pythagore au triangle OBC rectangle en O. On a :
$BC^2 = OC^2 + BO^2 = 6^2 + 3^2 = 45$.
Or $BC > 0$, donc $BC = \sqrt{45}$.

3. Voir le schéma ci-dessus.

4. Le point D est le symétrique de B par rapport à O, donc O est le milieu de [BD]. Or ABCD est un parallélogramme. Ses diagonales [BD] et [AC] ont le même milieu O. Donc O est le milieu de [AC].

5. ABCD est un parallélogramme. De plus, le triangle OBC est rectangle en O, donc les diagonales du parallélogramme ABCD sont perpendiculaires. ABCD est donc un losange.

> **Méthode**
> Tu sais que ABCD est un parallélogramme. Tu sais que ses diagonales ont le même milieu. Tu cherches une autre propriété qui en fera un losange.

11 **1.** On applique le théorème de Thalès en observant que les droites (AB) et (AC) se coupent en A. Les points B et E appartiennent à (AE) et les points F et C appartiennent à (AC). On obtient : $\frac{AE}{AB} = \frac{AF}{AC} = \frac{EF}{BC}$.

On remplace les longueurs connues : $\frac{3}{5} = \frac{AF}{6{,}5} = \frac{4{,}8}{BC}$. À l'aide du produit en croix, on a $BC = (4{,}8 \times 5) \div 3 = 8$.

2. On applique la réciproque du théorème de Thalès aux droites (BG) et (CK) sécantes en A.

On a $\frac{AG}{AB}=\frac{2}{5}=0{,}4$ et $\frac{AK}{AC}=\frac{2{,}6}{6{,}5}=0{,}4$. On a donc $\frac{AG}{AB}=\frac{AK}{AC}$.

En outre, les points G, A, B d'une part, et les points K, A, C d'autre part sont alignés dans cet ordre. D'après la réciproque du théorème de Thalès, les droites (KG) et (BC) sont parallèles.

Attention !
Pour calculer une longueur, on emploie le théorème de Thalès et pour montrer le parallélisme de deux droites, on emploie sa réciproque.

3. On calcule les carrés des longueurs des trois côtés :
$AB^2 = 25$, $AC^2 = 42{,}25$ et $BC^2 = 64$.

On observe que $BC^2 \neq AB^2 + AC^2$. D'après la réciproque du théorème de Pythagore, le triangle ABC n'est pas rectangle. Les droites (AC) et (AB) ne sont pas perpendiculaires.

12 **1.** Le triangle ABO est un agrandissement du triangle ODE. La hauteur issue de O dans le triangle ABO mesure 7,7 m et celle issue de O dans le triangle ODE mesure 35 cm ou 0,35 m. Le coefficient d'agrandissement est donné par le rapport $\frac{BC}{OF}=\frac{7{,}7}{0{,}35}=22$. Le coefficient d'agrandissement est 22.

2. Le coefficient d'agrandissement est 22. On a donc AB = 22 × DE, soit AB = 440 cm.
L'arbre mesure 440 cm ou 4,4 m.

3. Certaines croix du bûcheron sont telles que DE = OF. D'après ce qui précède, on a l'égalité de rapports $\frac{BC}{OF}=\frac{AB}{DE}$. Or si DE = OF, alors AB = BC, ce qui facilite les calculs.

4. La longueur d'un cercle de diamètre d est égale à $\pi \times d$. On a donc $138 = \pi \times d$, d'où $d = 138 \div \pi$. Un arrondi au centimètre près du diamètre est 44 cm.

Mot-clé
La longueur d'un cercle s'appelle aussi la circonférence d'un cercle.

13 **1.** Pour calculer CD, on applique le théorème de Thalès en observant que les droites (CA) et (CE) se coupent en C. Les points A et B appartiennent à (CA) et les points D et E appartiennent à (CE). On obtient : $\frac{CB}{CA}=\frac{CD}{CE}=\frac{BD}{AE}$.

Attention !
La longueur du **segment [CD]** s'écrit CD sans crochets.

On remplace les longueurs connues : $\frac{CB}{CA}=\frac{CD}{6}=\frac{1{,}10}{1{,}50}$.
À l'aide du produit en croix, on a :
1,50 × CD = 1,10 × 6
CD = (1,10 × 6) ÷ 1,5
CD = 4,4 m.

2. Le point D appartient au segment [EC], donc EC = ED + DC. On a alors :
ED = EC – DC
ED = 6 – 4,4.
D'où ED = 1,60 m.

3. Une fillette mesure 1,10 m. Sa taille représente la longueur du segment [BD]. Or D est situé à 1,60 m derrière la camionnette. La fillette passe à 1,40 m derrière la camionnette, elle est donc plus près de la camionnette que le point D. Le conducteur ne peut pas la voir.

14 **1.** SABCD est une pyramide à base rectangulaire ABCD, de hauteur [SA]. Donc le triangle ABS est rectangle en A. On applique le théorème de Pythagore à ce triangle. On a $SB^2 = SA^2 + AB^2 = 15^2 + 8^2 = 289$.
Or SB > 0, donc $SB = \sqrt{289} = 17$.

2. On applique la réciproque du théorème de Thalès aux droites (SA) et (SB) sécantes en S.
On a $\frac{SE}{SA} = \frac{12}{15} = 0{,}8$ et $\frac{SF}{SB} = \frac{13{,}6}{17} = 0{,}8$. On a donc $\frac{SE}{SA} = \frac{SF}{SB}$.
En outre, les points S, E, A d'une part, et les points S, F, B d'autre part sont alignés dans cet ordre. D'après la réciproque du théorème de Thalès, les droites (EF) et (AB) sont parallèles.

> **Attention !**
> Pour appliquer le théorème de Thalès dans l'espace, il faut trouver deux droites **sécantes**.

15 **1.** On applique la réciproque du théorème de Thalès aux droites (AM) et (BN) sécantes en O.
On a $\frac{OA}{OM} = \frac{3}{5{,}4} = \frac{30}{54} = \frac{5}{9}$ et $\frac{OB}{ON} = \frac{2{,}5}{4{,}5} = \frac{5}{9}$. On a donc $\frac{OA}{OM} = \frac{OB}{ON}$.
De plus, les points A, O, M d'une part, et les points B, O, N d'autre part sont alignés dans cet ordre. D'après la réciproque du théorème de Thalès, les droites (AB) et (MN) sont parallèles.

2. Les droites (AB) et (MN) sont parallèles, donc $\frac{OA}{OM} = \frac{OB}{ON} = \frac{AB}{MN}$. On en déduit que $\frac{5}{9} = \frac{1{,}2}{MN}$. D'où $5 \times MN = 9 \times 1{,}2$, soit $MN = 2{,}16$.

3. Réponse c. Le triangle OMN est un agrandissement du triangle AOB. On sait que $\frac{OM}{OA} = \frac{9}{5}$. Le coefficient d'agrandissement est $\frac{9}{5}$, soit 1,8.
On a alors $\frac{\text{aire du triangle OMN}}{\text{aire du triangle OAB}} = 1{,}8^2 = 3{,}24$.

> **Méthode**
> Si le **coefficient d'agrandissement** est k, alors les aires sont multipliées par k^2.

16 On applique le théorème de Thalès en observant que les droites (AD) et (CB) se coupent en G. Les points B et C appartiennent à (BC) et les points A et D appartiennent à (AD). On obtient $\frac{AG}{DG} = \frac{BG}{CG} = \frac{AB}{CD}$.
On remplace les longueurs connues : $\frac{45}{30} = \frac{45}{30} = \frac{51}{CD}$.
À l'aide du produit en croix, on a :
$45 \times CD = 51 \times 30$, soit $CD = (51 \times 30) \div 45$ et $CD = 34$.
L'assise du tabouret mesure 34 cm.

> **Attention !**
> Vérifie que tu as écrit au numérateur des trois rapports les côtés d'un même triangle.

GÉOMÉTRIE, GRANDEURS ET MESURES

Géométrie dans l'espace

Réponse : Oui, car le produit du volume d'un cône par 3 est égal au volume du cylindre de même hauteur et de même base que le cône.

FICHES

EXERCICES & SUJETS

CORRIGÉS

42 Caractériser une sphère et s'y repérer

Le système des coordonnées géographiques constitué de la longitude et de la latitude est un des moyens de repérer un point sur la Terre. Cette théorie repose sur les notions de parallèles et de méridiens.

RETENIR L'ESSENTIEL

I Caractériser une sphère

- Une **sphère** de centre O et de rayon *r* est l'ensemble des points M de l'espace tels que OM = *r*.
- Le cercle de centre O et de rayon OA est un **grand cercle** (OA = *r*).
- Les segments [AB] et [EF] sont des **diamètres** de la sphère.
- Le segment [AC] est une **corde** du grand cercle.

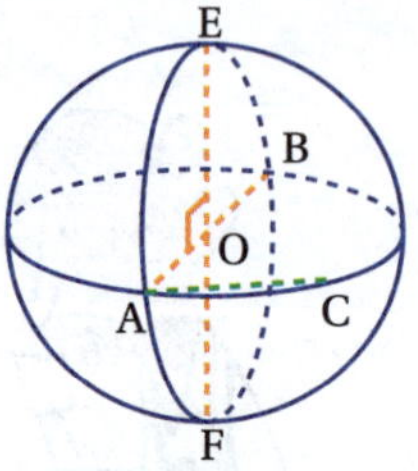

II Se repérer sur la sphère

Attention !
Le point O n'appartient pas à la sphère.

- La **longitude** est l'angle mesuré en degrés qui sépare un méridien du méridien de Greenwich.
Cette mesure est exprimée par un nombre de 0° à 180° en allant vers l'ouest, ou par un nombre de 0° à 180° en allant vers l'est.
- La **latitude** est l'angle mesuré en degrés, de 0° à 90°, qui sépare un parallèle de l'équateur. Dans l'hémisphère nord, on parle de latitude nord et dans l'hémisphère sud, on parle de latitude sud.

Exemple : La latitude de New-York est de 40° nord et sa longitude est de 74° ouest.

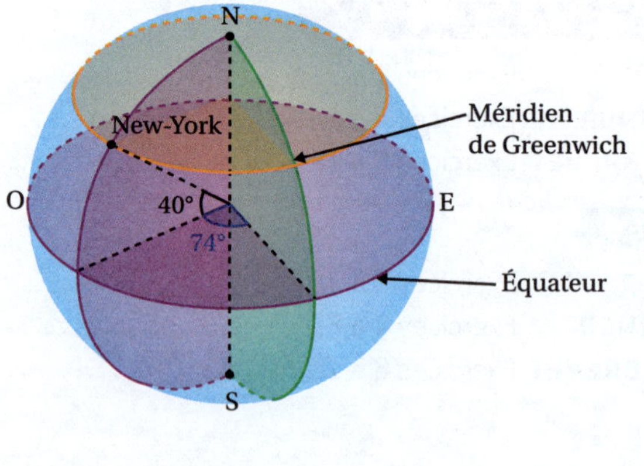

APPLIQUER LA MÉTHODE

I Travailler dans la sphère

En observant la figure ci-contre, trouver chacun des éléments suivants :
- deux grands cercles de la sphère ;
- un segment qui se trouve à l'intérieur de la sphère ;
- deux diamètres de la sphère ;
- un point qui appartient à un rayon de la sphère ;
- un rayon de la sphère qui n'est pas supporté par un diamètre tracé.

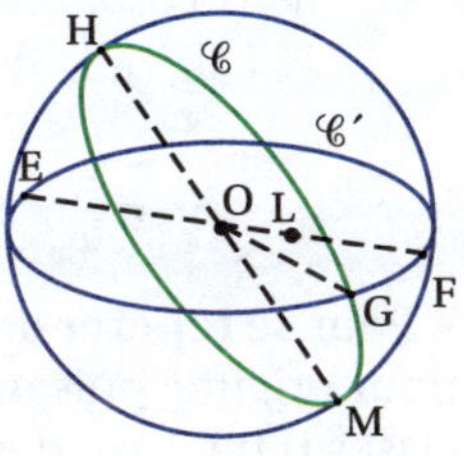

Conseils

Une sphère est une surface. Le centre de la sphère n'appartient pas à la sphère, mais est à l'intérieur de celle-ci. Par contre, les extrémités d'un diamètre appartiennent à la sphère.

Solution

𝒞 et 𝒞′ sont deux grands cercles de la sphère.
Le segments [OL] se trouve à l'intérieur de la sphère.
Les segments [EF] et [HM] sont deux diamètres de la sphère.
Le point L appartient au rayon [OF] de la sphère.
[OG] est un rayon de la sphère qui n'est pas supporté par un diamètre tracé.

II Se repérer dans la sphère

À l'aide du dessin ci-contre, déterminer la latitude et la longitude des points A, B et C.

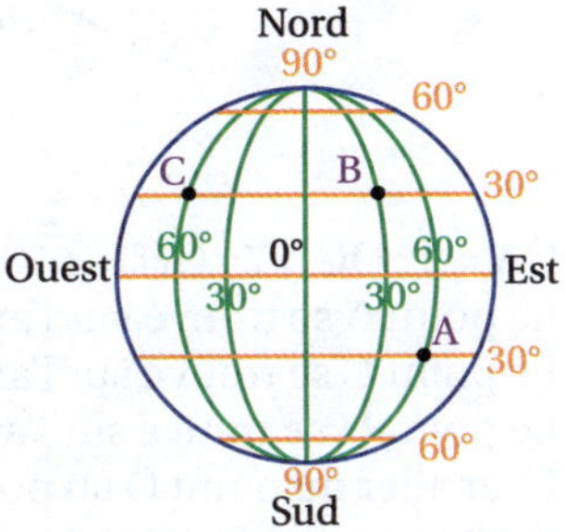

Conseils

Chaque point se trouve à l'intersection d'un méridien et d'un parallèle. Cherche la mesure des angles indiqués sur ces cercles. Conclus en indiquant la direction.

Solution

Pour le point A : longitude 60° est, latitude 30° sud.
Pour le point B : longitude 30° est, latitude 30° nord.
Pour le point C : longitude 60° ouest, 30° nord.

Pour vérifier que tu as compris ▸ Exercices 1 à 3

Pour t'entraîner ▸ Exercices 4 à 7

Pour préparer le brevet ▸ Exercices 8 à 13

43 Se repérer dans l'espace

Nous vivons dans un monde à trois dimensions. Pour repérer un point dans l'espace, il faut connaître trois nombres : l'abscisse, l'ordonnée et l'altitude du point.

RETENIR L'ESSENTIEL

- Pour **se repérer dans le pavé droit**, on choisit un point O pour origine, puis on détermine sur la figure l'axe des abscisses (Ox), l'axe des ordonnées (Oy) et l'axe des altitudes (Oz) ainsi que les unités choisies sur chacun de ces axes.

Méthode
On choisit en général pour origine un des sommets du pavé droit.

- On associe à un point M un triplet (x ; y ; z) qui sont les **coordonnées** du point M dans l'espace :
  - x est l'abscisse du point M ;
  - y est l'ordonnée du point M ;
  - z est l'altitude du point M.

Exemple :

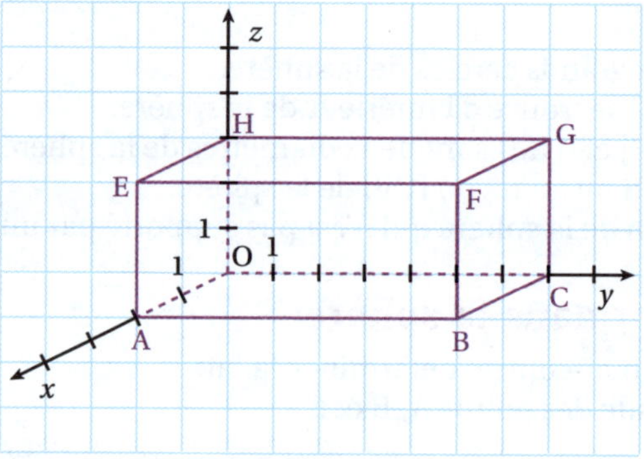

OA = 2 ; OC = 7 ; OH = 3.
Le point A se trouve sur l'axe (Ox), donc ses coordonnées sont (2 ; 0 ; 0).
Le point C se trouve sur l'axe (Oy), donc ses coordonnées sont (0 ; 7 ; 0).
Le point H se trouve sur l'axe (Oz), donc ses coordonnées sont (0 ; 0 ; 3).
Pour aller du point O au point B, on va de O à A sur (Ox), puis de A à B sur une droite parallèle à (Oy). Les coordonnées de B sont (2 ; 7 ; 0).
Pour aller du point O au point F, on va de O à A sur (Ox), puis de A à B sur une droite parallèle à (Oy) et enfin de B à F sur une droite parallèle à (Oz). Les coordonnées de F sont (2 ; 7 ; 3).
De la même manière, on obtient que le point E a pour coordonnées (2 ; 0 ; 3) et que le point G a pour coordonnées (0 ; 7 ; 3).

APPLIQUER LA MÉTHODE

Se repérer dans un pavé droit

Sur la figure ci-dessous, lire les coordonnées des points A, B, C, D, E et F.

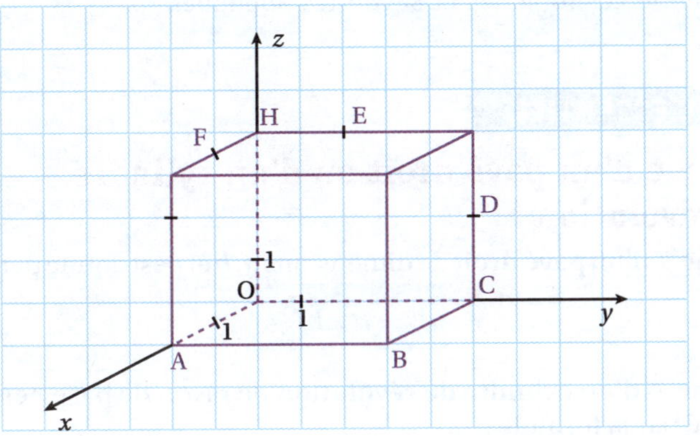

Conseils

Repère l'axe des abscisses (Ox) et l'unité choisie. Fais de même avec les autres axes. Lis d'abord l'abscisse, puis l'ordonnée et enfin l'altitude.

Solution

Le point A se trouve sur l'axe (O*x*), donc les coordonnées de A sont (2 ; 0 ; 0).

Le point C se trouve sur l'axe (O*y*), donc les coordonnées de C sont (0 ; 5 ; 0).

Pour aller du point O au point B, on va de O à A sur (O*x*), puis de A à B sur une droite parallèle à (O*y*). Les coordonnées de B sont (2 ; 5 ; 0).

Pour aller du point O au point D, on va de O à C sur (O*y*), puis de C à D sur une droite parallèle à (O*z*). Les coordonnées de D sont (0 ; 5 ; 2).

Pour aller du point O au point E, on va de O à H sur (O*z*), puis de H à E sur une droite parallèle à (O*y*). Les coordonnées de E sont (0 ; 2 ; 4).

Pour aller du point O au point F, on va de O à H sur (O*z*), puis de H à F sur une droite parallèle à (O*x*). Les coordonnées de F sont (1 ; 0 ; 4).

Pour vérifier que tu as compris ▸ Exercices 1 à 3

Pour t'entraîner ▸ Exercices 4 à 7

Pour préparer le brevet ▸ Exercices 8 à 13

44 Calculer le volume d'un solide

Pour calculer le volume d'un solide, on reconnaît d'abord le solide et on choisit ensuite la formule qui correspond. Pour le brevet, tu dois connaître ces formules et savoir les appliquer.

RETENIR L'ESSENTIEL

I Volume d'un pavé droit ou d'un cylindre de révolution

- Le volume $\mathcal{V}$ d'un **pavé droit** de dimensions a, b et c est donné par la formule :

$$\mathcal{V} = a \times b \times c$$

- Le volume $\mathcal{V}$ d'un **cylindre de révolution** de rayon de base r et de hauteur h est donné par la formule :

$$\mathcal{V} = \pi r^2 h$$

Exemple : On veut calculer le volume $\mathcal{V}$ d'un cylindre de rayon de base 3 cm et de hauteur 5 cm. On a $\mathcal{V} = \pi \times 3^2 \times 5 = \pi \times 9 \times 5$. D'où $\mathcal{V} = 45\pi$ cm³ (valeur exacte).

II Volume d'une pyramide ou d'un cône de révolution

- Le volume $\mathcal{V}$ d'une **pyramide** d'aire de base $\mathcal{A}$ et de hauteur h est donné par la formule :

$$\mathcal{V} = \frac{\mathcal{A} \times h}{3}$$

- Le volume $\mathcal{V}$ d'un **cône de révolution** de rayon de base r et de hauteur h est donné par la formule :

$$\mathcal{V} = \frac{\pi r^2 h}{3}$$

Mot-clé
La **base** d'une pyramide est un polygone. La **base** d'un cylindre ou d'un cône est un disque.

III Volume d'une sphère

Le volume $\mathcal{V}$ d'une **sphère** de rayon r est donné par la formule :

$$\mathcal{V} = \frac{4}{3} \pi r^3$$

APPLIQUER LA MÉTHODE

I Calculer le volume d'un cône, d'une sphère

1. Calculer le volume $\mathcal{V}$ d'un cône de révolution de rayon de base 4 cm et de hauteur 6 cm.

2. Calculer le volume $\mathcal{V}$ d'une sphère de rayon 5 cm.

Conseils

1. Applique la formule du volume du cône.
2. Exprime le volume en fonction de π pour obtenir la valeur exacte

Solution

1. On a $\mathcal{V} = \dfrac{\pi \times 4^2 \times 6}{3} = \pi \times 16 \times 2$. D'où $\mathcal{V} = 32\pi$ cm³ (valeur exacte).

2. On a $\mathcal{V} = \dfrac{4}{3}\pi \times 5^3$, soit $\mathcal{V} = \dfrac{500\pi}{3}$ cm³ (valeur exacte).

II Calculer le volume d'une pyramide

ABCDEFGH est un cube d'arête 6 cm (*la figure n'est pas en vraie grandeur*). La pyramide ABFC a pour base ABF et pour hauteur le segment [BC]. Calculer son volume.

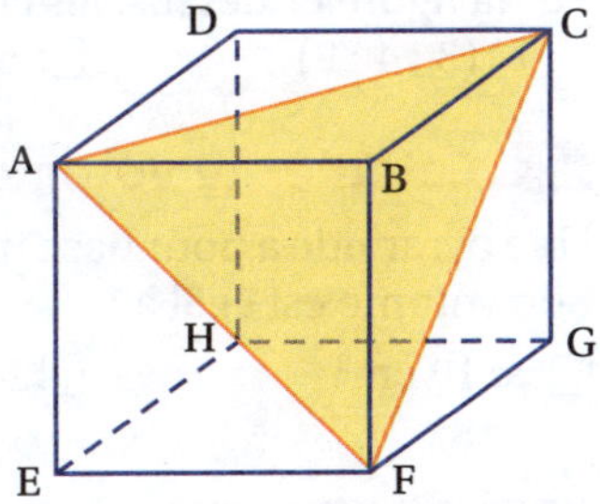

Conseils

Calcule d'abord l'aire de la base, c'est-à-dire l'aire du triangle rectangle ABF.
Puis applique la formule donnant le volume d'une pyramide.

Solution

L'aire $\mathcal{A}$ de la base est celle du triangle rectangle ABF. On obtient :

$$\mathcal{A} = \frac{AB \times BF}{2} = \frac{6 \times 6}{2} = 18 \text{ cm}^2.$$

Le volume $\mathcal{V}$ de la pyramide ABFC est :

$$\mathcal{V} = \frac{18 \times BC}{3} = \frac{18 \times 6}{3} = 36 \text{ cm}^3.$$

Pour vérifier que tu as compris ▸ Exercices 1 à 3

Pour t'entraîner ▸ Exercices 4 à 7

Pour préparer le brevet ▸ Exercices 8 à 13

Se tester QUIZ

Vérifie que tu as bien compris les points clés des **fiches 42 à 44.**

Pour chaque question, vérifie ta réponse à l'aide du corrigé et consulte les fiches de cours si nécessaire.

1 Se repérer dans la sphère

→ RÉVISE LA FICHE 42

Sur la figure ci-contre, la longitude du point A est :

- ☐ **a.** 30° nord
- ☐ **b.** 30° sud
- ☐ **c.** 30° ouest

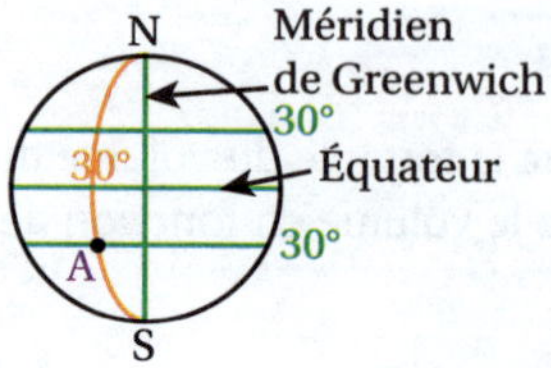

2 Se repérer dans l'espace

→ RÉVISE LA FICHE 43

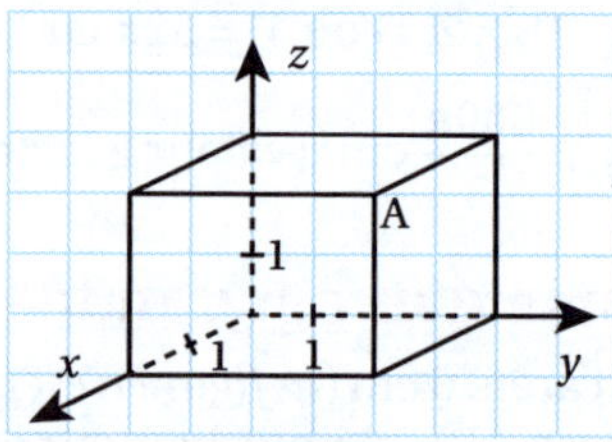

Sur la figure ci-dessus, les coordonnées du point A sont :

☐ **a.** (3 ; 4 ; 2)   ☐ **b.** (2 ; 4 ; 3)   ☐ **c.** (4 ; 3 ; 2)

3 Calculer le volume d'un solide

→ RÉVISE LA FICHE 44

Une pyramide a pour base un rectangle de 3 cm sur 2 cm. Sa hauteur est 5 cm. Son volume est égal à :

☐ **a.** 10 cm^3 ☐ **b.** 30 cm^3 ☐ **c.** 25 cm^3

S'entraîner

Vérifie que tu sais appliquer les méthodes des **fiches 42 à 44.**

Pour chaque exercice, consulte la méthode indiquée, et compare ta réponse à celle qui est donnée dans le corrigé.

4 Se repérer dans un planisphère

→ APPLIQUE LA MÉTHODE DE LA FICHE 42

La figure ci-dessous est une représentation de la Terre appelé planisphère. On y voit tracés les parallèles et les méridiens.
Quelles sont les coordonnées géographiques des points A, B, C et D ?

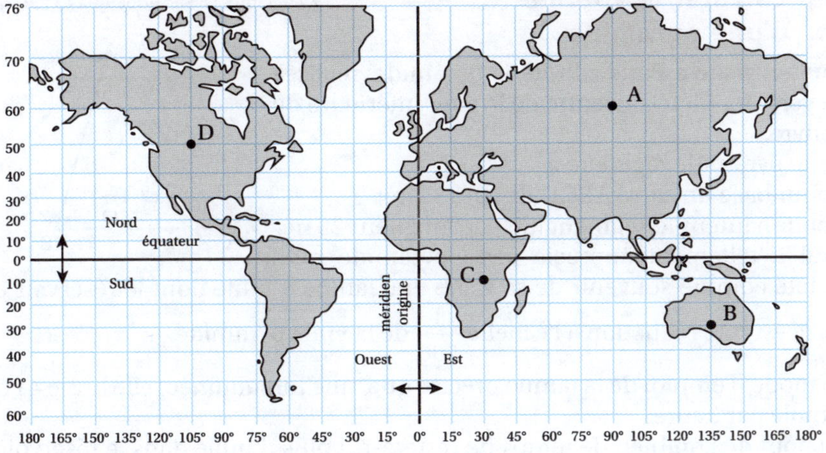

5 Se repérer dans l'espace

→ APPLIQUE LA MÉTHODE DE LA FICHE 43

Sur la figure ci-contre, place les points suivants :
- A de coordonnées (3 ; 3 ; 0) ;
- B de coordonnées (0 ; 7 ; 2) ;
- C de coordonnées (3 ; 7 ; 5) ;
- D de coordonnées (0 ; 0 ; 4) ;
- E de coordonnées (3 ; 0 ; 5).

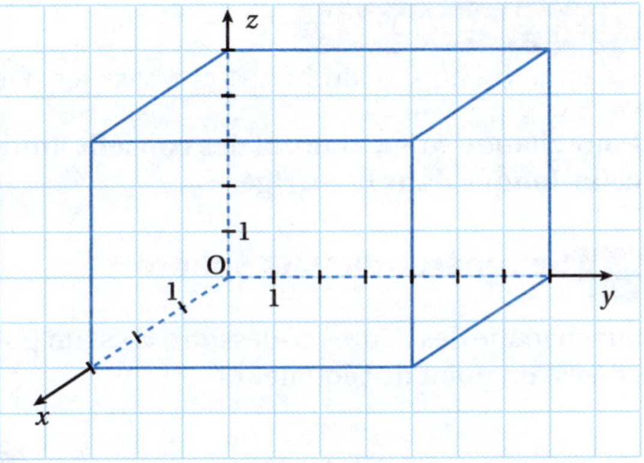

6 Calculer le volume d'un solide

→ APPLIQUE LA MÉTHODE DE LA FICHE 44

Pour amortir les chocs contre les autres embarcations ou le quai, les péniches sont équipées de « boudins » de protection.
Calculer le volume exact en cm³ du « boudin » de protection représenté ci-contre, puis en donner une valeur arrondie au centième.

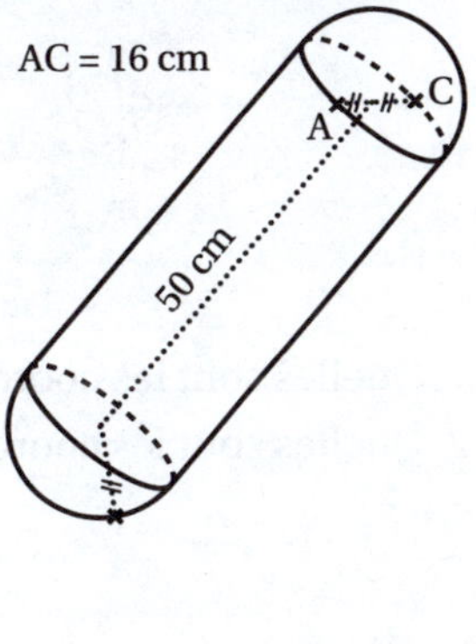

7 Calculer le volume d'une pyramide

→ APPLIQUE LA MÉTHODE DE LA FICHE 44

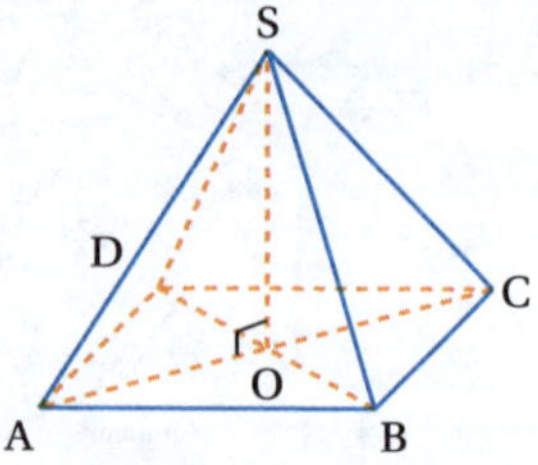

Paul en visite à Paris admire la pyramide, réalisée en verre feuilleté au centre de la cour intérieure du Louvre.
Cette pyramide régulière a :
- pour base un carré ABCD de côté 35 m ;
- pour hauteur le segment [SO] de longueur 22 m.

Paul a tellement apprécié cette pyramide qu'il achète comme souvenir de sa visite une lampe à huile dont le réservoir en verre est une réduction à l'échelle $\frac{1}{500}$ de la vraie pyramide.
Le mode d'emploi de la lampe précise que, une fois allumée, elle brûle 4 cm^3 d'huile par heure.
Au bout de combien de temps ne restera-t-il plus d'huile dans le réservoir ? Arrondir à l'heure.

Vers le brevet

Exerce-toi en vue du brevet et révise les **fiches 42 à 44.**

Pour chaque sujet, aide-toi des conseils donnés et compare ta réponse à celle donnée dans le corrigé.

SUJET TYPE 5 min 8 Se repérer dans la sphère

→ APPLIQUE LA MÉTHODE DE LA FICHE 42

Sur chacune des figures ci-dessous, G est un point du méridien de Greenwich et A est un point de l'équateur.

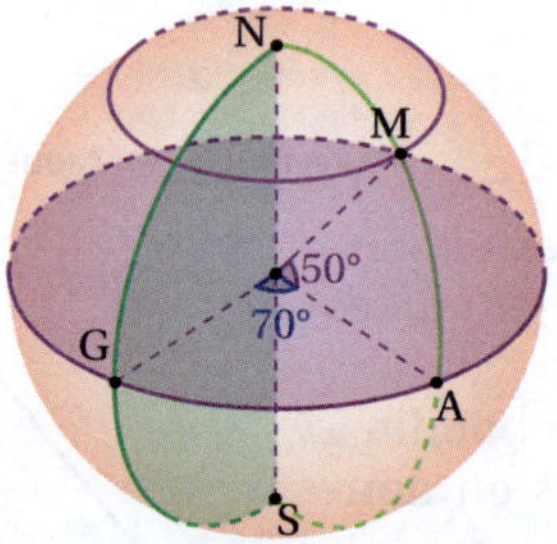

Figure 1

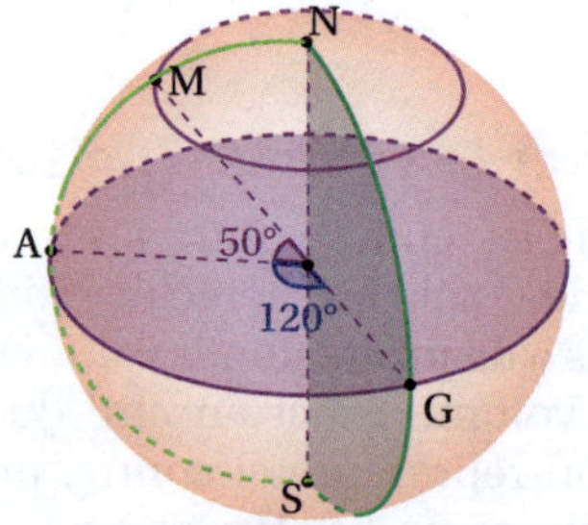

Figure 2

1. Quelles sont les coordonnées géographiques du point M sur la figure 1 ?
2. Quelles sont les coordonnées géographiques du point M sur la figure 2 ?

Démarrons ensemble

1. L'angle de 70° indique la longitude.
2. L'angle de 50° indique la latitude.

SUJET TYPE

9 Se repérer dans l'espace

10 min

→ APPLIQUE LA MÉTHODE DE LA FICHE 43

Sur la figure ci-dessous, le point I a pour coordonnées (1 ; 0 ; 0), le point J a pour coordonnées (0 ; 1 ; 0) et le point K a pour coordonnées (0 ; 0 ; 1).

1. Quelles sont les coordonnées des points A, B et F ?
2. Placer le point M milieu du segment [AB].
Quelles sont les coordonnées du point M ?
3. Placer le point N milieu du segment [CG].
Quelles sont les coordonnées du point N ?

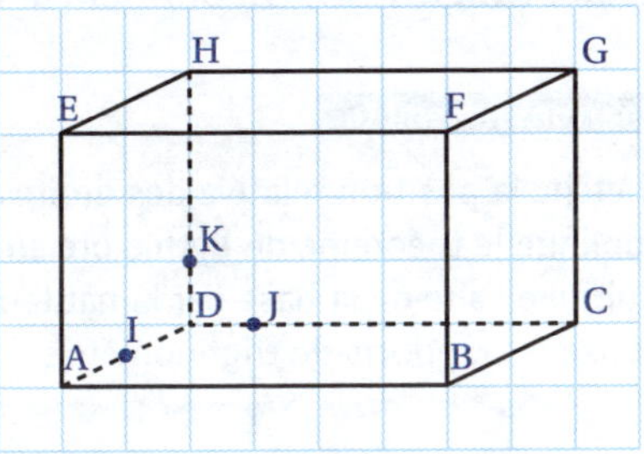

Démarrons ensemble

1. Le point A a deux coordonnées nulles, le point B en a une.
2. Pour aller de D à M, on se déplace de D à A, puis de A à M.
3. Pour aller de D à N, on se déplace de D à C, puis de C à N.

10 Calculer le volume d'un solide

10 min

→ APPLIQUE LA MÉTHODE DE LA FICHE 44

ABS est un triangle rectangle en A tel que BS = 9,5 cm et AB = 7,6 cm (*la figure n'est pas en vraie grandeur*). On obtient un cône en faisant tourner le triangle ABS autour de son côté [SA].

1. Calculer SA.
2. Calculer la valeur exacte du volume de ce cône, puis sa valeur arrondie au cm^3 près.

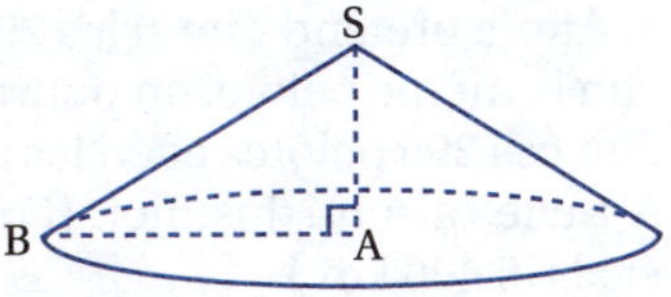

Démarrons ensemble

1. Applique le théorème de Pythagore au triangle ABS.
2. Utilise la lettre π pour obtenir la valeur exacte du volume du cône.

11 Calculer le volume d'un cône

20 min

→ APPLIQUE LA MÉTHODE DE LA FICHE 44

On considère la bougie conique représentée ci-contre. Le rayon OA de sa base est 2,5 cm. La longueur du segment [SA] est 6,5 cm (*la figure n'est pas en vraie grandeur*).

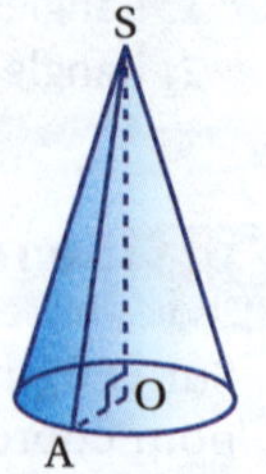

1. Sans justifier, donner la nature du triangle SAO.

2. Montrer que la hauteur SO de la bougie est 6 cm.

3. Calculer le volume de cire nécessaire à la fabrication de cette bougie. On donnera la valeur arrondie au cm³.

4. Calculer l'angle $\widehat{ASO}$. On donnera la valeur arrondie au degré.

Démarrons ensemble

1. Cherche la position relative des droites (SO) et (AO).
2. Applique le théorème de Pythagore au triangle SAO.
3. Multiplie l'aire de la base par la hauteur du cône et divise par 3.
4. Utilise les rapports de trigonométrie.

12 Calculer le volume d'une ficelle

20 min

→ APPLIQUE LA MÉTHODE DE LA FICHE 44

Annie possède de la ficelle dont la forme est un cylindre de rayon 0,5 mm et de hauteur h.

1. Montrer que le volume de cette ficelle cylindrique est égal à $0{,}0025 \times \pi \times h$ cm³.

2. En enroulant cette ficelle, Annie obtient une pelote ayant la forme d'une boule de rayon 30 cm. On suppose que la ficelle est enroulée de manière qu'il n'y a aucun vide dans la pelote.
Montrer que le volume de cette boule est égal à 36 000π cm³.

3. Vérifier que la hauteur h du cylindre (la longueur de la ficelle) est égale à 144 km.

4. Annie prétend que si les 294 autres élèves de son collège possédaient chacun la même pelote, on pourrait faire le tour de l'équateur terrestre en déroulant ces 295 pelotes et en les reliant bout à bout.
A-t-elle raison ? Justifier. (On rappelle que le rayon de la Terre est environ égal à 6 400 km.)

Démarrons ensemble

1. Convertis d'abord 0,5 mm en cm. Pour cela, décale la virgule d'un rang vers la gauche.
2. Applique la formule donnant le volume de la boule.
3. Que la ficelle prenne la forme d'un cylindre ou d'une boule, son volume reste le même. Écris une égalité.
4. Calcule d'abord la longueur de l'équateur. Le périmètre d'un cercle est donné par la formule $2 \times \pi \times r$.

SUJET TYPE 15 min

13 Calculer le volume de deux solides

→ APPLIQUE LA MÉTHODE DE LA FICHE 44

Michel achète une glace à la pistache. Elle a la forme d'une boule posée sur un cône comme sur la figure ci-dessous. Michel, qui est gourmand, se demande s'il ne serait pas plus intéressant de remplir le cône à ras bord avec de la glace plutôt que de poser une boule sur le cône. Que peut-on en penser ?

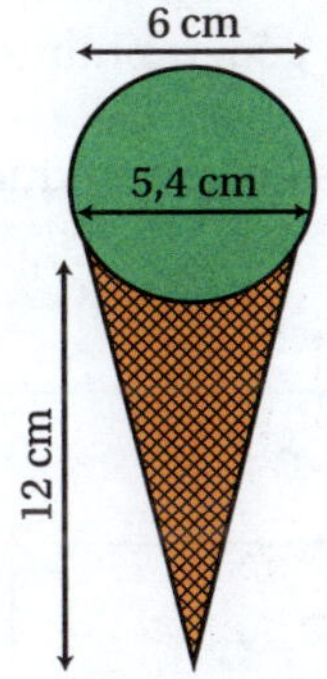

Démarrons ensemble

- Calcule d'abord le volume de la boule de glace. Souviens-toi que le volume d'une boule de rayon r est égal à $\frac{4}{3}\pi r^3$.
- Puis calcule le volume du cône.
- Compare enfin les deux volumes.

Se tester QUIZ

1 Réponse c. La longitude est l'angle mesuré en degrés qui sépare un méridien du méridien de Greenwich. De plus, le point A se trouve à l'ouest du méridien de Greenwich. La longitude du point A est 30° ouest.

2 Réponse b. Les coordonnées du point A sont (2 ; 4 ; 3).

3 Réponse a. L'aire du rectangle de base est égale à $3 \times 2 = 6$ cm². Le volume de la pyramide est égal à $\frac{6 \times 5}{3} = 10$ cm³.

S'entraîner

4 Le point A a pour coordonnées géographiques : 60° de latitude nord et 90° de longitude est.
Le point B a pour coordonnées géographiques : 30° de latitude sud et 135° de longitude est.
Le point C a pour coordonnées géographiques : 10° de latitude sud et 30° de longitude est.
Le point D a pour coordonnées géographiques : 50° de latitude nord et 105° de longitude ouest.

5

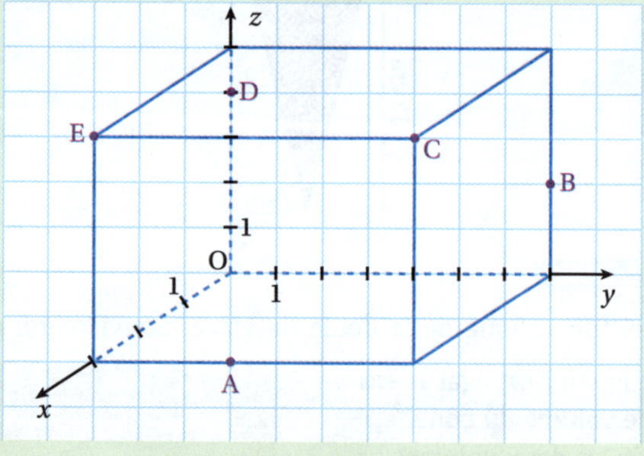

6 Le « boudin » est composé d'un cylindre et deux demi-sphères.
Calculons le volume $\mathcal{V}$ du cylindre.
[AC] est le diamètre de la base du cylindre, le rayon de base est donc égal à $\frac{16}{2} = 8$ cm.

On a $\mathcal{V} = \pi \times 8^2 \times 50 = 3\,200\pi$ cm³.

Calculons le volume $\mathcal{V}'$ des deux demi-sphères.

La somme des volumes des deux demi-sphères de rayon 8 cm est égale au volume d'une sphère de rayon 8 cm. On a $\mathcal{V}' = \frac{4}{3}\pi \times 8^3 = \frac{2\,048}{3}\pi$ cm³.

Le volume du boudin est donc $\mathcal{V} + \mathcal{V}' = 3\,200\,\pi + \frac{2\,048}{3}\pi = \frac{11\,648}{3}\pi$ cm³.

L'arrondi au centième de ce volume est 12 197,76 cm³.

7 Calculons d'abord les dimensions de la reproduction de la pyramide du Louvre. La base est un carré ABCD de côté $35 \times \frac{1}{500} = 0{,}07$ m $= 7$ cm.

La hauteur est le segment [SO] de longueur $22 \times \frac{1}{500} = 0{,}044$ m $= 4{,}4$ cm.

Calculons le volume $\mathcal{V}$ de la lampe en forme de pyramide. On a :

$\mathcal{V} = \frac{7 \times 7 \times 4{,}4}{3} = \frac{215{,}6}{3}$ cm³.

La lampe brûle 4 cm³ d'huile par heure. On a $\frac{\mathcal{V}}{4} \approx 18$.

Au bout de 18 heures, il ne restera plus d'huile dans le réservoir.

Vers le brevet

8 **1.** Les coordonnées géographiques du point M sur la figure 1 sont :
longitude : 70° est ;
latitude : 50° nord.

2. Les coordonnées géographiques du point M sur la figure 2 sont :
longitude : 120° ouest ;
latitude : 50° nord ;

9

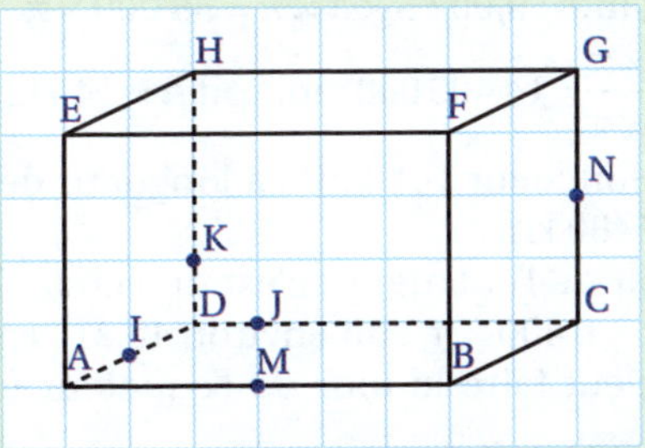

1. Les coordonnées du point A sont (2 ; 0 ; 0). Les coordonnées du point B sont (2 ; 6 ; 0) et celles du point F sont (2 ; 6 ; 4).

2. Le point M milieu du segment [AB] a pour coordonnées (2 ; 3 ; 0).

3. Le point N milieu du segment [CG] a pour coordonnées (0 ; 6 ; 2).

10 **1.** On applique le théorème de Pythagore au triangle ABS rectangle en A :
$BS^2 = SA^2 + AB^2$. Soit $9{,}5^2 = SA^2 + 7{,}6^2$. D'où $SA^2 = 90{,}25 - 57{,}76 = 32{,}49$.
Or $SA > 0$, donc $SA = 5{,}7$ cm.

2. On applique la formule du volume du cône avec r = AB = 7,6 cm et h = SA = 5,7 cm. On obtient :

$\mathscr{V} = \dfrac{\pi \times 7{,}6^2 \times 5{,}7}{3} = \dfrac{\pi \times 329{,}232}{3} = 109{,}744\pi$ (valeur exacte).

Le volume de ce cône arrondi au cm³ près est 345 cm³.

11 **1.** Les droites (SO) et (AO) sont perpendiculaires, donc le triangle SAO est rectangle en O.

2. On applique le théorème de Pythagore au triangle SAO rectangle en O :
$SA^2 = OA^2 + SO^2$. D'où $6{,}5^2 = 2{,}5^2 + SO^2$. Soit $SO^2 = 42{,}25 - 6{,}25 = 36$.
Or SO > 0, donc SO = 6 cm.

3. Le volume $\mathscr{V}$ de cire est $\mathscr{V} = \dfrac{\pi \times 2{,}5^2 \times 6}{3} = 12{,}5\pi$ cm³.

La valeur arrondie au cm³ est 39 cm³.

4. On calcule, par exemple, le sinus de l'angle $\widehat{ASO}$. On a :

$\sin \widehat{ASO} = \dfrac{OA}{SA} = \dfrac{2{,}5}{6{,}5} = \dfrac{5}{13}$.

La calculatrice affiche 23° pour valeur arrondie au degré.

> **Méthode**
> Tu connais les trois côtés du triangle ASO, donc tu peux choisir le rapport trigonométrique que tu veux.

12 **1.** Le volume d'un cylindre de rayon de base r et de hauteur h est égal à $\pi r^2 h$.
Or r = 0,5 mm = 0,05 cm. Le volume de cette ficelle cylindrique est donc égal à :
$0{,}05^2 \times \pi \times h = 0{,}002\,5 \times \pi \times h$ cm³.

2. Le volume d'une boule de rayon 30 cm est égal à :
$\dfrac{4}{3}\pi \times 30^3 = \dfrac{4\pi \times 27\,000}{3} = 36\,000\pi$ cm³.

3. Le volume de la ficelle est égal au volume du cylindre, mais aussi de la boule. On obtient l'égalité : $0{,}002\,5 \times \pi \times h = 36\,000 \times \pi$.

On a alors $h = \dfrac{36\,000 \times \pi}{0{,}0025 \times \pi} = 14\,400\,000$ cm, soit h = 144 km.

4. Une pelote a pour longueur 144 km. La longueur de 295 pelotes est donc égale à 144 × 295 = 42 480 km.
On calcule la longueur de l'équateur : c'est un cercle de rayon 6 400 km. Sa longueur est égale à 2 × 6 400 × π, soit environ 40 212 km.
Annie a raison : on peut faire le tour de l'équateur terrestre en déroulant toutes ces pelotes.

13 Le rayon de la boule de glace est 3 cm. Son volume est égal à $\dfrac{4}{3}\pi \times 3^3 = 36\pi$ cm³.
Le rayon de la base du cône est 2,7 cm. Le volume du cône est égal à $\dfrac{\pi \times 2{,}7^2 \times 12}{3} = 29{,}16\pi$ cm³.
Or $36\pi > 29{,}16\pi$, donc il est plus intéressant de prendre la glace sous forme d'une boule.

> **Méthode**
> Pour comparer les deux volumes, exprime-les en fonction de π.

Grandeurs composées, unités de mesure

Réponse : Non, car le débit d'un fleuve n'a pas de lien avec sa longueur. Le Nil mesure 6 500 km et le Yangzi Jiang 6 300 km.

FICHES

EXERCICES & SUJETS

CORRIGÉS

45 Distinguer grandeurs quotients et grandeurs produits

Quand on multiplie deux quantités, on obtient une grandeur « produit » et quand on les divise, on obtient une grandeur « quotient ».
En physique, tu trouveras beaucoup de ces grandeurs : la vitesse d'un véhicule, le débit d'un fleuve, le volume…

RETENIR L'ESSENTIEL

I Grandeurs quotients

Quand on effectue le quotient de deux grandeurs, on obtient une **grandeur quotient.**

Exemples :

- La vitesse est le quotient de la distance parcourue par le temps écoulé. C'est donc une grandeur quotient. Si la distance est exprimée en kilomètres et le temps écoulé en heures, alors la vitesse est exprimée en kilomètres par heure (km/h ou $km \times h^{-1}$).

> **Info**
> En physique, on note de préférence l'unité de vitesse : $km \times h^{-1}$.

- Le débit d'un fleuve est le quotient du volume de liquide qui passe à un endroit par le temps écoulé. Si le volume de liquide est exprimé en mètres cubes et le temps écoulé en heures, alors le débit est exprimé en mètres cubes par heure (m^3/h ou $m^3 \times h^{-1}$).

II Grandeurs produits

Quand on effectue le produit de deux grandeurs, on obtient une **grandeur produit.**

Exemples :

- Un volume est égal au produit d'une aire par une longueur. C'est donc une grandeur produit. Si l'aire est exprimée en mètres carrés et la longueur en mètres, alors le volume est exprimé en mètres cubes (m^3).
- L'énergie électrique consommée est égale au produit de la puissance électrique par la durée. C'est une grandeur produit. Si la puissance est exprimée en watts (W) et la durée en heures (h), alors l'unité de l'énergie est le wattheure (Wh).

APPLIQUER LA MÉTHODE

Reconnaître une grandeur quotient ou une grandeur produit

Voici quelques situations connues. Pour chacune d'elles, dire si elle définit une grandeur produit ou une grandeur quotient.

1. On calcule l'aire d'un rectangle.

2. On calcule le nombre de tours effectués par la pale d'une éolienne en une minute.

3. On calcule la masse volumique d'un corps en calculant le rapport de la masse sur le volume du corps.

4. On calcule l'énergie électrique consommée par un appareil de puissance P pendant une durée t.

5. On calcule le débit d'une rivière en calculant le rapport du volume d'eau écoulé sur une durée t.

Conseils

Pour chacune des situations, cherche si le problème se résout en posant une multiplication ou une division.

Solution

1. Pour calculer l'aire d'un rectangle, on multiplie la longueur par la largeur. L'aire d'un rectangle est donc une grandeur produit.

2. Pour calculer le nombre de tours effectués en une minute, on divise le nombre total de tours par le nombre total de minutes. C'est donc une grandeur quotient.

3. Pour calculer la masse volumique d'un corps, on divise la masse par le volume du corps. C'est donc une grandeur quotient.

4. Pour calculer l'énergie électrique consommée par un appareil de puissance P pendant une durée t, on calcule $P \times t$. C'est donc une grandeur produit.

5. Pour calculer le débit d'une rivière, on divise le volume de l'eau écoulée par la durée t. C'est donc une grandeur quotient.

Pour vérifier que tu as compris
▸ Exercices 1 à 3

Pour t'entraîner
▸ Exercices 4 à 6

Pour préparer le brevet
▸ Exercices 7 à 8

46 Convertir des unités de mesure

Certaines unités sont des unités simples comme le mètre. D'autres sont composées comme le kilomètre par heure. La conversion des unités de mesure est utile quand on passe d'un pays à un autre (mesures anglo-saxonnes).

RETENIR L'ESSENTIEL

I Changer d'unité de mesure simple

Pour convertir des **unités de longueur**, on utilisera le tableau suivant :

kilomètre	hectomètre	décamètre	**mètre**	décimètre	centimètre	millimètre

← × 0,1 → × 10

Convertis de la même façon des unités de capacité en remplaçant mètre par litre, des unités de masse en remplaçant mètre par gramme.

II Changer d'unité d'aire ou de volume

On passe d'une **unité d'aire** à l'unité supérieure en multipliant par 0,01 et d'une unité d'aire à l'unité inférieure en multipliant par 100.

On passe d'une unité de volume à l'unité supérieure en multipliant par 0,001 et d'une unité de volume à l'unité inférieure en multipliant par 1 000.

Méthode

Les **unités de volume** et de capacité sont liées par l'égalité 1 L = 1 dm^3 et 1 mL = 1 cm^3.

III Convertir des unités de mesure composées

Pour convertir des **unités de mesure composées**, on convertit séparément chaque unité.

Exemples :

- On veut convertir 12 m/min en km/h.
On convertit d'abord 1 h en minutes : 1 h = 60 min.
On multiplie donc 12 par 60 et on obtient 720 m/h.
On convertit ensuite 720 m en km :
720 m = 0,72 km. On obtient 0,72 km/h.

- On veut convertir 0,03 kg/m^3 en g/dm^3. On convertit d'abord 0,03 kg en g :
0,03 kg = 30 g.
On convertit 1 dm^3 en m^3 : 1 dm^3 = 0,001 m^3.
On multiplie donc 30 par 0,001 et on obtient 0,03 g/dm^3.

APPLIQUER LA MÉTHODE

Convertir des unités composées

Convertir les unités des grandeurs données.

1. 3 752 kg/m³ en g/cm³.

2. 3,2 dg/dm³ en kg/m³.

3. 45 tr/s en tr/min.

4. 9 m/s en km/h.

5. 0,4 L/s en m³/h.

Conseils

1. Convertis les kg en g. Écris ensuite ce que vaut 1 cm³ en m³. Conclus en multipliant.
2. Convertis les dg en kg. Écris ensuite ce que vaut 1 m³ en dm³. Conclus en multipliant.
3. Convertis 1 min en secondes.
4. Convertis les m en km. Écris ensuite ce que vaut 1 h en secondes. Conclus en multipliant.
5. Convertis les L en m³. Souviens-toi que 1 dm³ = 1 L.

Solution

1. On convertit d'abord 3 752 kg en g. On a 3 752 kg = 3 752 000 g.
On convertit 1 cm³ en m³. On a 1 cm³ = 0,000 001 m³.
On multiplie ces deux résultats $3\,752\,000 \times 0{,}000\,001 = 3{,}752$ g/cm³.

2. On convertit 3,2 dg en kg. On a 3,2 dg = 0,000 32 kg.
On convertit 1 m³ en dm³. On a 1 m³ = 1 000 dm³.
On multiplie ces deux résultats : $0{,}000\,32 \times 1\,000 = 0{,}32$ kg/m³.

3. On convertit 1 min en secondes : 1 min = 60 s.
On multiplie 45 par 60 :
$45 \times 60 = 2\,700$ tr/min.

4. On convertit 9 m en km. On a 9 m = 0,009 km.
On convertit 1 h en secondes. On a 1 h = 3 600 s.
On multiplie ces deux résultats : $0{,}009 \times 3\,600 = 32{,}4$ km/h.

5. On convertit 0,4 L en m³. On a 0,4 L = 0,4 dm³ = 0,0004 m³.
Dans une heure il y a 3 600 s. On obtient $0{,}0004 \times 3\,600 = 1{,}44$ m³/h.

Pour vérifier que tu as compris ▸ Exercices 1 à 3

Pour t'entraîner ▸ Exercices 4 à 6

Pour préparer le brevet ▸ Exercices 7 à 8

47 Résoudre un problème de vitesse

La vitesse moyenne d'un mobile correspond à la vitesse à laquelle il se serait déplacé s'il avait gardé une vitesse constante. La vitesse, la distance parcourue et la durée du parcours sont liées par une relation que tu dois connaître.

RETENIR L'ESSENTIEL

I Vitesse moyenne

La **vitesse moyenne** v d'un objet mobile est le quotient de la distance d parcourue pendant la durée t du parcours :

$$v = \frac{d}{t}$$

Exemple : Un automobiliste parcourt 240 km en deux heures. Sa vitesse moyenne v est :

$v = \frac{240}{2} = 120$ km/h.

> **Info**
> Une vitesse de 120 km/h signifie que l'automobiliste a parcouru 120 km en une heure.

II Unités de vitesse

L'**unité de la vitesse** dépend de l'unité de longueur et de l'unité de durée choisies.

Exemples :

- Si la distance est en kilomètres et la durée en heures, la vitesse s'exprime en km/h ou en $km \times h^{-1}$.
- Si la distance est en mètres et la durée en secondes, la vitesse s'exprime en m/s ou $m \times s^{-1}$.

III Résoudre un problème de vitesse

L'égalité $v = \frac{d}{t}$ est équivalente aux égalités :

$$d = v \times t \quad \text{et} \quad t = \frac{d}{v}$$

On peut donc calculer l'une des grandeurs v, d ou t quand on connaît les deux autres.

Exemple : Un escargot se déplace à la vitesse de 0,09 m/min. On cherche la distance parcourue en 1 h.
On a $d = 0{,}09 \times 60 = 5{,}4$ m.

> **Info**
> Dans une heure, il y a 60 minutes.

APPLIQUER LA MÉTHODE

I Calculer une vitesse moyenne

Marie met 12 min pour se rendre à son collège situé à 1,08 km de chez elle. Calculer sa vitesse moyenne en km/h puis en m/s.

Conseils

Trouve d'abord la distance parcourue en une minute. Calcule ensuite la distance parcourue par Marie en une heure. Écris alors la vitesse en km/h.
Convertis les km en m, puis 1 h en secondes. Conclus.

Solution

On calcule la distance parcourue en 1 min : $1{,}08 \div 12 = 0{,}09$ km.
Elle parcourt 0,09 km en 1 min. Or dans une heure, il y a 60 min. Donc en 1 heure, Marie parcourt : $0{,}09 \times 60 = 5{,}4$ km. Sa vitesse est de 5,4 km/h.
On convertit cette vitesse en m/s : 5,4 km = 5 400 m. Marie parcourt 5 400 m en 1 h et 1 h = 60 min = 3 600 s.
Donc en 1 s, elle parcourt $5\,400 \div 3\,600 = 1{,}5$ m. Sa vitesse est donc de 1,5 m/s.

II Calculer une distance ou une durée

1. Un bus scolaire part de la mairie à 8 h pour une sortie et roule jusqu'à 11 h. Il a roulé à la vitesse moyenne de 90 km/h. Quelle distance a-t-il parcourue ?

2. Un faucon pèlerin parcourt 25 km à la vitesse moyenne de 100 km/h. Quelle est la durée du vol en minutes ?

Conseils

1. Calcule d'abord la durée du trajet. Souviens-toi que $d = v \times t$.
2. Calcule la durée du vol en heures en appliquant la formule $t = \frac{d}{v}$.
Convertis ensuite les heures en minutes.

Solution

1. La durée du trajet est $11 - 8 = 3$ h. On calcule la distance d parcourue : $d = 90 \times 3 = 270$. La distance parcourue est 270 km.

2. Le faucon parcourt 25 km à la vitesse moyenne de 100 km/h.

La durée du vol est égale à $\frac{25}{100} = 0{,}25$ h.

On convertit en minutes : $0{,}25 \times 60 = 15$ min.

Pour vérifier que tu as compris ▸ Exercices 1 à 3

Pour t'entraîner ▸ Exercices 4 à 6

Pour préparer le brevet ▸ Exercices 7 à 8

Se tester QUIZ

Vérifie que tu as bien compris les points clés des **fiches 45 à 47.**

Pour chaque question, vérifie ta réponse à l'aide du corrigé et consulte les fiches de cours si nécessaire.

1 Distinguer grandeurs quotients et grandeurs produits

→ RÉVISE LA FICHE 45

Une aire est :

☐ **a.** une grandeur produit ☐ **b.** une grandeur quotient ☐ **c.** ni l'un ni l'autre

2 Convertir des unités de mesure

→ RÉVISE LA FICHE 46

1. Si l'on convertit 180 km/h en kilomètres par minute, on obtient :

☐ **a.** 540 km/min ☐ **b.** 3 km/min ☐ **c.** 240 km/min

2. Si on convertit 5 kWh, en wattheures, on obtient :

☐ **a.** 50 Wh ☐ **b.** 500 Wh ☐ **c.** 5 000 Wh

3 Résoudre un problème de vitesse

→ RÉVISE LA FICHE 47

1. Un cycliste parcourt 90 km en 3 h. Sa vitesse moyenne sur ce parcours, en $\text{km} \times \text{h}^{-1}$ est :

☐ **a.** $24 \text{ km} \times \text{h}^{-1}$ ☐ **b.** $28 \text{ km} \times \text{h}^{-1}$ ☐ **c.** $30 \text{ km} \times \text{h}^{-1}$

2. Un coureur a parcouru 1 000 m en courant à une vitesse de $5 \text{ m} \times \text{s}^{-1}$.
Il a couru pendant :

☐ **a.** 5 000 s ☐ **b.** 200 s ☐ **c.** 100 s

S'entraîner

Vérifie que tu sais appliquer les méthodes des **fiches 45 à 47.**

Pour chaque exercice, consulte la méthode indiquée et compare ta réponse à celle qui est donnée dans le corrigé.

4 Recyclage de l'eau de pluie

→ APPLIQUE LA MÉTHODE DE LA FICHE 45

Un habitant utilise la toiture de sa maison pour recueillir l'eau de pluie et la stocker dans un réservoir. Vue du ciel, cette toiture a la forme d'un rectangle de 6 m par 10 m. Au mois de mars, il est tombé 120 mm d'eau.

1. Calculer l'aire de ce rectangle en mètres carrés (m^2).

2. Calculer le volume d'eau (en m^3) tombé sur cette toiture pendant le mois de mars.

3. Cette eau est stockée dans une cuve pouvant contenir toute l'eau des précipitations. La consommation de cet habitant est de 300 L d'eau par jour. Calculer sa consommation pour le mois de mars (en m^3).

4. À la fin du mois de février, il restait 6,9 m³ d'eau dans la cuve. Quel volume d'eau reste-t-il à la fin du mois de mars ?

5 À la vitesse d'une péniche

→ APPLIQUE LA MÉTHODE DE LA FICHE 47

La longueur du Canal du Midi est de 240 km de Toulouse à l'étang de Thau et la vitesse des embarcations y est limitée à 8 km/h.
Combien de temps, au moins, faut-il pour effectuer ce trajet en péniche sans faire de pause ?

6 Un fleuve à gros débit

→ APPLIQUE LA MÉTHODE DE LA FICHE 46

Le fleuve Amazone est celui qui possède le débit moyen le plus important au monde. Il est d'environ 190 000 m³/s.
En France, un foyer de 3 personnes consomme en moyenne 10 000 L d'eau par mois. Donner un ordre de grandeur du nombre de ces foyers que pourrait alimenter ce fleuve en un mois.

Vers le brevet

Exerce-toi en vue du brevet et révise les **fiches 45 à 47.**

Pour chaque exercice, aide-toi des conseils donnés et compare ta réponse à celle donnée dans le corrigé.

SUJET TYPE — 20 min

7 Traversée d'une rivière

→ APPLIQUE LA MÉTHODE DE LA FICHE 46

Une barque traverse une rivière en partant d'un point A d'une rive pour arriver en un point B sur l'autre rive. On suppose que le triangle ABC est rectangle en C et $\widehat{BAC} = \alpha$.

La traversée de A vers B s'effectue à la vitesse constante de 1,542 nœuds et dure 50 s.
On a 1 m/s = 0,514 nœud.

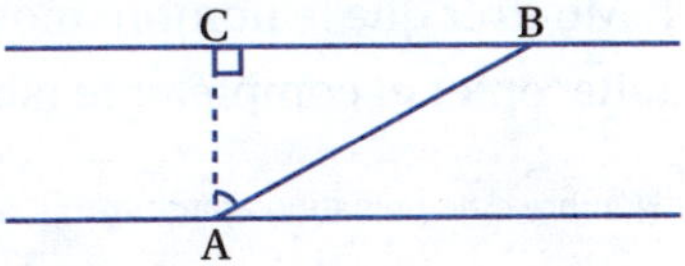

1. Exprimer la vitesse de traversée de A vers B en m/s.

2. Montrer que la distance parcourue AB est de 150 m.

3. Sachant que $\alpha = 60°$, calculer la largeur AC de la rivière.

4. Les points A et B sont distants de 150 m. Au même moment :
- un nageur part de A et se dirige vers B, à vitesse constante de 1 m/s ;
- une pirogue part de B et se dirige vers A, à la vitesse constante de 1,028 nœuds.

a. À quelle distance du point A se trouve le nageur 50 s après son départ ?

b. À quelle distance du point A se trouve la pirogue 50 s après son départ ?

c. En déduire le lieu où vont se rencontrer le nageur et la pirogue.

Conseils

1. Tu sais que 1 m/s = 0,514 nœud et que la vitesse est égale à 1,542 nœuds.
2. Tu as trouvé à la question précédente le nombre de mètres parcourus en 1 s.
3. Dans le triangle ABC rectangle en C, tu connais l'angle $\widehat{BAC}$ et l'hypoténuse AB. Utilise la trigonométrie.
4. Utilise la relation $d = v \times t$.

SUJET TYPE 8 — 25 min

Vitesse et pulsations autour d'un stade

→ APPLIQUE LA MÉTHODE DE LA FICHE 47

Partie A. Calculer une vitesse

Un professeur d'éducation physique et sportive fait courir ses élèves autour d'un stade rectangulaire mesurant 90 m de long et 60 m de large.

1. Calculer, en mètres, la longueur d'un tour de stade.

2. Pour effectuer 15 tours en 24 min à vitesse constante, combien de temps un élève doit-il mettre pour faire un tour ? On donnera la réponse en minutes et secondes.

3. Un élève parcourt 6 tours en 9 min. Calculer sa vitesse en m/min, puis en km/h.

Partie B. Calculer un pourcentage

On a relevé le nombre de pulsations par minute de 32 élèves avant qu'ils n'effectuent leurs tours de stade. Les résultats obtenus sont les suivants :
57 ; 61 ; 55 ; 67 ; 59 ; 52 ; 59 ; 63 ; 62 ; 65 ; 59 ; 54 ; 59 ; 57 ; 62 ; 54 ; 62 ; 65 ; 63 ; 61 ; 63 ; 55 ; 66 ; 63 ; 60 ; 59 ; 62 ; 63 ; 58 ; 61 ; 59 ; 63.

1. Montrer que le nombre moyen de pulsations par minute est égal à 60,25.

2. Recopier et compléter le tableau suivant :

Nombre n de pulsations par min	$52 \leqslant n < 56$	$56 \leqslant n < 60$	$60 \leqslant n < 64$	$64 \leqslant n \leqslant 68$
Effectif				

3. Combien d'élèves ont au moins 60 pulsations par minute ?

4. Quel est le pourcentage d'élèves ayant un nombre de pulsations par minute inférieur à 60 ?

Conseils

Partie A

1. Calcule le périmètre du rectangle.
2. Tu connais le nombre de minutes pour faire 15 tours. Cherche le nombre de minutes pour un tour.
3. Calcule d'abord la distance parcourue en 6 tours. Tu sais que cette distance a été parcourue en 9 min.

Partie B

1. Revois la fiche 25 pour calculer la moyenne.
2. Compte le nombre de valeurs correspondant à chaque intervalle. Vérifie que l'effectif total est 32.
3. L'expression « au moins 60 pulsations par minute » signifie 60 ou plus.
4. Observe les deux premières cases du tableau.

Se tester QUIZ

1 **Réponse a.** Une aire s'obtient en multipliant deux longueurs entre elles, donc une aire est une grandeur produit.

2 **1. Réponse b.** Une vitesse de 180 km/h signifie que l'on parcourt 180 km en 1 h, donc 180 km en 60 min. Or $180 \div 60 = 3$. Si l'on convertit 180 km/h en kilomètres par minute, on obtient 3 km/min.

2. Réponse c. 5 kW est égal à 5 000 W. Si on convertit 5 kWh, en wattheures, on obtient 5 000 Wh.

3 **1. Réponse c.** On a $90 \div 3 = 30$. Sa vitesse moyenne sur ce parcours, en $km \times h^{-1}$, est $30\ km \times h^{-1}$.

2. Réponse b. Le coureur fait 5 m en 1 s. On a $1\,000 \div 5 = 200$.
Il a couru pendant 200 s.

S'entraîner

4 **1.** On a $6 \times 10 = 60$. L'aire du rectangle est 60 m².

2. On a 120 mm = 0,12 m.
On calcule le volume $\mathcal{V}$ d'eau (en m³) tombé sur cette toiture pendant le mois de mars : $\mathcal{V} = 60 \times 0{,}12 = 7{,}2\ m^3$.

3. Il y a 31 jours au mois de mars, donc la consommation de l'habitant est : $31 \times 300 = 9\,300$ L, soit 9 300 dm³ ou encore 9,3 m³.

4. Dans la cuve, il y avait 6,9 m³ d'eau fin février. La pluie récupérée au mois de mars a augmenté cette quantité de 7,2 m³. L'habitant en a consommé 9,3 m³. Le volume restant est donc : $6{,}9 + 7{,}2 - 9{,}3 = 4{,}8\ m^3$.

> **Attention !**
> Quand on convertit des unités de longueur, on décale la virgule d'un rang et quand on convertit des unités de volume, on la décale de trois rangs.

5 Le temps mis pour effectuer ce trajet est le quotient de la distance parcourue par la vitesse : $t = \frac{d}{v}$. Avec $d = 240$ km et $v = 8$ km/h, on a $t = \frac{240}{8} = 30$.
Il faut au moins 30 heures pour effectuer ce trajet en péniche sans faire de pause.

> **Attention !**
> Vérifie que le temps, la distance et la vitesse sont exprimés dans des unités compatibles.

6 On convertit 10 000 L en m^3. On a 10 000 L = 10 000 dm^3 = 10 m^3.

En France, un foyer de 3 personnes consomme en moyenne 10 m^3 d'eau par mois.
Calculons la quantité d'eau fournie par le fleuve en un mois. Le débit est de 190 000 m^3 en 1 s.
Dans 1 h, il y a 3 600 s, dans une journée il y a 24 h, dans un mois, il y a environ 30 jours, donc dans un mois il y a $3\,600 \times 24 \times 30 = 2\,592\,000$ s.
Donc en un mois, la quantité d'eau est $190\,000 \times 2\,592\,000 \approx 4{,}9248 \times 10^{11}$ m^3.
On a alors $4{,}9248 \times 10^{11} \div 10 = 4{,}9248 \times 10^{10}$.
Un ordre de grandeur du nombre de ces foyers que pourrait alimenter ce fleuve en un mois est de 50 milliards de foyers.

Méthode
Pour convertir des m/min en km/h, convertis d'abord les mètres en km, puis multiplie par 60 car dans 1 h, il y a 60 min.

Vers le brevet

7 **1.** On a 1 m/s = 0,514 nœud, et $1{,}542 \div 0{,}514 = 3$. La vitesse est de 3 m/s.

2. La traversée dure 50 s, et la distance parcourue est $3 \times 50 = 150$ m.

3. Dans le triangle ABC rectangle en C, on connaît l'angle $\widehat{BAC}$ et l'hypoténuse AB.
On a donc $\cos\widehat{BAC} = \dfrac{AC}{AB}$. On en déduit que $AC = AB \times \cos 60° = 150 \times 0{,}5$. D'où $AC = 75$ m.

4. a. À la vitesse de 1 m/s, le nageur parcourt 50 m en 50 s à partir du point A.

b. On a 1 m/s = 0,514 nœud. Or $2 \times 0{,}514 = 1{,}028$. Donc la pirogue a pour vitesse constante 2 m/s.
À 2 m/s, la pirogue parcourt 100 m depuis le point B et se trouve à 50 m du point A.

c. Le nageur et la pirogue se rencontrent à 50 m du point A ou, ce qui est la même chose, à 100 m du point B.

Méthode
Calcule la distance parcourue par la pirogue depuis le point B.

8 **Partie A**

1. On calcule le périmètre du rectangle : $2 \times (90 + 60) = 300$ m.

2. On a $24 \div 15 = 1{,}6$ min.
On convertit en minutes et secondes : 0,6 min = $0{,}6 \times 60 = 36$ s.
Un élève doit mettre 1 min 36 s pour un tour.

3. La longueur parcourue en 6 tours est : $300 \times 6 = 1\,800$ m. La vitesse de l'élève est donc de 1 800 m pour 9 min. On a $1\,800 \div 9 = 200$. La vitesse est donc de 200 m/min.
On convertit en km/h : 200 m = 0,2 km et $0{,}2 \times 60 = 12$. La vitesse est donc de 12 km/h.

Partie B

1. La somme des 32 pulsations est égale à 1 928. On divise cette somme par 32 et on obtient le nombre moyen de pulsations par minute : 60,25.

2. On obtient le tableau suivant :

Nombre *n* de pulsations par min	$52 \leqslant n < 56$	$56 \leqslant n < 60$	$60 \leqslant n < 64$	$64 \leqslant n \leqslant 68$
Effectif	5	9	14	4

3. Le nombre d'élèves ayant au moins 60 pulsations par minute est égal à :
$14 + 4 = 18$.

4. On a $5 + 9 = 14$, donc il y a 14 élèves parmi 32 qui ont un nombre de pulsations par minute inférieur à 60. On a $\frac{14}{32} \times 100 = 43{,}75$. Le pourcentage est égal à 43,75 %.

Méthode
Pour calculer un pourcentage, divise l'effectif de l'intervalle considéré par l'effectif total et multiplie par 100.

L'épreuve du brevet

FICHES

SUJETS

CORRIGÉS

48 Comment s'organise l'épreuve de mathémathiques ?

Le brevet approche, c'est le moment de revoir les modalités de l'épreuve et de se confronter à quelques sujets pour se préparer en toute sérénité.

I Les modalités de l'épreuve

1. Le déroulement de l'épreuve

- L'épreuve de mathématiques est d'une durée totale de 2 heures. Le sujet est constitué de six à huit exercices que vous pouvez traiter indépendamment les uns des autres et dans l'ordre qui vous convient.
- Certains exercices peuvent prendre la forme de questionnaires à choix multiples (QCM). Les énoncés des exercices s'appuient sur des situations de la vie courante ou sur d'autres disciplines.

Le sujet comprend en général au moins un exercice d'algorithmique.

2. Le barème

L'épreuve de maths est notée sur **100 points.** L'**évaluation** prend en compte la clarté et la précision des raisonnements ainsi que, plus largement, la qualité de la rédaction scientifique. Si vous ne terminez pas un exercice, les **démarches engagées**, même non abouties, seront prises en compte dans la notation.

II Comment obtenir le diplôme du brevet ?

Pour obtenir le diplôme du brevet, il faut totaliser au moins **400 points sur 800**, lorsqu'on ajoute les points du contrôle continu et des épreuves finales.

1. Le décompte des points

- À la fin de l'année, vos professeurs évaluent votre niveau de maîtrise des huit composantes du socle commun de connaissances et de compétences (insuffisante, fragile, satisfaisante, très bonne) qui correspond à un nombre de points (10, 25, 40, 50).
- À ce nombre de points du contrôle continu, s'ajoutent les notes obtenues aux cinq épreuves finales.

Vous pouvez donc obtenir au maximum **400 points** au contrôle continu et **400 points** aux épreuves finales.

2. Les mentions

Les mentions sont décernées selon la règle suivante.

Mention	Notation
Assez bien	au moins 480 points sur 800
Bien	au moins 560 points sur 800
Très bien	au moins 640 points sur 800

49 Comment réussir les exercices de mathématiques ?

Qu'ils fassent appel à tes connaissances ou à ta capacité à résoudre des problèmes, les exercices de mathématiques doivent être abordés avec méthode et rédigés avec soin.

I Comment aborder les exercices ?

Avant de commencer toute rédaction d'un exercice ou de démarrer tout calcul, il convient de respecter certaines règles.

- Lis correctement **tout l'énoncé** de l'exercice en vérifiant que tu en comprends le vocabulaire. Vérifie si l'exercice possède des **questions dépendant les unes des autres.** Tu trouveras parfois dans certaines questions des éléments de réponse aux questions précédentes.
- Fais immédiatement une figure dans le cas d'un exercice de **géométrie** ou reporte sur la figure fournie les éléments importants afin de rendre concret le texte de l'énoncé.

N'hésite pas à utiliser **différentes couleurs** pour la composition des figures.

II Comment rédiger les exercices ?

1. La présentation

- Le correcteur prend en compte la clarté et la précision des **raisonnements** ainsi que la qualité de la **rédaction scientifique**. Dans chaque partie de l'épreuve, cinq points sont réservés à la présentation de la copie et à l'utilisation de la langue française. **Écris lisiblement** en sautant des lignes entre les exercices.
- Si tu n'as pas terminé un exercice, laisse suffisamment de place pour pouvoir continuer cet exercice plus tard. N'hésite pas à commencer l'exercice suivant sur une nouvelle page.

Réserve impérativement un peu de temps, à la fin de l'épreuve, pour te relire !

- **Relis-toi** lorsque tu as terminé un exercice pour éviter des fautes d'inattention et pour soigner la rédaction.

2. La rédaction

- La rédaction de tes réponses doit être **claire** et **rigoureuse**. Il est indispensable de rappeler précisément les théorèmes que tu utilises et de justifier leur application. Un raisonnement en mathématiques doit comprendre des **enchaînements logiques** et n'est pas une suite de lignes de calculs.
- N'oublie pas de mettre en évidence tes **réponses** (en les encadrant par exemple) et de faire tous les **schémas et graphiques** sur des feuilles différentes de celles utilisées pour rédiger ton devoir.

Sujet 1

Exerce-toi en vue du brevet.

Pour chaque exercice, vérifie tes réponses à l'aide du corrigé et consulte les fiches de cours si nécessaire.

1 Résultats en maths

12 POINTS — 15 min

→ RÉVISE LES FICHES 25 À 27

Voici le diagramme en bâtons des notes sur 20 obtenues par une classe de 25 élèves de 3e au dernier devoir de mathématiques.

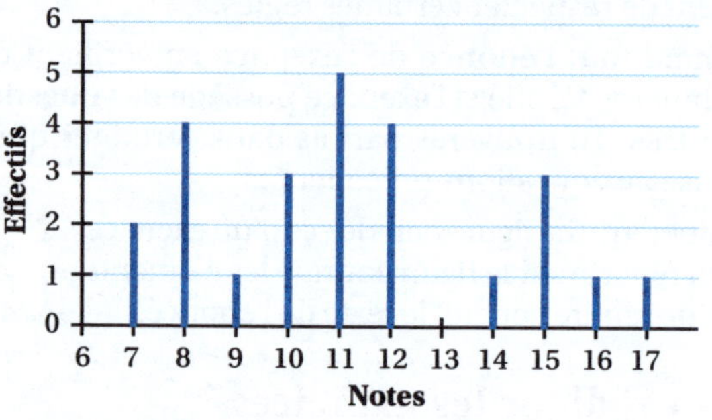

1. Calculer l'étendue des notes.

2. Compléter le tableau suivant :

Note	7	8	9	10	11	12	13	14	15	16	17
Effectif	2										
Fréquence											

3. Calculer la moyenne des notes.

4. Déterminer la médiane des notes.

5. Calculer le pourcentage d'élèves ayant eu une note inférieure ou égale à 14.

Démarrons ensemble

1. Cherche la note la plus haute et la note la plus basse.
2. Les effectifs correspondent à la hauteur de chaque barre. Pour calculer la fréquence, divise l'effectif de chaque note par l'effectif total.
3. Multiplie chaque note par son effectif.
4. Observe que 25 = 12 + 1 + 12.
5. Calcule le nombre d'élèves ayant eu une note inférieure ou égale à 14.

10 POINTS

2 Le nombre caché

15 min

→ RÉVISE LES FICHES 5 ET 6

« Je suis un nombre entier compris entre 100 et 400.
Je suis pair.
Je suis divisible par 11.
J'ai aussi 3 et 5 comme diviseurs.
Qui suis-je ? ».

Expliquer une démarche permettant de trouver le nombre caché, et donner sa valeur.

Démarrons ensemble

Explique d'abord pourquoi le nombre que tu cherches est divisible par 3 × 5. Tu sais qu'il est aussi divisible par 11. Conclus en cherchant un nombre pair compris entre 100 et 400.

14 POINTS

3 Stages de voile

15 min

→ RÉVISE LES FICHES 21 ET 45

Un stage de voile pour enfant est proposé pendant les vacances. Le prix affiché d'un stage pour un enfant est de 115 €. Lorsqu'une famille inscrit deux enfants ou plus, elle bénéficie d'une réduction qui dépend du nombre d'enfants inscrits.

1. Une famille qui inscrit trois enfants paie 310,50 €. Pour cette famille, quel est, par enfant, le prix de revient d'un stage ?

2. Compléter les deux factures données ci-dessous. Aucune justification n'est attendue dans cette question.

Facture 1

Prix d'un stage	115 €
Nombre d'enfants inscrits	2
Prix total avant réduction	......
Montant de la réduction (5 % du prix total avant réduction)	......
Prix à payer	......

Facture 2

Prix d'un stage	115 €
Nombre d'enfants inscrits	3
Prix total avant réduction	......
Montant de la réduction (...... % du prix total avant réduction)	......
Prix à payer	310,50 €

Démarrons ensemble

1. On connaît le prix pour trois enfants et on cherche le prix pour un enfant. Conclus.
2. Pour la facture 1, calcule le prix pour les deux enfants, puis applique la réduction de 5 %. Conclus en faisant une différence.
Pour la facture 2, calcule le prix pour les trois enfants, puis le montant de la réduction en calculant une différence. Applique la méthode de la fiche 21 pour calculer le pourcentage.

18 POINTS

4 Production maraîchère

20 min

→ RÉVISE LES FICHES 19 ET 22

Des caissettes de 15 tomates sont vendues et livrées à partir d'une coopérative. Le prix de vente dépend de la distance de livraison.
Tarif n° 1 : la caissette est vendue 7 € pour une distance de livraison inférieure ou égale à 90 km de la coopérative.
Tarif n° 2 : la caissette est vendue 6,50 € pour une distance de livraison supérieure ou égale à 90 km avec des frais de transport fixes de 50 €.

1. Comparer les deux tarifs pour un achat de 100 caissettes.
2. Une entreprise située à 200 km de la coopérative achète x caissettes. Quel sera le prix $P(x)$ à payer à la coopérative ?
3. Une autre entreprise située à 50 km de la coopérative achète x caissettes. Quel sera le prix $S(x)$ à payer à la coopérative ?
4. Une troisième entreprise se situe exactement à 90 km de la coopérative. On suppose qu'elle a le choix entre les deux tarifs proposés. Déterminer l'option la plus avantageuse selon le nombre x de caissettes qu'elle souhaite acheter.

Démarrons ensemble

1. Pour le tarif n° 1, multiplie le nombre de caissette x par 7.
2. Pour le tarif n° 2, multiplie le nombre de caissette x par 6,50 sans oublier les frais de transport.
3. Il s'agit de résoudre, par exemple, l'inéquation $S(x) < P(x)$.

18 POINTS

5 Le puits et le berger

20 min

→ RÉVISE LES FICHES 39 ET 44

Un jeune berger se trouve au bord d'un puits de forme cylindrique dont le diamètre intérieur vaut 75 cm. Il aligne son regard avec le rebord intérieur du puits et le fond du puits pour en estimer la profondeur.
Le fond du puits et le rebord sont horizontaux. Le puits est vertical.

1. En s'aidant du schéma ci-après (il n'est pas à l'échelle), donner les longueurs CB, FG et RB en mètres

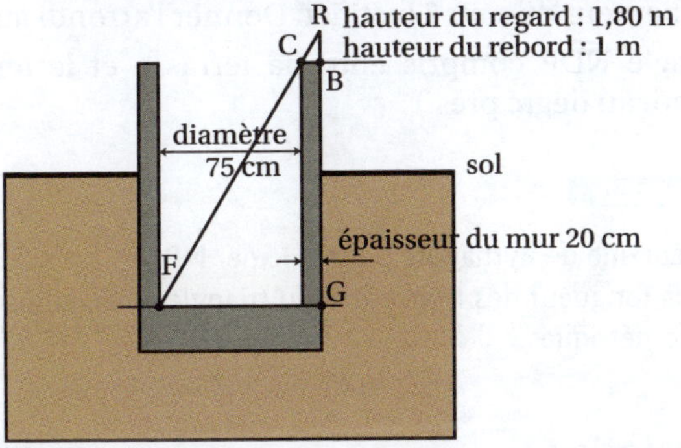

2. Calculer la profondeur BG du puits.

3. Le berger s'aperçoit que la hauteur d'eau dans le puits est 2,60 m. Le jeune berger a besoin de 1 m³ d'eau pour abreuver tous ses moutons. En trouvera-t-il suffisamment dans ce puits ?

Démarrons ensemble

1. Observe le graphique. CB est l'épaisseur du mur. FG est la somme du diamètre du puits et de l'épaisseur du mur. Calcule RB par soustraction.
2. Calcule d'abord RG à l'aide du théorème de Thalès. Conclus par soustraction.
3. Calcule le volume de l'eau dans le puits. L'eau prend la forme d'un cylindre de hauteur 2,60 m. Trouve son rayon.

14 POINTS

6 Une terrasse

15 min

→ RÉVISE LES FICHES 35 ET 37

Sur le schéma ci-dessous, la terrasse est représentée par le segment [DN], elle est horizontale et mesure 4 mètres de longueur. Elle est construite au-dessus d'un terrain en pente qui est représenté par le segment [DP] de longueur 4,20 m. Pour cela, il a fallu construire un mur vertical représenté par le segment [NP].

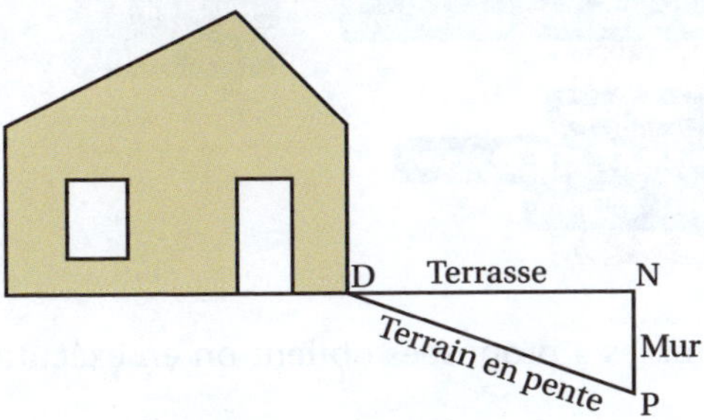

1. Quelle est la hauteur du mur ? Justifier. Donner l'arrondi au cm près.

2. Calculer l'angle $\widehat{NDP}$ compris entre la terrasse et le terrain en pente. (Donner l'arrondi au degré près.)

Démarrons ensemble

1. Utilise le théorème de Pythagore pour calculer NP.
2. Tu connais la longueur des trois côtés du triangle DNP. Utilise l'un des trois rapports trigonométriques.

14 POINTS

7 Programmation

20 min

→ RÉVISE LES FICHES 1 À 4

1. Voici quatre images, formées chacune de quatre triangles.

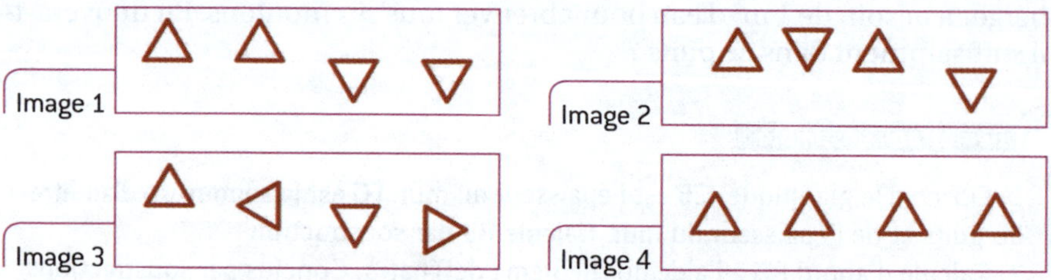

Karl a écrit le programme suivant :

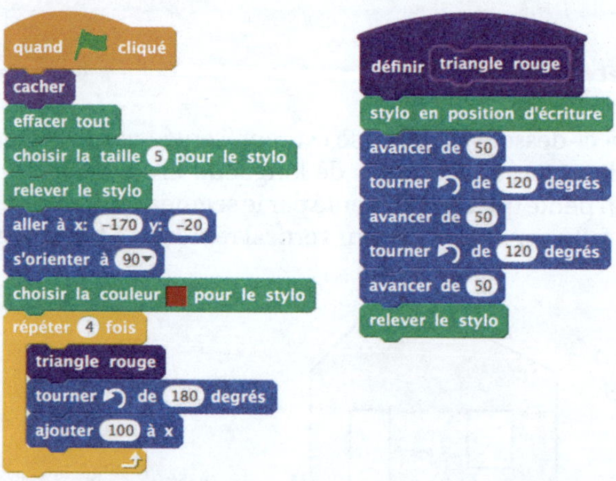

Quelle figure parmi les 4 proposées obtient-on en exécutant le programme de Karl ?

2. Chloé a modifié le programme de Karl :

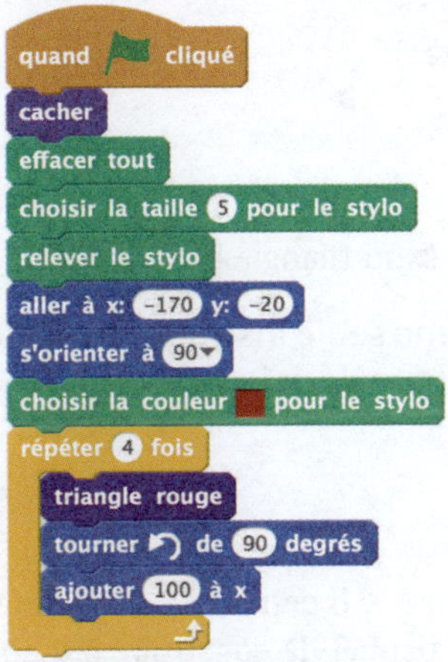

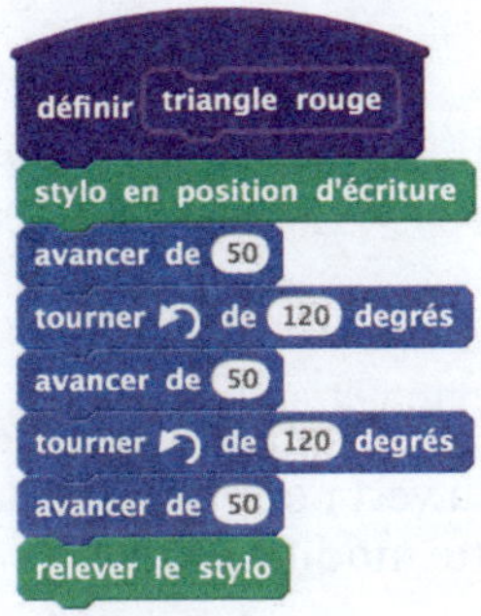

Quelle figure parmi les 4 proposées à la question **1.** obtient-on en exécutant le programme de Chloé ?

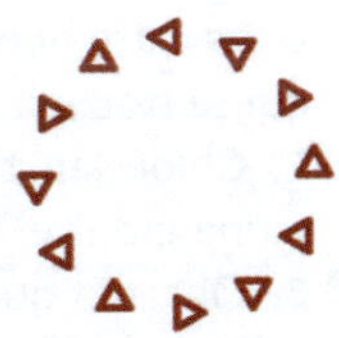

3. Sabri souhaite dessiner la figure ci-contre :

Pour cela il a écrit le programme ci-dessous :

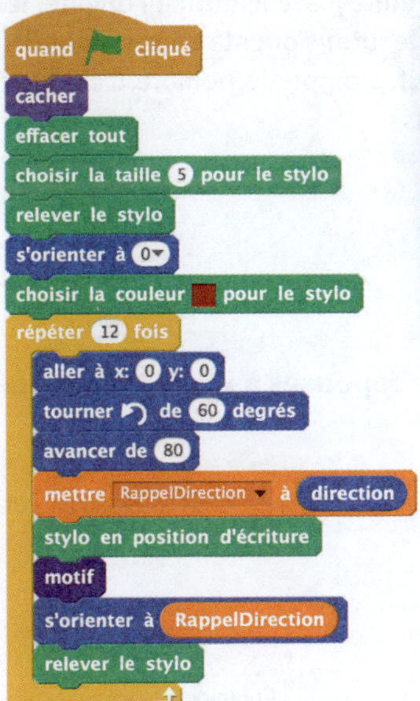

RappelDirection est une variable créée par Sabri.
Mais cela ne fonctionne pas comme prévu, il obtient la figure ci-dessous :

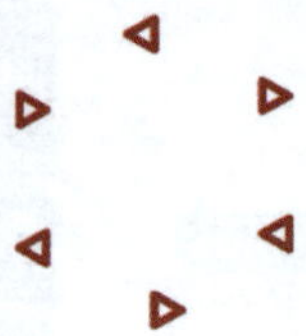

Manon lui dit qu'il suffit de modifier une seule instruction du bloc déclenché par le drapeau vert pour dessiner la figure désirée.
Quelle est cette modification ?

Démarrons ensemble

1. Observe le bloc « définir triangle rouge ». Il permet de construire un triangle équilatéral. La boucle « répéter 4 fois » permet de construire 4 triangles rouges. Dans cette boucle, les triangles subissent une rotation de 180°, donc la pointe qui se trouvait orientée vers le haut se trouve orientée vers le bas. Conclus.
2. Chloé fait tourner les triangles de 90° dans le sens contraire des aiguilles d'une montre. Conclus.
3. Observe que le motif dessiné par le programme de Sabri est le même que celui dessiné par Chloé. Son programme place le lutin à l'origine, le fait avancer de 80, puis trace un motif. Ensuite le lutin s'oriente en tournant de 60°, puis le programme construit un autre motif. Compte le nombre d'angles de 60° pour construire un tour complet. Conclus.

Sujet 2

Exerce-toi en vue du brevet.

Pour chaque exercice, vérifie tes réponses à l'aide du corrigé et consulte les fiches de cours si nécessaire.

14 POINTS

1 Programmes de calcul

20 min

→ RÉVISE LES FICHES 15 ET 17

On propose deux programmes de calcul

Programme A
Choisir un nombre. Le multiplier par 2. Ajouter 5 au résultat obtenu.

Programme B
Choisir un nombre. Soustraire 7. Multiplier par 3 le résultat obtenu.

1. On choisit 5 comme nombre de départ. Montrer que le résultat du programme B est –6.

2. On choisit –2 comme nombre de départ. Quel est le résultat avec le programme A ?

3. a. Quel nombre faut-il choisir pour que le résultat du programme A soit 0 ?

b. Quel nombre faut-il choisir pour que le résultat du programme B soit 9 ?

4. Quel nombre doit-on choisir pour obtenir le même résultat avec les deux programmes ?

Démarrons ensemble

3. a. Appelle x le nombre choisi. Écris en fonction de x le calcul effectué par le programme A. Conclus en résolvant une équation.
b. N'oublie pas les parenthèses indispensables autour de $x - 7$.
4. Utilise les expressions trouvées à la question **3.** et résous une équation.

12 POINTS

2 À la fête

15 min

→ RÉVISE LES FICHES 28 À 30

À un stand de fête foraine, un jeu consiste à tirer au hasard un billet de loterie dans un sac contenant exactement 180 billets :

- 4 de ces billets permettent de gagner un lecteur MP3 ;
- 12 permettent de gagner une grande peluche ;
- 36 permettent de gagner une petite peluche ;
- 68 permettent de gagner un porte-clés ;
- les autres billets sont des billets perdants.

Quelle est la probabilité pour un participant :

1. de gagner un lecteur MP3 ?

2. de gagner une peluche (grande ou petite) ?

3. de ne rien gagner ?

On donnera les résultats sous la forme de fractions irréductibles.

Démarrons ensemble

1. Il y a 4 billets permettant de gagner un lecteur MP3. Cherche le nombre total de billets.
2. Il y a deux sortes de peluches. Calcule le nombre de billets permettant de gagner une peluche.
3. Cherche le nombre de billets gagnants, puis le nombre de billets perdants.

12 POINTS

3 Une figure en R

15 min

→ RÉVISE LES FICHES 31 À 32

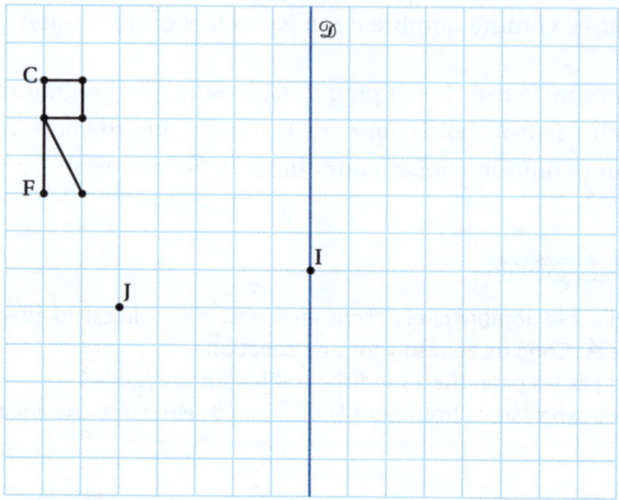

Sur la figure ci-dessus, en commençant dans chaque cas par l'image du segment [CF], tracer :

- en bleu, l'image de la lettre « R » par la symétrie d'axe 𝒟 ;
- en rouge, l'image de la lettre « R » par la symétrie de centre I ;
- en vert, l'image de la lettre « R » par la translation qui transforme F en J.

Démarrons ensemble

- Pour tracer la figure bleue, trace d'abord le symétrique des points C et F par rapport à la droite 𝒟. Trace ensuite les symétriques des autres sommets.
- Pour tracer la figure rouge, trace d'abord le symétrique des points C et F par rapport au point I.
- Pour tracer la figure verte, trace le parallélogramme CFJC' pour construire C_3 image de C par la translation qui transforme F en J. L'image du point F est un point connu.

14 POINTS

4 L'éolienne

15 min

→ RÉVISE LES FICHES 39 ET 40

Pour trouver la hauteur d'une éolienne, on a les renseignements suivants :
Les points O, A et C sont alignés. Les points O, B et D sont alignés.
Les angles $\widehat{OAB}$ et $\widehat{ACD}$ sont droits.
OA = 11 m ; AC = 594 m ; AB = 1,5 m.

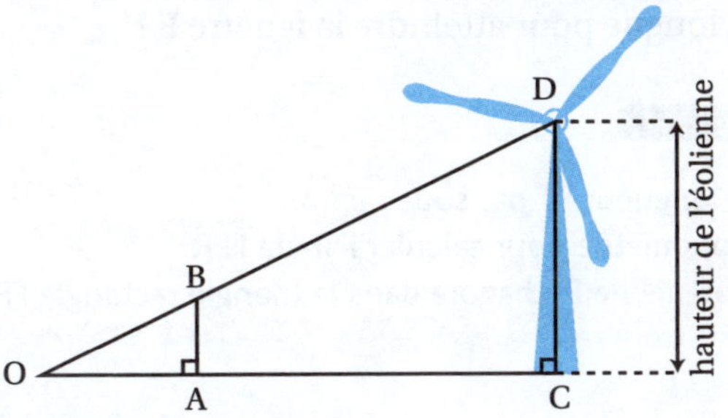

1. Expliquer pourquoi les droites (AB) et (CD) sont parallèles.

2. Calculer la hauteur CD de l'éolienne. Justifier.

Démarrons ensemble

1. Observe le codage de la figure. La droite (AB) est perpendiculaire à la droite (OC).
2. Utilise le théorème de Thalès.

18 POINTS

5 La grande échelle

20 min

→ RÉVISE LES FICHES 35 À 37

Lors d'une intervention, les pompiers doivent atteindre une fenêtre F située à 18 mètres au-dessus du sol en utilisant leur grande échelle [PF]. Ils doivent prévoir les réglages de l'échelle.
Le pied P de l'échelle est situé sur le camion à 1,5 m du sol et à 10 m de l'immeuble. *Le dessin n'est pas réalisé à l'échelle.*

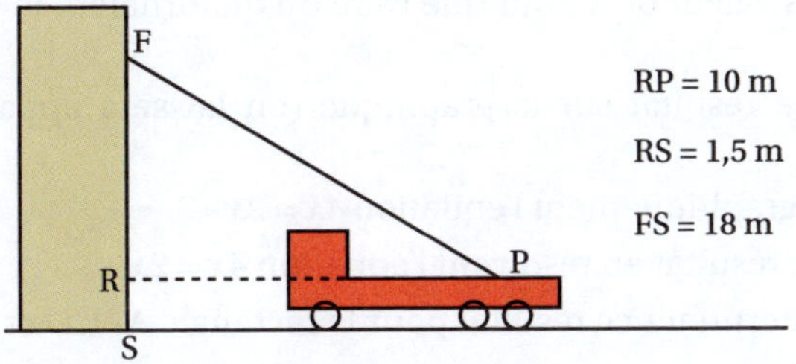

1. D'après les informations ci-dessus, déterminer la longueur RF.

2. Déterminer l'angle que fait l'échelle avec l'horizontale, c'est-à-dire $\widehat{FPR}$, arrondi à l'unité.

3. L'échelle a une longueur maximale de 25 mètres.
Sera-t-elle assez longue pour atteindre la fenêtre F ?

Démarrons ensemble

1. Tu obtiens la longueur RF par soustraction.
2. Utilise la trigonométrie pour calculer l'angle $\widehat{FPR}$.
3. Utilise le théorème de Pythagore dans le triangle rectangle FPR.

18 POINTS

6 Calculs d'aires

20 min

→ RÉVISE LES FICHES 15, 19, 20, 22 ET 23

On donne les figures suivantes :

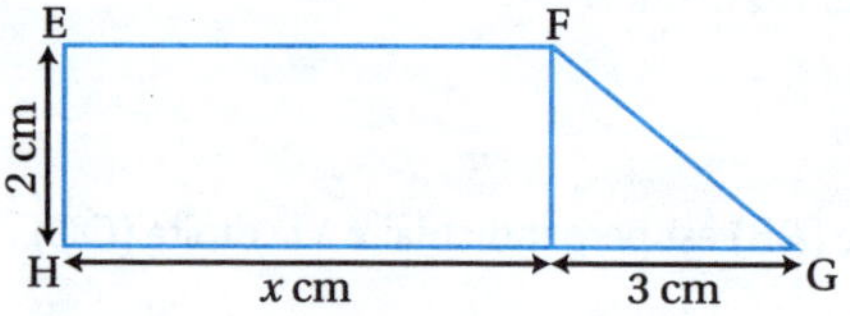

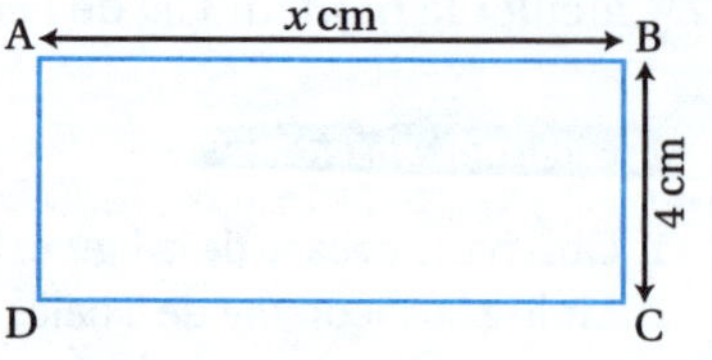

1. Exprimer en fonction de x l'aire $\mathscr{A}$(ABCD) du rectangle ABCD.

2. Exprimer en fonction de x l'aire $\mathscr{A}$ (EFGH) du quadrilatère EFGH.

3. Dans un repère orthonormal, tracer :
– la représentation graphique $\mathscr{D}$ de la fonction f définie par : $x \mapsto 4x$;
– la représentation graphique $\mathscr{D}'$ de la fonction g définie par : $x \mapsto 2x + 3$.

4. a. Calculer l'aire du rectangle ABCD pour $x = 3$.

b. Retrouver ce résultat sur le graphique (on laissera apparents les traits nécessaires).

5. a. Calculer la valeur de x pour que l'aire du quadrilatère EFGH soit égale à 15 cm^2.

b. Retrouver ce résultat sur le graphique (on laissera apparents les traits nécessaires).

6. a. Résoudre graphiquement l'équation $4x = 2x + 3$.

b. Retrouver ce résultat en résolvant l'équation $4x = 2x + 3$

c. Comment interpréter ce résultat pour le rectangle ABCD et le quadrilatère EFGH ?

Démarrons ensemble

1. Multiplie la largeur x par la longueur BC.
2. L'aire du trapèze est égale à $\frac{(B+b)\times h}{2}$. Applique cette formule en observant que $b = \text{EF} = x$ et $B = \text{HG}$.
3. Calcule, par exemple, l'image de 0 et de 2 par f, puis par g. Trace deux droites.
4. b. Place 3 sur l'axe des abscisses.
5. a. Résous l'équation $g(x) = 15$.
b. Place 15 sur l'axe des ordonnées.
6. a. Trouve les coordonnées du point d'intersection des deux droites tracées.
c. Compare les aires de ABCD et EFGH.

12 POINTS

7 Programmation avec Scratch

20 min

→ RÉVISE LES FICHES 1 À 4

1. Voici quatre images, représentant les courbes représentatives de quatre fonctions.

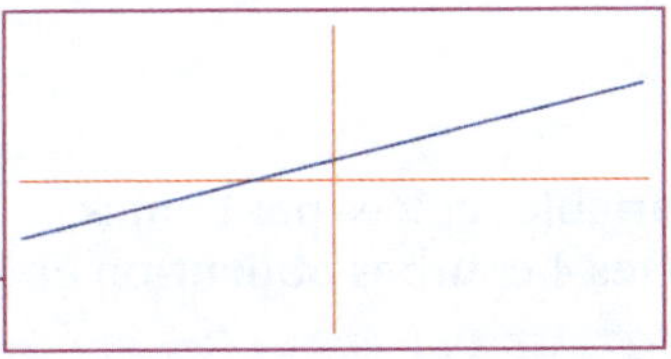
Image 1

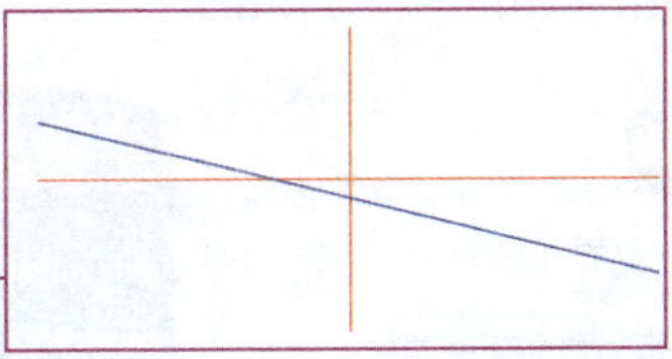
Image 2

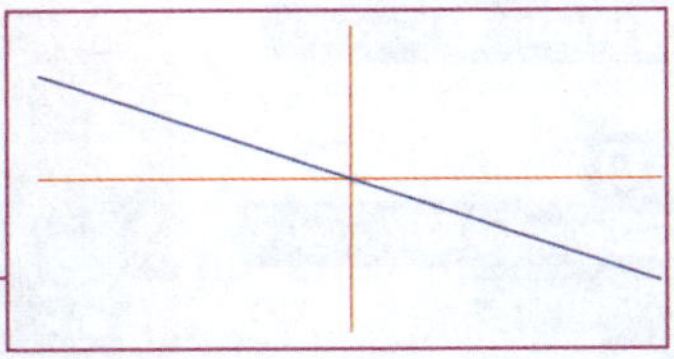
Image 3

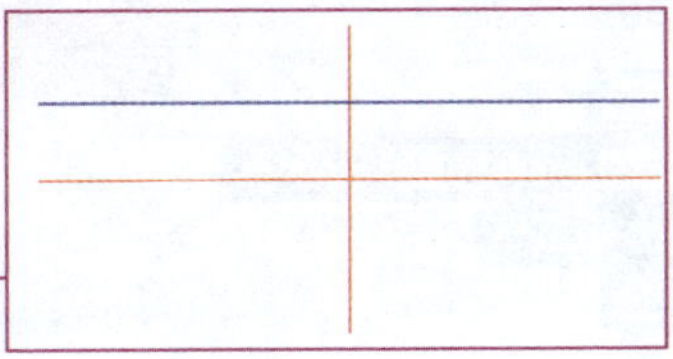
Image 4

Franck a écrit le programme suivant :

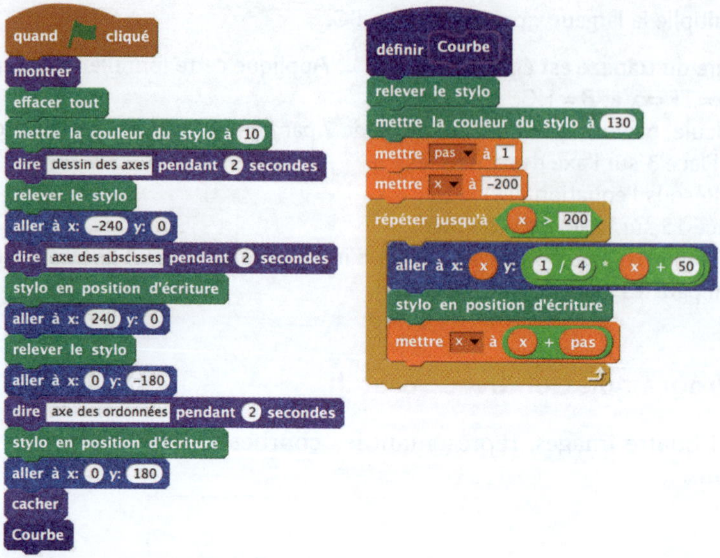

Pas et *x* sont deux variables créées par Franck.
Quelle figure parmi les 4 courbes obtient-on en exécutant le programme de Franck ?

2. Léa a modifié le programme de Franck :

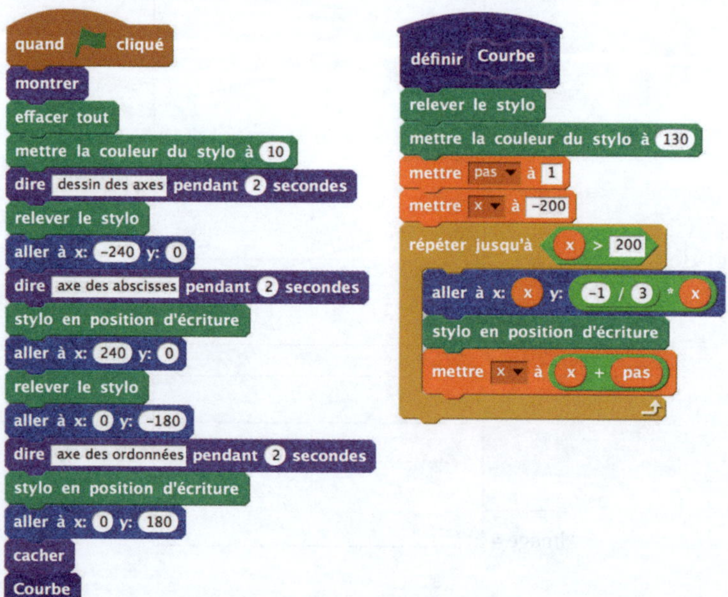

Quelle figure parmi les 4 images de la question **1.** obtient-on en exécutant le programme de Léa ?

3. Nicolas souhaite construire le symétrique d'un triangle rectangle, et voudrait obtenir la figure ci-dessous :

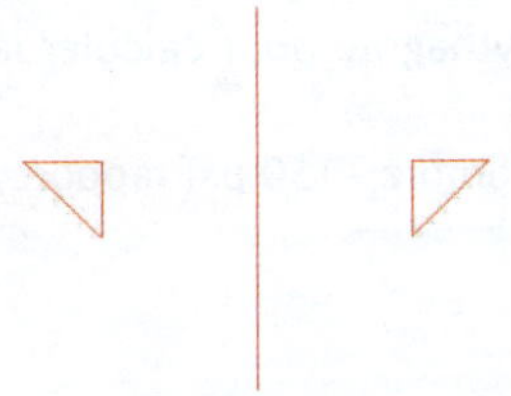

Pour cela il a écrit le programme ci-dessous :

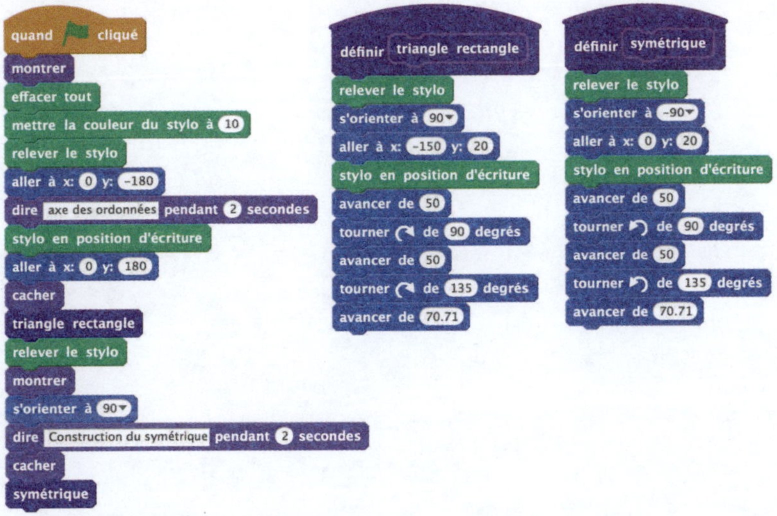

Pourquoi la longueur du troisième côté du triangle rectangle mesure 70,71 ?

Cela ne fonctionne pas comme prévus, le programme de Nicolas dessine la figure ci-dessous :

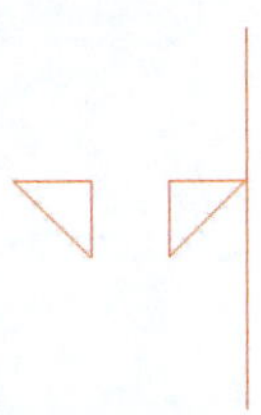

Lana lui dit qu'il suffit de modifier une seule instruction du bloc « symétrique » pour dessiner la figure désirée.

Quelle est cette modification ?

Démarrons ensemble

1. Observe la boucle « répéter jusqu'à $x > 200$ ». À l'intérieur de cette boucle, on définit une fonction.
2. Léa a changé l'instruction définissant la fonction.
3. Utilise le théorème de Pythagore pour calculer la longueur de l'hypoténuse du triangle rectangle.
Quel est le symétrique du nombre –150 par rapport à 0 ?

Sujet 1

1 **1.** La plus petite note est 7 et la plus grande est 17. On a 17 – 7 = 10. L'étendue des notes est 10.

2. Complétons le tableau suivant :

Note	7	8	9	10	11	12	13	14	15	16	17
Effectif	2	4	1	3	5	4	0	1	3	1	1
Fréquence	$\frac{2}{25}=0{,}08$	$\frac{4}{25}=0{,}16$	$\frac{1}{25}=0{,}04$	$\frac{3}{25}=0{,}12$	$\frac{5}{25}=0{,}2$	0,16	0	0,04	0,12	0,04	0,04

3. Calculons la moyenne des notes.

$$\frac{7\times2+8\times4+9\times1+10\times3+11\times5+12\times4+14+15\times3+16+17}{25}=11{,}2.$$

4. Il y a 25 notes. La médiane est la 13e note. La médiane des notes est 11.

5. Parmi les 25 élèves, il y a 20 élèves ayant une note inférieure ou égale à 14. On a : 20 ÷ 25 = 0,8. Le pourcentage d'élèves ayant eu une note inférieure ou égale à 14 est 80 %.

> **Méthode**
> L'effectif est un nombre impair, la **médiane** est la note du milieu.

2 Le nombre est divisible par 3, 5 et 11. Or ces trois nombres sont premiers, donc le nombre cherché est divisible par 3 × 5 × 11 = 165. De plus, il est pair. On a : 165 × 2 = 330.
Comme le nombre est compris entre 100 et 400, le nombre cherché est 330.

3 **1.** Le prix par enfant est égal à 310,5 ÷ 3 = 103,50 €.

2. Facture 1

Prix d'un stage	115 €
Nombre d'enfants inscrits	2
Prix total avant réduction	**230 €**
Montant de la réduction (5 % du prix total avant réduction)	$230\times\frac{5}{100}=$ **11,50 €**
Prix à payer	230 – 11,50 = **218,50 €**

Facture 2

Prix d'un stage	115 €
Nombre d'enfants inscrits	3
Prix total avant réduction	**345 €**
Montant de la réduction (**10** % du prix total avant réduction)	345 – 310,50 = **34,50 €**
Prix à payer	310,50 €

> **Méthode**
> Calculer *x* % d'une quantité revient à multiplier cette quantité par *x* puis diviser par 100.

Si on appelle x le pourcentage de réduction, alors x vérifie :

$$345 \times \frac{x}{100} = 34{,}5.$$

Donc $x = \frac{34{,}50}{345} \times 100 = 10$, soit un pourcentage de 10 %.

4 **1.** Tarif n° 1 : la caissette est vendue 7 €, donc le tarif pour un achat de 100 caissettes est 7 × 100 = 700 €.
Tarif n° 2 : la caissette est vendue 6,50 € avec des frais de transport de 50 €, donc le tarif pour un achat de 100 caissettes est 6,50 × 100 + 50 = 700 €.
Les deux tarifs pour un achat de 100 caissettes sont égaux.

2. L'entreprise est située à 200 km de la coopérative, donc c'est le tarif n° 2 qui s'applique.

Le prix $P(x)$ à payer à la coopérative est $P(x) = 6{,}50 \times x + 50 = 6{,}50\,x + 50$.

3. L'autre entreprise est située à 50 km de la coopérative, donc c'est le tarif n° 1 qui s'applique.

Le prix $S(x)$ à payer à la coopérative est $S(x) = 7 \times x = 7x$.

4. Pour déterminer le tarif de vente le plus avantageux selon le nombre x de caissettes que la troisième entreprise souhaite acheter, on compare les prix $P(x)$ et $S(x)$.
On résout l'inéquation :
$S(x) < P(x)$
$7x < 6{,}50x + 50$
$7x - 6{,}50x < 50$
$0{,}5x < 50$
$x < 50 \div 0{,}5$
$x < 100$.
Pour un nombre de caissettes strictement inférieur à 100, l'entreprise choisira le tarif n° 1.

Pour un nombre de caissettes strictement supérieur à 100, l'entreprise choisira le tarif n° 2.
Pour 100 caissettes, les deux prix sont égaux.

5 **1.** La longueur CB correspond à l'épaisseur du mur, donc :
CB = 20 cm = 0,2 m.
La longueur FG correspond au diamètre augmenté de l'épaisseur du mur, donc :
FG = 75 + 20 = 95 cm = 0,95 m.
La longueur RB est la différence entre la hauteur du regard et celle du rebord, donc :
RB = 1,80 – 1 = 0,80 m.

2. Les droites (RF) et (RG) sont sécantes en R. Les droites (CB) et (FG) sont parallèles. Le point C appartient à la droite (RF) et le point B appartient à la droite (RG). On applique le théorème de Thalès pour calculer la longueur RG.
On a :
$\dfrac{RC}{RF} = \dfrac{RB}{RG} = \dfrac{CB}{FG}$
$0{,}20 \times RG = 0{,}80 \times 0{,}95$
$RG = 0{,}76 \div 0{,}2 = 3{,}8$.
Or on a $RG = RB + BG$, donc $BG = RG - RB$, soit $BG = 3{,}8 - 0{,}80 = 3$.

La profondeur du puits est 3 m.

3. L'eau occupe dans le puits un cylindre de diamètre 0,75 m et de hauteur 2,60 m. Le rayon du cylindre est $0{,}75 \div 2 = 0{,}375$ m.
Le volume $\mathcal{V}$ de l'eau est $\mathcal{V} = \pi \times 0{,}375^2 \times 2{,}60 \approx 1{,}148$.
Le volume de l'eau est 1,148 m^3. Ce volume est supérieur à 1 m^3, donc le berger aura suffisamment d'eau pour abreuver tous ses moutons.

> **Méthode**
> Souviens-toi que le rayon d'un cercle est égal à la moitié du diamètre.

6 **1.** Le triangle DNP est rectangle en N. On applique le théorème de Pythagore à ce triangle. On a :
$DP^2 = DN^2 + NP^2$
$4{,}2^2 = 4^2 + NP^2$
$NP^2 = 4{,}2^2 - 4^2$
$NP^2 = 1{,}64$.
Or NP est une distance, donc $NP = \sqrt{1{,}64}$. L'arrondi au cm près de NP est 1,28.
La hauteur du mur est 1,28 m.

2. Dans le triangle DNP rectangle en N, on connaît la longueur des trois côtés.
On a, par exemple :

$$\tan \widehat{NDP} = \frac{NP}{DN} = \frac{1{,}28}{4} = 0{,}32.$$

La calculatrice affiche $\widehat{NDP} \approx 17{,}7°$.
L'arrondi au degré près de l'angle $\widehat{NDP}$ est 18°.

7 **1.** La figure dessinée par le programme de Karl est l'image 2.

2. La figure dessinée par le programme de Chloé est l'image 3.

3. Dans un cercle, l'angle au centre mesure 360°. Sabri veut dessiner 12 figures identiques sur ce cercle de rayon 80. Chaque déplacement sur le cercle correspond à un angle de $\dfrac{360}{12} = 30°$. Or Sabri a utilisé l'instruction

`tourner ↺ de 60 degrés` .

Sabri doit donc remplacer cette instruction par `tourner ↺ de 30 degrés` .

Sujet 2

1 **1.** On a $5 - 7 = -2$ et $-2 \times 3 = -6$.

2. On a $-2 \times 2 = -4$ et $-4 + 5 = 1$.

3. a. Appelons x le nombre de départ. Appliquons à x le programme A. On obtient $x \times 2 + 5$.

Le résultat doit être 0, donc on cherche le nombre x tel que $x \times 2 + 5 = 0$. On a :

$x \times 2 + 5 = 0$

$x \times 2 = -5$

$x = -\frac{5}{2}$.

Le nombre choisi au départ est $-\frac{5}{2}$.

b. Appelons x le nombre de départ. Appliquons à x le programme B. On obtient $(x - 7) \times 3$.

Le résultat doit être 9, donc on cherche le nombre x tel que $(x - 7) \times 3 = 9$. On a :

$(x - 7) \times 3 = 9$

$x - 7 = 3$

$x = 10$.

Le nombre choisi au départ est 10.

4. Appelons x le nombre de départ. Pour obtenir le même résultat avec les deux programmes, on cherche la valeur de x telle que :

$x \times 2 + 5 = (x - 7) \times 3$.

Soit :

$2x + 5 = 3x - 21$

$5 + 21 = 3x - 2x$

$26 = x$.

Le nombre de départ est 26.

2 **1.** Il y a 4 billets permettant de gagner un lecteur MP3 parmi les 180 billets, donc la probabilité pour un participant de gagner un lecteur MP3 est $\frac{4}{180} = \frac{1}{45}$.

> **Méthode**
> Dans une probabilité, le dénominateur est le nombre total d'issues.

2. Il y a 12 billets permettant de gagner une grande peluche et 36 billets permettant de gagner une petite peluche, il y a donc $12 + 36 = 48$ billets permettant de gagner une grande ou une petite peluche.

La probabilité pour un participant de gagner une grande ou une petite peluche est $\frac{48}{180} = \frac{4}{15}$.

3. Calculons le nombre de billets gagnants : 4 + 12 + 36 + 68 = 120. Il y 120 billets gagnants.
On a 180 – 120 = 60. Il y a donc 60 billets perdants.
La probabilité de ne rien gagner est $\frac{60}{180} = \frac{1}{3}$.

3

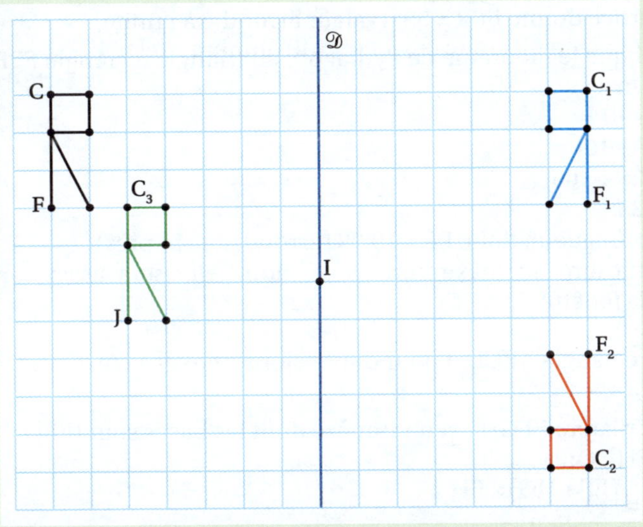

4 **1.** Les droites (AB) et (CD) sont perpendiculaires à une même droite (OC), les droites (AB) et (CD) sont donc parallèles.

2. Les droites (OC) et (OD) sont sécantes en O, les droites (AB) et (CD) sont parallèles. Le point B appartient à la droite (OD) et le point A appartient à la droite (OC).
On applique le théorème de Thalès. On a :
$\frac{OB}{OD} = \frac{AB}{CD} = \frac{OA}{OC}$.
Le point A appartient au segment [OC], donc :
OC = OA + AC = 11 + 594 = 605.
On obtient :
$\frac{1,5}{CD} = \frac{11}{605}$
11 × CD = 1,5 × 605
soit CD = 82,5.
La hauteur de l'éolienne est 82,5 m.

> **À noter**
> Souviens-toi que $\frac{a}{b} = \frac{c}{d}$ est équivalent à $a \times d = b \times c$.

5 **1.** Le point R appartient au segment [SF], donc SF = SR + RF. On obtient :
RF = 18 – 1,5, soit RF = 16,5 m.

2. Dans le triangle rectangle FPR, on connaît la longueur du coté opposé RF et celle du côté adjacent à l'angle $\widehat{FPR}$. On a alors :

$\tan\widehat{FPR} = \dfrac{RF}{RP}$

$\tan\widehat{FPR} = \dfrac{16{,}5}{10} = 1{,}65.$

> **Attention**
> L'arrondi à l'unité est un nombre entier.

La calculatrice donne $\widehat{FPR} = 59°$ (valeur arrondie à l'unité).

3. On applique le théorème de Pythagore au triangle rectangle FPR pour calculer PF. On a :

$PF^2 = RF^2 + RP^2$

$PF^2 = 16{,}5^2 + 10^2$

$PF^2 = 272{,}25 + 100$

$PF^2 = 372{,}25.$

PF est une longueur, donc PF = 19,29 (arrondi au cm près).

L'échelle mesure au maximum 25 m, donc elle sera assez longue pour atteindre la fenêtre F.

6 **1.** Le rectangle ABCD a pour dimensions x cm et 4 cm. On a :

$\mathscr{A}(ABCD) = x \times 4 = 4x.$

2. Le quadrilatère EFGH est un trapèze dont les bases sont [EF] et [HG], et la hauteur [EH]. On a :

$\mathscr{A}(EFGH) = \dfrac{(EF + HG) \times EH}{2}.$

Or $EF = x$; $HG = x + 3$ et $EH = 2$. On obtient :

$\mathscr{A}(EFGH) = \dfrac{(x + (x + 3)) \times 2}{2} = 2x + 3.$

3.

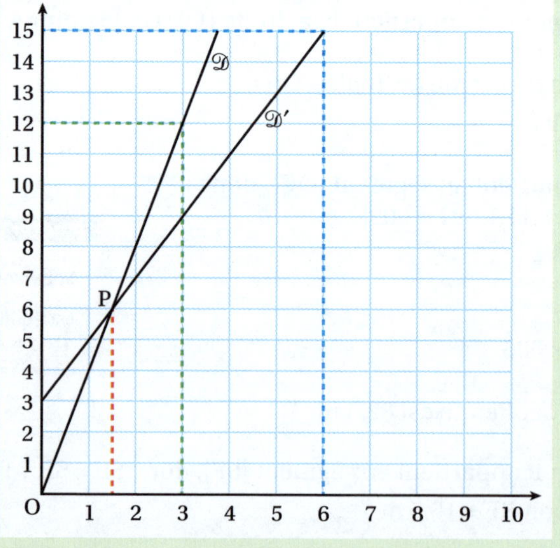

4. a. On a $\mathscr{A}$(ABCD) = $f(x)$, donc pour $x = 3$, on calcule $f(3) = 4 \times 3 = 12$. L'aire du rectangle ABCD est égale à 12 cm² lorsque $x = 3$.

b. Les traits pointillés verts sur le graphique montrent que $f(3) = 12$.

5. a. On a $\mathscr{A}$(EFGH) = $g(x)$. On résout l'équation $g(x) = 15$:

$2x + 3 = 15$
$2x = 15 - 3$
$2x = 12$
$x = 6$.

L'aire du quadrilatère EFGH est égale à 15 cm² lorsque $x = 6$.

> **Méthode**
> Sur l'axe des abscisses, on lit les antécédents et sur l'axe des ordonnées, on lit les images.

b. Les traits pointillés bleus sur le graphique montrent que $g(6) = 15$.

6. a. Les deux droites se coupent au point P d'abscisse 1,5. On a donc $f(1,5) = g(1,5)$. L'équation a pour solution $x = 1,5$.

b. On résout l'équation $4x = 2x + 3$. On a $4x - 2x = 3$, soit $2x = 3$ et $x = \frac{3}{2}$.

c. Pour $x = 1,5$, les aires du rectangle ABCD et du quadrilatère EFGH sont égales.

7 **1.** Observe le programme de Franck, x est une variable qui va prendre des valeurs de –200 à 200. La variable y prend alors la valeur $\frac{1}{4}(x + 50)$, il s'agit donc de la courbe représentative d'une fonction affine f tel que $f(x) = \frac{1}{4}x + 12,5$.

$\frac{1}{4}$ est positif, donc la droite monte dans le repère. On obtient donc l'image 1.

2. Observe le programme de Léa, x est une variable qui va prendre des valeurs de –200 à 200. La variable y prend alors la valeur $-\frac{1}{3}x$, il s'agit donc de la courbe représentative d'une fonction linéaire g tel que $g(x) = -\frac{1}{3}x$. Cette droite passe par l'origine du repère. On obtient donc l'image 3.

3. Dans son programme, Nicolas construit un triangle rectangle dont les deux premiers côtés formant l'angle droit mesurent 50. On applique le théorème de Pythagore pour calculer le troisième côté a. On obtient :

$a^2 = 50^2 + 50^2$
$a^2 = 5\,000$
$a^2 = \sqrt{5\,000}$
$a \approx 70,71$.

On observe que le symétrique de Nicolas est mal placé. Les nombres –150 et 150 sont symétriques par rapport à 0.

On doit donc changer l'instruction `aller à x: 0 y: 20` par l'instruction `aller à x: 150 y: 20`.

INDEX

A

B

C

D

E

Q

R

S

T

U

V

Achevé d'imprimer en Italie par L.E.G.O. S.p.A. Lavis (TN)
Dépôt légal 04732 - 7/01 - Mai 2018